地震是可以预报的

主编　赵得秀　强祖基

西北工業大學出版社

【内容简介】 本书是从地震前兆的观察方面来探讨地震预报这一关系到群众安危的重大科学课题。我国在地震前兆观察上如地电(潮汐力谐振共振波)、电离层、热红外、YRY—4型四分量钻孔应变仪、GPS(全球定位系统)高采样率单历元解计算地壳运动的理论与设备方面均有重大突破，今分章加以详述，并提出要开展群测群防工作，专群结合，地震是可以预报的！什么原因引起地震，这是大家都在探讨的重大课题，本书提出日食是引起地震的主要原因，这在《地震探源与地震预报》一书中已有详述，本书作了重要补充，并提出地震数学模拟的设想。本书可供地球物理、地震、地质学界参考。

图书在版编目(CIP)数据

地震是可以预报的/赵得秀，强祖基主编．—西安：西北工业大学出版社，2012.2
ISBN 978-7-5612-3312-2

Ⅰ.①地… Ⅱ.①赵…②强… Ⅲ.①地震预报 Ⅳ.①P315.75

中国版本图书馆CIP数据核字(2012)第015801号

出版发行：西北工业大学出版社
通信地址：西安市友谊西路127号 **邮编**：710072
电 话：(029)88493844 88491757
网 址：www.nwpup.com
印 刷 者：陕西宝石兰印务有限责任公司
开 本：787 mm×960 mm 1/16
印 张：12.125
字 数：256千字
版 次：2012年2月第1版 2012年2月第1次印刷
定 价：50.00元

引　言

地震是重大的自然灾害。我国是个地震灾害多发的国家，而地震预报是防止或减轻人员伤亡的关键，中国地震预报事业的发展始于1966年3月8日6.8级邢台隆尧地震之后，周恩来总理提出了专群结合、群测群防的方针，并建立了一系列专业机构及研究单位，使我国地震预报工作有了大的发展，取得了1974年海城、1976年青龙、1976年平武地震预报的伟大胜利，走出了一条我国独创的专群结合、群测群防、前兆观测地震预报的道路。但由于1976年唐山地震预报，存在东西之争，本该能报出的唐山大地震而未报出，导致重大人员伤亡，并停止了群测群防工作，使地震预报工作遭到重大损失，而在1982—1983年又以正规化、科学化的名义命令撤销了群测群防事业，只走专业化道路，导致2008年汶川大地震预报的错误，又造成了巨大的人员伤亡！这两个惨重教训必须汲取！2009年修改的防震减震法可为我国地震预报工作迎来新生的契机。

地震是有前兆的，地震前在震区其地电、地磁、热红外、电离层、地应力、重力、地下水、水氡、次声波、地壳运动等均有明显的变化，动物亦有异常，这是客观存在的事实，且短临变化明显，是预报的关键数据，本书所介绍的钱复业研究员的潮汐力谐振共振波（HRT波）、强祖基教授的卫星热红外、焦培南主任所介绍的电离层、池顺良委员的YRY－4型四分量钻孔应变仪、顾国华教授用GPS高采样率单历元解可以获得地壳运动前兆等在观测理论、仪器设备均有重大突破，且大多可以遥测，这是对我国，亦是对世界地震预报事业的重大贡献！关华平研究员详细介绍了地电观测的原理与汶川、唐山地电短临变化实例，我国地震预报专家汪成民主任介绍了地下水及气体含量地震震前观测与地电短临变化实例一样都是地震前兆观测的有力武器，为本书增辉。今后应该对这些专业站加强建设，并恢复群测站，坚持前兆观测，坚持专群结合，地震是可以预报的！

什么原因引起地震，这是大家都在探讨的一个重大问题，本书提出日食是引起地震的主要原因，这在《地震探源与地震预报》（赵得秀．西北工业大学出版社，2007年）一书中已有详述，这次作了重要补充，并在本书最后一章提出了地震数学模拟的设想，希望能在地震模拟计算上开创一条新路。

由于本书是跨学科专著，编者才疏学浅，特别是在第1章的论述如有错误，由编者负责，以上仅供学界参考。书中各章除已注明作者外，其余均由赵得秀编写。在本书出版过程中得到西北工业大学原党委副书记李青、西北工业大学出版社雷军的支持，在出版经费上得到翁文波基金会的支持及谢敬秘书的努力，均表示由衷感谢！

编　者

2011年3月

目　录

第1章　地震有临震前兆，是可以预报的

2008年5月12日14时28分，汶川发生了8级强震，震中在北纬31°、东经103.4°，死亡6.9万人，失踪1.7万人，伤37万人，致残2万人。由于地震时间为14时28分，学生还在上课，有的中小学教学楼整栋倒塌，上千中小学生被埋，从电视、网页上看震后的场景，惨不忍睹，让人心碎，这是本次震灾中突出的灾难。汶川地震是1976年7月28日唐山发生7.8级大地震后又在我国发生的一次强烈地震，唐山大地震仅唐山市就死亡24万人，时隔32年发生2次强烈地震，损失惨重。

1.1　我国地震预报工作处于世界前列

我国是一个多地震国家，1966年邢台地震后，周恩来总理提出：我国地震工作应走"专群结合，群测群防"的道路，并建立系统的行政与研究机构。从此，我国地震工作有了快速发展，地震预报工作处于世界的前列！

邢台地震后，周恩来总理曾亲自向李四光、翁文波两位院士提出要求要研究地震预报。翁文波院士不负重托于1984年5月写出《预测论基础》一书，该书的可公度原理曾对美国旧金山大区1992年6月洛杉矶地震作出准确预报，1992年3月12日翁文波院士致信美国地球物理学界泰斗格林(Gree C. H.)，预言当年6月19日在美国旧金山大区可能发生6.8级地震。结果是1992年6月28日，7.4级地震在美国加州南部发生，与翁文波院士预测的时间仅差9天，震级仅差0.6级。格林在1992年7月6日复信翁文波院士赞扬说："祝贺你的关于6月下半月在加州洛杉矶的地震预测意见。您可能知道，已经发生了几次地震，其中最强的一次是里氏震级7.4级。您能做到这一点是多么神奇！同时我渴望了解您是如何做的。"然而，设在美国加州门罗公园(Menlo Park)的地震监视台网在震前却没有任何预感，震后也没有总结出震前征兆。

天灾预测专业委员会是由中国地球物理学会在1992年报请中国科协批准成立的，翁文波院士(中国地球物理学会理事长)兼任主任。该委员会的成立对天灾预测工作的发展起到了重要的作用，做出了有益的贡献。该委员会成立初期委员不多，多次开会前笔者曾到翁文波院士家，一为报到，二为拜访。有一次他曾说道：可公度原理是一个天文学古老的命题，大家都遗忘了。翁文波院士使这一古老的命题获得了新生。翁文波院士在《预测论基础》一书中叙述，最早注意到太阳系行星距离的可公度性可能是波特(J. E. Bode，1747—1826年)和提塔斯(J. B. Titius，1729－1796年)；拉普拉斯(Pierre S. Laplace，1749－1826年)注意到木星的三个主要卫星——木卫一、木卫二、木卫三——的平均运动的可公度性，并举三例(唐山地震的四元周

期、1982年华北干旱前的预测、1988年中南某地可能水灾)以证明此方法的可行性。他生前曾对国内外地震、暴雨、洪水、干旱做出252次预测,准确预报211次,错报41次,预报成功率为83%,受到国内外的称赞。2003年耿庆国研究员以可公度原理准确预报了辽河大水,2006年陕西师范大学研究生龙小霞以可公度原理准确预报了2008年川滇地区地震带大地震。

1974年12月至1975年2月初,辽宁南部地区专群结合的地震监测网发现大量异常现象,如丹东、盘锦、锦州、海城、营口等地陆续发现井水变混,冬天的蛇纷纷出洞冻毙于雪地,老鼠成群出现,水氡、地应力异常,土地电突跳等异常现象。1975年2月3日晚,辽宁省地震办公室提交了辽南地区可能发生较强地震的紧急报告,在临震前5小时,由辽宁省领导拍板,辽宁南部6市10县100多万人搬出建筑物。1975年2月4日,辽宁营口发生7.3级地震,震区死亡1 300人,为全部人口0.018%。

1976年,青龙县主管地震的王春青于7月17日、18日在听完汪成民(地震局京津震情分析组组长)会外(地震局查志远副局长不允他在大会发言)通报的地震意见后,于7月22日向县革委办公室主任马刚汇报,7月24日20点30分县委召开常委会,决议7条,建立县防震指挥部,通信线路24小时畅通等,并由科委主任在三级干部会议上作震情报告,决议必须在7月28日前将震情传达到每一个人,每个公社回去两人抓防震,26日早8时必须到岗,门窗一律打开,不要在屋内煮饭、吃饭,如可能就睡在防震棚内(有60%睡在防震棚内)。44小时后唐山大地震发生了,全县47万仅有一人死于地震,全县房屋损害18万间,其中倒塌7 300间。

开滦矿务局在接到国务院(74)69号文时曾就煤矿本身特点在大震前下达3份文件,其中(75)开革震17号对井下万名矿工安全做了大量工作,诸如大地震停电后矿井抽水备用电源,矿井撤退路线,出口的检修维护,地震的井下涌水,瓦斯等问题。在唐山地震后,井下1万名矿工安全撤退,仅有7人震亡,创造了万名矿工成功脱险的奇迹。

1976年8月2日、7日,四川省地震办公室根据监测结果,发出了8月13日、17日、22日在龙门山南段茂汶、北川一带或康定、泸定一带,可能发生6级或6级以上甚至7级地震的预报;12日省革委会根据临震异常信息通知有关地区进入戒备状态;16日在松潘与平武之间发生了7.2级地震。之后,又准确预报该地区22日6.7级地震和23日7.2级地震。三次地震共死亡38人,这虽有地广人稀的因素,但防备得当是主要因素。

唐山市二中观测站田金武老师在1976年7月14日国家地震局召开的现场会上,根据观测资料提出:在7月底、8月初唐山地区将发生7级以上强烈地震,有可能达到8级。

山海关一中地震科研小组于1976年7月7日和22日先后两次向河北省、天津市和唐山地区地震部门提出书面预报意见:7月中下旬,渤海及其沿岸陆地有6级左右地震(根据地应力、磁偏角、氡含量计算为8.4级,仅报6级)。

黄相宁所在的地质部唐山陡河、蓝县、昌黎地应力观测站于1976年7月14日预报:在集宁繁寺、张家口一带,宝坻乐亭及渤海地区在7月20日至8月5日有5级地震。

文县地震研究所在2008年3月中旬预测四川、青海交界将发生5.2级左右地震。

中国地球物理学会天灾预测委员会2008年4月预报:2008年在兰州以南,甘、青、川交界有6～7级地震，发震日期为5月10日（±10天）。该预报由预测委员会耿庆国副主任执笔以他的旱震关系理论（大地震发生前的1～3.5年内，震中区往往是特旱区）而提出的。该理论曾在1975年在旱震趋势东部会商会上，得到傅承义院士的支持，认为该理论有创新。

2006年陕西师范大学研究生龙小霞在《灾害学》杂志（21卷3期）"基于可公度方法的川滇地区地震趋势研究"中以可公度原理预报了"在2008年左右，川滇地区有可能发生6.7级强烈地震"。成都市地震局监测处处长徐水森高级工程师在《四川地震》2007年2期发表四川强地震活动的可公度性初探，推算出2007年9月（误差0.5年）有7级以上的大地震。

2008年3月21日四川省地震局李有才工程师给中央领导、四川省政府、中国地震局写信预测：紫平铺水库地区已形成4级地震围空，表明可能发生7级以上的大震趋于明显，形势十分紧急，要求立即启动应急预案。

2008年4月30日四川德阳市地震局潘正权工程师依据什邡市水井变黑、金河台倾斜变化了3倍、电磁波、小震群活动填了会商卡——"确定小金南地区为震区，震级为5级，依据为水井、电磁波、地倾斜、小震活动分析，时间为5月"交四川地震局预报研究所。

2008年2月天灾预测委员会沈明军委员在都江堰地区发生小震群后，向都江堰市领导预报有大地震。

2008年5月9日，中国电波传播研究所在临近汶川地区的重庆、曲靖两个电离层观测站，观测到F层电离图在午后的临界频率f_{OF_2}明显异常增加，比该站平均参照值高6MHz，高度也有异常升高的变化，重庆的上空电子浓度是全国平均参照值的4倍。对照当时太阳、地磁、高层大气运动和气象等情况则极为宁静，而且这种异常有明显的局地效应。排除了日地相关的地球物理因素，可以确定是与来自地球内部的因素——地震——有关。该所5月11日用电子邮件正式报告了国家地震局。

在临震预报方面我国有许多成功的经验，如根据地应力、磁偏角、氡含量、地电、次声波、卫星热红外等，其中强祖基教授的卫星热红外预报更为突出，居于世界前列。在1990—2000年中成功预报7级以上地震10次，6级以上地震28次，如准确预报了1990年4月26日青海共和7级地震，1996年2月3日云南丽江7级地震，1999年9月21日台湾南投7.6级、7.1级地震。南投地震提前9天预报出，预报震级为6.5级，实际为7.6级，预报震中与实际仅差40公里，6次余震亦均预报正确。事后北京市地震局开出了预报正确证明。

据国家地震局地质研究所高建国研究员统计，从1974—2009年3月有77次地震预报成功的案例，其中5.5级以上强烈地震39次，3.8～5.5级地震38次。

综上所述，说明我国地震预报有很多成功的案例，特别中、短期地震预报已属于世界前列，为形成地震临震预报能力奠定了基础。但我国地震预报工作在唐山、汶川两次强震预报工作上却出现大的挫折，唐山地震预报由于存在东西之争而受到严重干扰，错失预报良机；汶川地震时由于盲目与国际接轨，并在20世纪80年代初，以科学化、正规化的名义明令撤销群测群防工作，造成预报工作上的失误，这个教训不能不汲取！

1.2 我国地震预报要走前兆观测、专群结合、群测群防、自主创新的道路

实践是检验真理的唯一标准，地震是有前兆的，这是客观存在的事实。河南省鹤壁市池顺良研究员研制了 YRY－4 型分量式钻孔应变仪，全国 20 个站安装了此仪器，姑咱台站（距汶川震中 140 公里）在震前 13 个月已经连续观测到了清晰的异常；2008 年 5 月 9 日，中国电波传播研究所重庆站观测到在地震孕育区上空存在电离层临界频率、电子浓度极高，对照太阳、地磁等宁静情况，认为与地震有关；国家地震局地球所西昌红格 PS100 地电站 5 月 11 日观测得出 5 月 12～13 日以红格台为中心的 60～800 公里环带范围内要发生 7.9～8.4 级地震（而 4 台 PS100 地电仪在关键的 2008 年竟有 3 台因缺乏维修经费而停测，错失预报良机）；美国国家航空航天局（NASA）Dr. Dimitar Ouzounov 用卫星红外方法观测到四川汶川地区 4 月 29 日至 5 月 6 日震中大面积增温，曾于 5 月 5 日在该局内部发出警报。这说明我国所研制的卫星热红外仪、PS100 地电仪、电离层仪（据报我国在 2009 年 5 月已建成华北电离层高分辨率观测网，这是好的开始）、YRY－4 型地应力仪均可以遥测到汶川地震，GPS 高采样率单历元解亦观测到汶川地壳运动前兆，在观测理论、观测设备均处于世界前列，这是对我国地震预报事业，亦是对世界地震预报事业的重大贡献，亦是我国地震工作者走自主创新的道路的丰硕成果。而在 2007 年下半年就已出现汶川地倾斜、松潘水氡、郫县电阻率异常，2008 年 3 月下旬什邡市就发现金台河地倾斜变化了三倍，水井变黑。汶川地倾斜、松潘水氡、郫县电阻率异常的观测结果说明“三土观测站”具有强大的生命力，是地震预报工作重要一环！反观中国地震局地质研究所在汶川大地震的断裂带附近架设了 300 套 GPS 仪器，台间距 20 千米左右，并没有捕捉到地震前兆信息，而顾国华教授用全国 GPS 的 4 个台站，用高采样率单历元解却得到了汶川大地震震前地壳运动前兆（详见第 8 章），这说明 GPS（全球定位系统）对地震预报不是无用，而是所用的方法不当！

2009 年 5 月 11 日，国务院在四川汶川大地震一周年的新闻发布会上，国家地震局灾害防御司有关人员说，中国有望近年建设地震预警系统，陆地预警将以秒计。我国 1975 年 2 月 4 日辽宁营口 7.3 级地震预警是 5 小时；1976 年 7 月 28 日唐山 7.8 级大地震青龙县预警是 44 小时；1976 年四川松武与平武 7.2 级地震预警是 4 天；强祖基预报青海共和 1990 年 4 月 26 日 7 级地震预警是 9 天、预报 1996 年 2 月 3 日云南丽江 7 级地震预警是 50 天。几十年的经验不见了，研究还要用多少年的时间才能预警到秒，真是骇人听闻！重视已有的经验这是非常宝贵的，北川中学物理老师张家春在 5 月 12 日上午 10 时为当天的磁章节备课，发现使用的教具上的指南针无法指向正常南北方向，搬到操场上亦如此，无法解释磁针异常偏转的理由，下午 2 时许在物理课上，地震前 13 分钟，磁针不停地不规则乱转甚至转圈，在地震来临的当刻，他向同学大喊要地震，快跑！10 多秒后地震摧毁了教学楼，班上还有 20 多位同学未能逃脱，张老师又舍身拉出 8 名同学，后被埋于倒坍的教室中，北川中学在这次大地震中失去了 800 多名学生、40 多名老师。如果国家地震局执行群测群防的政策，这位老师会是一位合格的三土观测

站站长，会提前预报出汶川大地震，如何会遭此大难！

在地震预报中，目前虽有比较成熟的中长期地震趋势预报，如翁文波院士的可公度原理、耿庆国的旱震关系、李铁铮的磁暴两倍法等，对大地震预报是非常实用的。但对每年全球有上千次 5 级以上地震究属个例，目前也有些其他方法的中长期地震趋势预报都尚不成熟，亦有报空的现象，中长期地震趋势预报提出的地区只能作为监测的危险区，而地震预报须靠临震预报，临震预报是地震预报的关键。而先兆又是临震预报的关键。地球由于受日食效应的影响，局部受到高压或受拉，其地电、地磁、地应力、热红外、地下水、气体含量、电离层等肯定会有变化，并有次声波发出，地壳亦有运动，这是客观存在的事实。地震不可能预报论者以所谓的统计检验、信噪比反对前兆的存在，这是本末倒置。客观存在的事实——地震前兆需要人们去认识、去观测，5 级地震即有热红外的存在；地磁异常在 5 级地震可能出现在 25 千米范围内（相当于 1 963 平方千米，约 2 000 平方千米），6 级地震可能出现在 60 千米范围内（相当于 2 827 平方千米，约 3 000 平方千米），7 级地震可以扩大到 100 千米范围内（相当于 7 853 平方千米，约 8 000 平方千米）。印尼 9 级大震、汶川 8 级大震的次声波在几千千米外的北京用仪器都可以收到。我国在地震遥测方面已取得重大突破，如卫星热红外、PS100 地电仪、电离层、YRY—4 分量钻孔变仪、GPS 高采样率单历元解，这是对我国亦是对世界地震预报事业的最大贡献。然而多数地震前兆需要用群测群防的办法来加密观测，这是对专业观测的必要补充，因此必须专群结合。根据海城地震、唐山地震和松潘地震的科学总结，专业与群测站前兆观测上均由三个阶段，即①时间持续好几年，表现为缓慢趋势性变化的早期异常；②几个月大幅度快速变化的短期异常；③数天脉冲式突变的临震异常。这些前兆资料的观测对不同的测站有不同的要求，像先进的卫星热红外、PS100 地电仪（潮汐力谐振共振波）全国各需 3～5 个测站，YRY—4 分量钻孔应变仪需 1 000 站，华北电离层高分辨率观测网试验区设有 50 站，站与站距离为 100 千米，在全国 500 km×500 km 应有一测站，GPS 高采样率单历元解，在全国应有 4 000 站，并须全国合理规划和共享。

群测群防工作已由新修改的防震减灾法予以确认，群测站具有密度高的特点，密度高可以及时反映地层中地电、地磁、地应力、地下水等各方面的变化，以便以确定震中。群测站每乡、镇得有一站，我国群测群防工作是 1972 年河北邢台地震后出现的，并在 1974 年国务院(74)69 号文件下达后有大的发展，仅辽宁省就建立群测站 13 021 处，辽宁省现在面积为 15 万平方千米，目前绝大多数测站均已不复存在。以河南为例，河南有 16 万平方千米，2008 年有 1 892 个乡、镇，每乡、镇平均面积为 84 平方千米，全省有初中 4 423 所，高中 600 余所，平均每乡、镇 2.6所，如开展群测群防工作，即每乡、镇有 2 个测站，乡与乡之间距离约 10 千米，即站与站之间的距离为 10 千米，虽还达不到原辽宁省群测站的密度，但这已是世界上最密的站网。简易测站设备简单，观测人员可由中学物理老师兼任，不须增加人员编制，同时可充实其教学内容。全国县以上有自来水厂约有 2 700 处，水氡含量变化观测完全可由自来水厂承担，这亦是一个大的站网。当前应迅速贯彻新的防震减灾法，恢复在唐山地震后被中断的，即周恩来总理所提出的我国地震预报应走专群结合、群测群防的道路，对在观测理论、观测设备已有突破的观测方法应重点扶持外，还应大力开展群测站建设，在目前信息大发展的时代，电脑、手机大量普及，完全可以把群测站亦建成为一个高密度、遥测遥报的地震前兆观测系统。地震系统应恢复群测处，加强领导，地震预报应走专群结合、群测群防、前兆观测、临震预报的道路，那么地震预报是可以实现的！现将短临预报中已收集到的主要成熟经验，分章叙述于下，还有其他成熟经验待进一步补充。

《中华人民共和国防震减灾法》已在2008年12月27日经全国人大修订，并由胡锦涛主席以第七号令公布，于2009年5月1日起施行。在该法律第八条、第二十六条、二十七条、二十九条提出：国家鼓励、引导社会组织和个人开展地震群测群防活动；国务院地震主管部门……对可能发生地震的地点、时间和震级作出预测；单位和个人通过研究提出的地震预测意见或观测到的与地震有关的异常现象可以向有关部门、国务院报告；省、自治区、直辖市行政区域内的地震预报意见，由省、自治区、直辖市人民政府按照国务院规定程序发布。法案明确了部门的职责，预报权限下放到省，鼓励了群众参与的极积性，亦明确了地震预报工作发展方向。这可为我国地震预报事业创造新的契机！

1.3 日食是引起地震的主要原因

在笔者已出版的《地震探源与地震预报》一书中曾指出：地球已有46亿年的演化，应当趋于稳定了，但目前地球每年在不同部位仍要释放能量，发生地震。因此，外部应有一定的条件，促使其能量释放。而其外部条件：第一，应每年都存在；第二，应能作用到地球的不同部位；第三，其作用力与地震释放的能量相当。在众多的外部天文条件中只有日食可以满足以上三条件，地震是由日食而引起，以麦克斯韦等公式可以算出在日食期间中午见食区（食甚）其损失的光压力为195大气压，1954年6月30日法国巴黎日全食用傅科摆观测，1961年2月苏联用倾斜仪观测，1997年3月9日黑龙江漠河日全食用精密重力仪都已记录到日全食时外来引力的增强，由于日、月、地三者质量没有变化，引力不应有变化，其变化增强应与损失的光压力有关，这可作为地震是由日食而引起的又一例证。在该书中举出全球19例强震与日食的关系，其中国内地震有华县1556年1月25日8级地震、天水1654年7月21日8级地震、郯城1668年7月25日8.5级地震、三河1679年9月2日8级地震、台湾1972年1月25日8级地震、唐山1976年7月27日7.8级地震、西藏察隅一墨脱1950年8月15日8.7级地震；国外有厄瓜多尔1906年1月31日8.6级地震、圣地亚哥1906年8月17日8.4级地震、旧金山1906年4月18日8.3级地震、阿拉斯加1906年8月17日8.3级地震、日本关东1923年1月8日8.3级地震、苏门答腊2005年12月26日9级地震。这些地区在震前都有2～4次日食主食带经过主震区。1883—1902年，在80°E～126°E、8.3°S～42°N的地区出现5次强震，在震前的1868—1894年的26年内有7次日食主食带通过主震区；并举出四川炉霍1923年与1973年相似的日食则有相似的地震，今再补充汶川大地震与两例（1918年吉林与1957年黑龙江、1915年与1957年斐济岛）相似的日食则有相似的地震。进一步证明地震是由日食而引起的这一论断的正确性！

2008年5月12日14时28分四川汶川发生了8级强震，震中为30°N，103.4°E，当天又发生 6 级余震 2 次，13 日又发生 6.1 级余震，18 日江油发生 6 级余震，25 日青川发生 6.4 级余震。在震前有 3 次日食主食带经过这一地区，1987 年日食主食带经过汶川，其中午见食为 19°N，135°E，1988 年中午见食为 28°N，146°E，1995 年中午见食为 10°N，110°E，3 次主食带列于表 1－1 中，其日食主食带经过范围如图 1－1 所示。从图上看汶川居于 3 主食带西部，其主食带形成的地壳应力似未完全释放，这有待后续观测。（该图成图于 2008 年 12 月份，并以电邮告知许绍燮院士、强祖基教授注意中国东部、日本、台湾、菲律宾震情，2009 年 1 月 4 日 3 时 43 分在菲律宾与印尼交界的印尼巴布亚群岛（0.7°S，132.8°E）发生 7.7 级地震，6 时 30 分又发生 7.5 级地震（0.7°S，133.5°E），在 2 月 11 日的 3.4°N，126.7°E 又发生 7.4 级地震，这一推论得到验证。）

表　1－1

年份/年	月份/月	日期/日	日出见食		中午见食		日落见食	
			经度	纬度	经度	纬度	经度	纬度
1987	9	23	68°E	46°N	135°E	19°N	167°W	13°S
1988	3	18	86°E	4°S	146°E	28°N	143°W	54°N
1995	10	24	51°E	34°N	110°E	10°N	172°E	10°N

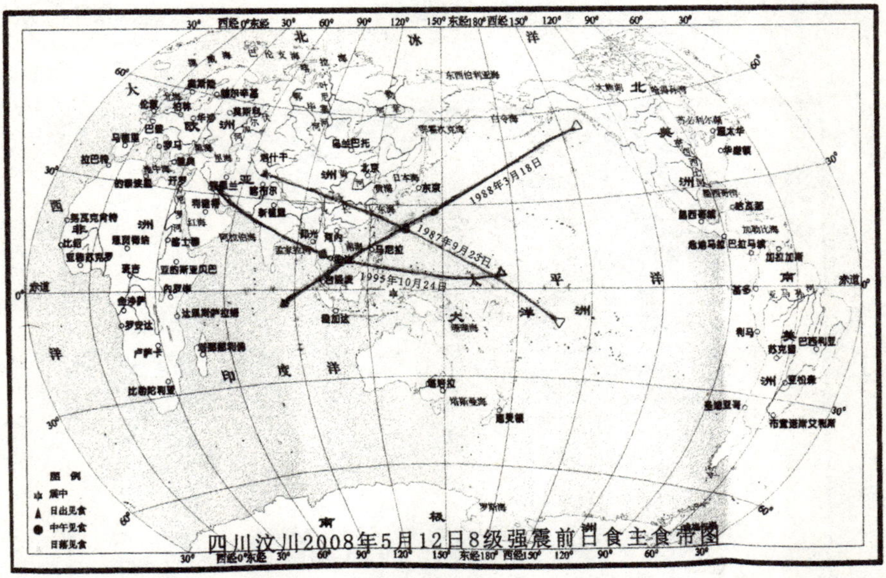

图 1－1　四川汶川 2008 年 5 月 12 日 8 级强震前日食主食带图

又如 1918 年 4 月 10 日吉林珲春东北（43.5°N，130.5°E）发生 7.2 级地震，震源深度 570km，1957 年 1 月 3 日黑龙江东宁西南（43.9°N，130.6°E）发生 7 级地震，震源深度 593km，这两次震源仅相距 60 余公里，1918 年以前 22 年中有 3 次日食穿过这一地区，如表 1－2 所示。

表 1-2

年份/年	月份/月	日期/日	日出见食		中午见食		日落见食	
			经度	纬度	经度	纬度	经度	纬度
1907	8	20	42°E	50°N	89°E	39°N	131°E	57°N
1903	3	29	88°E	40°N	150°E	65°N	177°W	75°N
1896	8	9	0°	63°N	112°E	65°N	179°W	20°N

1957 年 1 月 3 日以前 21 年中也有三次日食主食带横穿这一地区，如表 1-3 所示。

表 1-3

年份/年	月份/月	日期/日	日出见食		中午见食		日落见食	
			经度	纬度	经度	纬度	经度	纬度
1948	5	9	77°E	2°N	138°E	44°N	136°W	43°N
1941	9	21	42°E	45°N	114°E	30°N	177°E	10°N
1936	6	19	16°E	34°N	101°E	56°N	179°E	26°N

这两年前 20 多年日食主食带食路大体相当，震中相近，震级及震源深度均极一致，如图 1-2 所示。

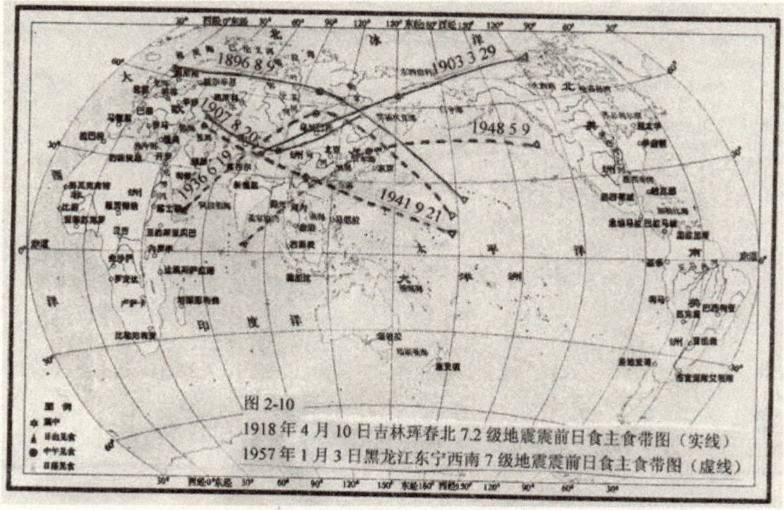

图 1-2　1818 年珲春地震与 1957 年东宁地震震前日食带对比图

1915 年 2 月 25 日在太平洋斐济岛海域（20°S，180°W）发生 7.25 级地震，震源深度 600km，与 1957 年 9 月 28 日斐济岛（20.25°S，178.5°W）又发生 7.5 级地震，震源深度亦为 600km，这两次震源纬度上仅相差 0.25°，经度上相差 1.5°。1915 年以前的 33 年间有 3 次日食主食带穿过这一地区，如表 1－4 所示。

表　1－4

年份/年	月份/月	日期/日	日出见食		中午见食		日落见食	
			经度	纬度	经度	纬度	经度	纬度
1908	1	3	154°E	11°N	145°W	12°S	85°W	10°N
1897	2	1	166°E	32°S	118°W	29°S	61°W	11°N
1882	11	10	123°E	2°S	176°W	29°S	106°W	21°S

1957 年 9 月 28 日以前的 32 年间有 3 次日食主食带穿过这一地区，如表 1－5 所示。

表　1－5

年份/年	月份/月	日期/日	日出见食		中午见食		日落见食	
			经度	纬度	经度	纬度	经度	纬度
1951	3	7	161°E	42°S	127°W	21°S	69°W	14°N
1930	10	21	146°E	4°N	155°W	36°S	72°W	48°S
1925	7	20	162°E	37°S	148°W	26°S	100°W	47°S

这两年以前 30 余年均有 3 次日食主食带横穿这一地区，其发生的地震震级、震中、震源深度亦极相似，如图 1－3 所示。

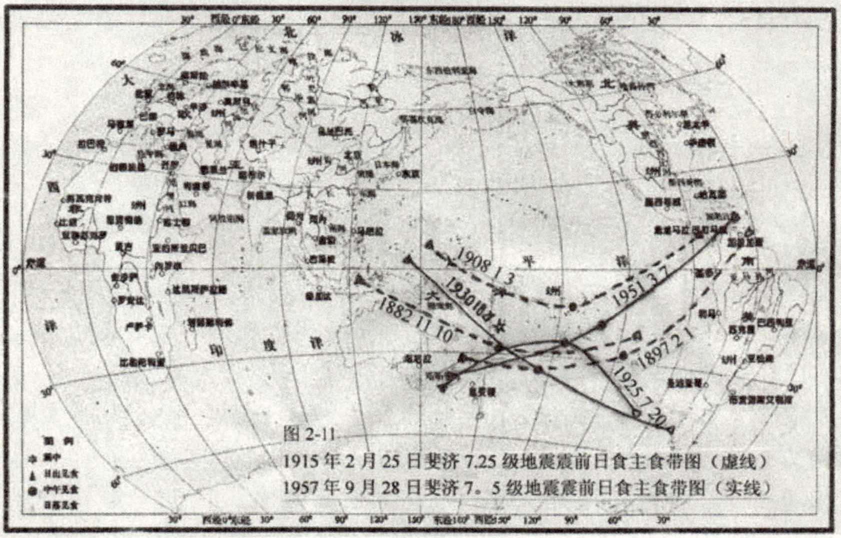

图 1－3　1915 年斐济地震与 1957 年斐济地震震前日食带对比图

在地震前震中附近由于岩石受压，岩石内正空穴电子受压放出红外辐射，使地球表面升温(大于4级以上的地震都有此现象)，据国内观测升温辐度达3～14℃，时间长达3～10天不等，增温面积达数十万至数百万平方公里，增温面积大，升温辐度高，则地震震级高。如2004年12月2日14时苏门答腊9级地震，震前25天增温情况，其增温面积达800余万平方千米，如图1-11所示，又如2008年5月12日14时28分汶川8级地震增温面积达400万平方千米。

强祖基教授等在震前卫星热红外环形应力场特征等文章中有关1990年4月26日青海共和7级地震震前热红外异常区如图1-4所示；1994年9月南澳地震卫星热红外温度分布，如图1-5所示；1995年4月21日至5月5日菲律宾萨马岛7～7.5级地震震前热红外异常区如图1-6所示。热红外异常区都有移动，且震中都在热红外异常区之外。

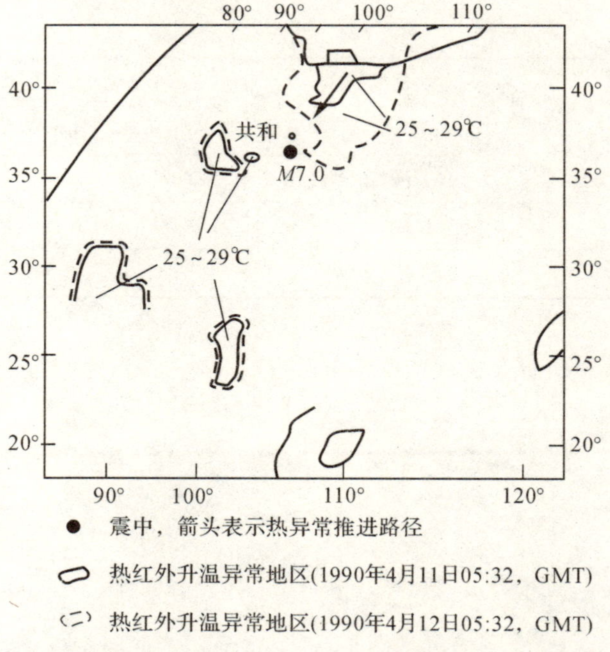

图1-4　1990年4月26日青海共和(36.1°N，100.3°E)7级地震震前卫星热红外异常推进路径图

南澳地震——卫星热红外亮温增温震兆特征。从葵花静止卫星红外云图上可以看到震前8天，1994年9月9日06:32(世界时)在台湾岛东、南侧直到本州岛南侧广大海域(21°N～35°N，122°E～138°E)出现孤立增温区，增温区海面亮温温度为25℃(粉色)，比周围高出4～7℃，增温异常面积达220万平方千米，显然有一个7级或7级以上地震将要发生。由日本九州岛向西南方向增温(粉色)，增温区南端抵达台湾岛南(见图1-5)；9小时后，增温区(粉色)在日本九州岛、四国岛南侧太平洋、东海及台湾东、南、北三侧出现强烈升温，由NE方向向SW方向推进，绕过台湾岛南端向南、向西推进200 km，其最前方即为南澳震中。实心圆为未来震中(见图1-5)。

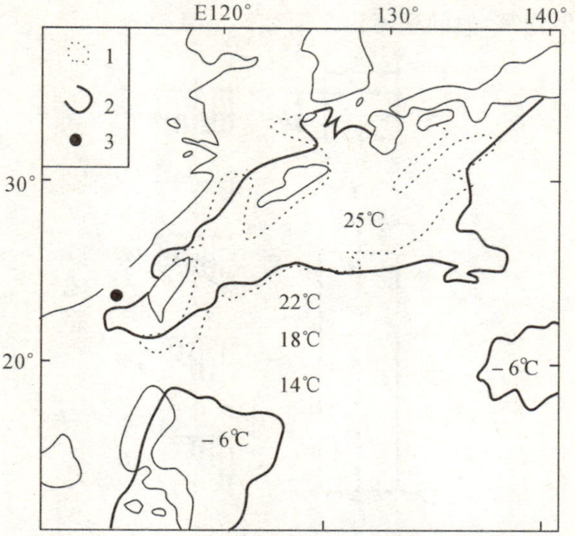

图 1-5　1994 年 9 月南澳地震卫星热红外温度分布

1—1994-09-08T15:55(世界时)热异常边界；

2—1994-09-09T15:55(世界时)热异常边界；

3—1994-09-16 台湾海峡 M_S7.3 大地震震中(23.0°N,118.5°E)

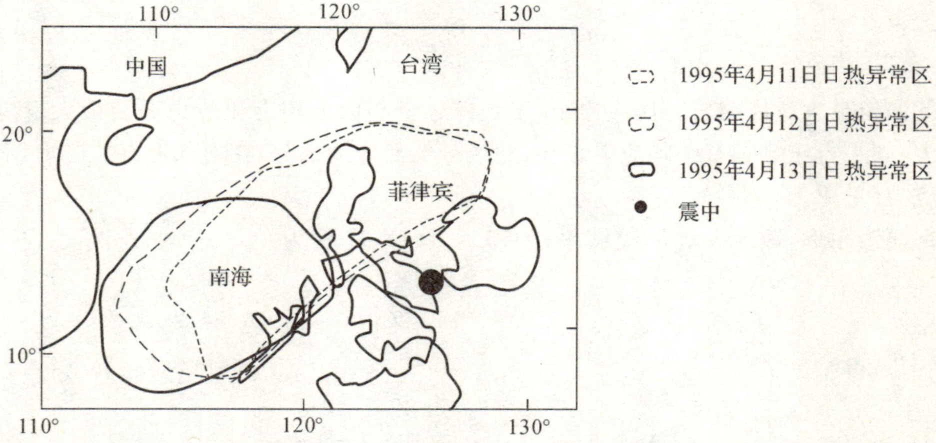

图 1-6　1995 年 4 月 21 日至 5 月 5 日菲律宾萨马岛 7～7.5 级地震震前卫星热红外升温椭园环推进路线图

地幔上层在没有外界扰动的情况下是处于平衡状态，受日食效应影响地幔上层会出现偏心受力，在地震区即地幔上层岩石高压区之合力偏心距大，而形成受拉区及受压区，如材料力学中短柱之偏心受力一样。

短柱之偏心荷载。偏心荷载为直应力与弯应力组合之特例。设一轴压力 P 作用于剖面的二主轴的一轴上，其偏心距为 e(见图 1-7(a))。于是，设在剖面质心 O 上加两个相等而相

反之力 p,因此二力结果为零,故问题不因之而变。

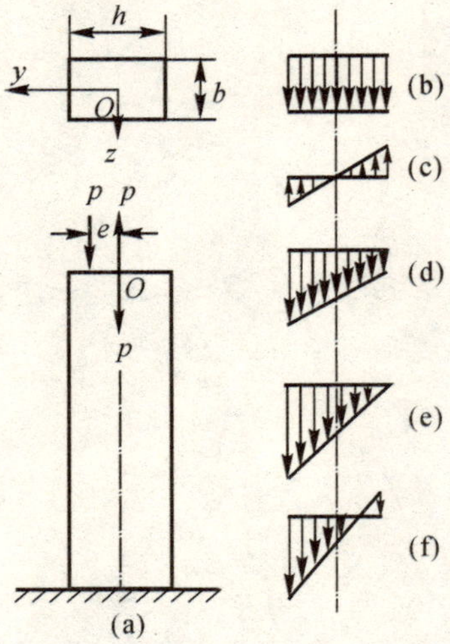

图 1-7

今力 P 为轴压力,能生直压应力 $-P/A$,如图 1-7(b)所示(工程上规定压应力为一,拉应力为+),而偶力 Pe 在一主平面内生弯曲,其弯应力为 $-P_{ey}/I_z$,如图 1-7(c)所示,于是其总应力为

$$s_x=-\frac{P}{A}-\frac{P_{ey}}{I_z} \tag{1-1}$$

在此假定最大弯应力较直压应力小,于是杆之全剖面上均有压应力。设最大弯应力较直压应力大,则平行于 Z 轴有一零应力之线,此线分剖面为两部分,在右部上有拉应力,而在左部上有压应力(见图 1-7(f))。

如剖面为距形,边为 h 及 b(见图 1-7(a)),式(1-1) 变为

$$s_x=-\frac{P}{bh}=\frac{12P_{ey}}{bh^3} \tag{1-2}$$

令 $y=-\dfrac{h}{2}$,得

$$(s_x)_{最大}=-\frac{P}{bh}+\frac{6P_e}{bh^2}=\frac{p}{bh}\left(-1+\frac{6e}{h}\right) \tag{1-3}$$

令 $y=-\dfrac{h}{2}$,得

$$(s_x)_{最小}=-\frac{P}{bh}-\frac{6P_e}{bh^2}=-\frac{P}{bh}\left(1+\frac{6e}{h}\right) \tag{1-4}$$

由此可知,当 $e<h/6$,剖面上之应力符号无变迁(见图 1-7(d));当 $e=h/6$ 时,由式(1-4)得最大应力为 $2P/bh$,而在矩形剖面对边之应力为零,如图 1-7(e) 所示;当 $e>h/6$ 时,应力的符号变翻,剖面有拉应力出现,图 1-7(f) 所示,即工程上所常见的偏心大,超出工程上常见的

三等分线的中段范围。使式(1－1)等于零，可得零应力线之位置，即

$$Y=-hh/(12e) \tag{1-5}$$

偏心大超出工程上常见的三等分线的中段范围，由于偏心(偏心载荷为直应力与弯应力之组合)，使局部地区压力增大，形成高压区，局部地区压力减小形成受拉区，岩石抗拉性能极低，在断层带更低，断层带受拉应力影响，断层裂隙增大而冒气，如苏门答腊2004年12月18日地震前冒气现象(见图1－12)。而巴基斯坦2005年7.8级地震，亦有冒气现象，由于震级低，冒气范围小于苏门答腊地震(见图1－13)。地震前热红外异常区消失后1～9天就发生地震，即高压区之合力及力矩在震中断层中使岩石位移做功，岩石断裂错动，热红外异常区消失而形成地震。

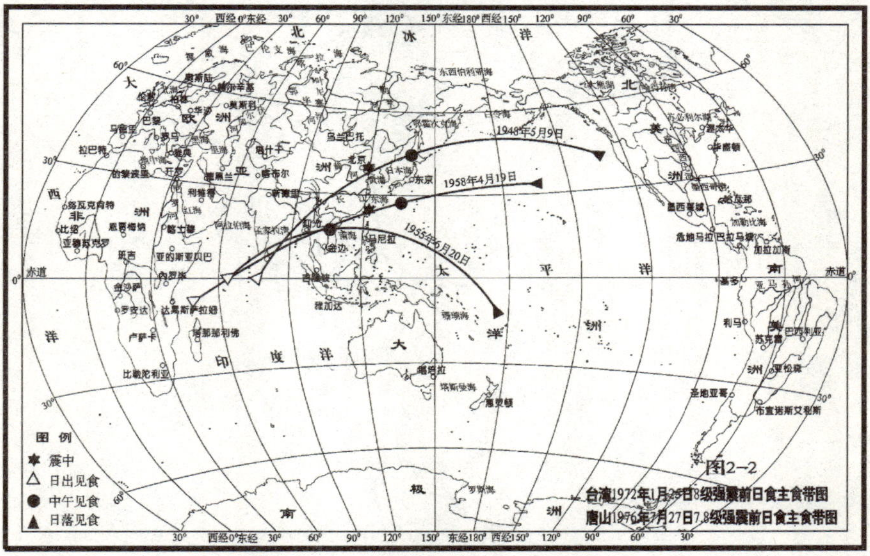

图1－8　唐山、台湾地震前日食主食带图

现以1976年7月22日唐山7.8级地震为例，从《地震探源与地震预报》一书中知，1976年7月22日唐山7.8级地震在震前有3次日食通过主震区，第一次为1948年5月9日日食，第二次为1955年6月20日日食，第3次为1958年4月19日日食。1972年1月25日8级台湾级强震亦应在此范围。两次日食中午见食均非常接近1976年7月22日唐山7.9级地震震中(118.2°E，39.6°N)，如表1－7和图1－8所示，有两次日食亦非常接近1972年1月25日台湾8级强震。

表　1－7

年份/年	月份/月	日期/日	日出见食		中午见食		日落见食	
			经度	纬度	经度	纬度	经度	纬度
1948	5	9	77°E	2°N	138°E	44°N	136°W	43°N
1955	6	20	55°E	4°N	117°E	15°N	117°E	12°S
1958	4	19	66°E	1°N	126°E	28°N	164°W	31°N

唐山震前有3次日食，每次日食月影面积按1亿平方公里计，其外胀力合力为4.88×10^{17} kN，3次为1.46×10^{18} kN，合力中心距唐山地震震中为1 400 km，如图1-9所示，唐山7.8级地震震前3次日食月影区地壳外胀力合力中心。三次外胀力合力是非常大的胀外力，唐山地震Ⅶ级列度区约有28 000 km^2，如图1-10所示，唐山7.8级地震烈度分布图，唐山地震震源深为22 km，每立方米岩石重为24.5 kN则Ⅶ级烈度区地壳重为1.5×10^{16} kN，是3次日食外胀力的1%，究竟哪一部分日食月影区是其主要影响唐山地震的部分尚难以区分，为找出唐山地震区所受的外力矩，现从唐山地震所发出的能量上，从功能转换上来加以探索。

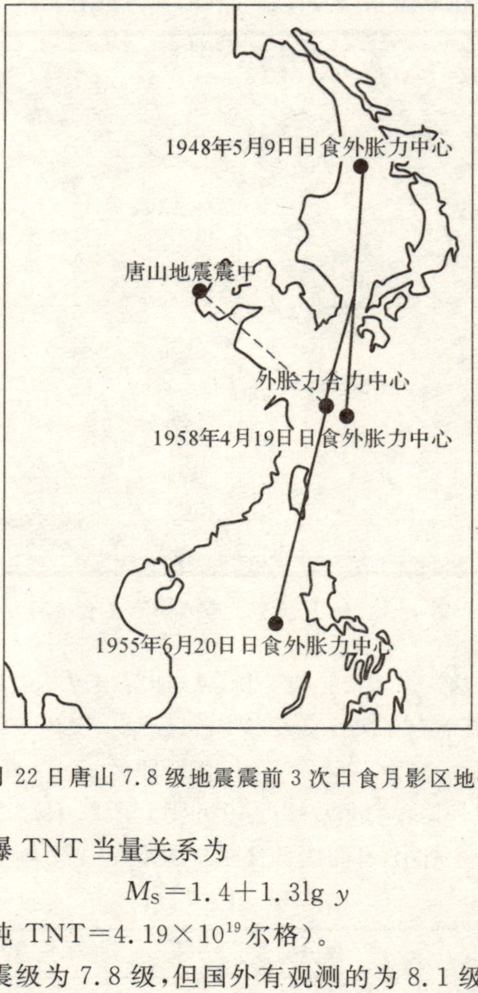

图1-9　1976年7月22日唐山7.8级地震震前3次日食月影区地壳外胀力合力中心图

艾文登等的震级与核爆TNT当量关系为

$$M_S=1.4+1.3\lg y$$

式中，y为千吨TNT（1千吨TNT=4.19×10^{19}尔格）。

唐山地震我国报出的震级为7.8级，但国外有观测的为8.1级，今按8.1级计算，则$y=4.19\times10^{19}$ J=4.16×10^{16} kN·m。

以Ⅺ级烈度区，面积为70 km^2，其岩石重为3.8×10^{13} kN，则偏心距为1.079 km。

在Ⅺ级烈度区以日食外胀力中心与地震中心连线的一个条带宽(b)1 km，长(h)6 km，深22 km，由于偏心距e大于$h/6$(1 km)，要产生拉应力，经计算可产生大的拉应力，约为

42 000 kN/m^2，大于岩石安全拉应力 20 000 kN/m^2，岩石要出现裂缝，这应是地震的主要动力来源，这与图 1－10 主烈度区偏于东南是一致的，以上计算是粗算。由于地壳构造是复杂的，地壳应力亦是复杂的，详细计算应按第 10 章所述有限单元法用数学模拟来计算。但地壳外胀力合力中心可为今后预测地震提供一个线索，因为地壳受力承受不住地壳外胀力形成的拉应力、压应力是地壳薄弱带断层带，则在日食外胀力中心附近的大断层应是首选的可能出现地震对象。

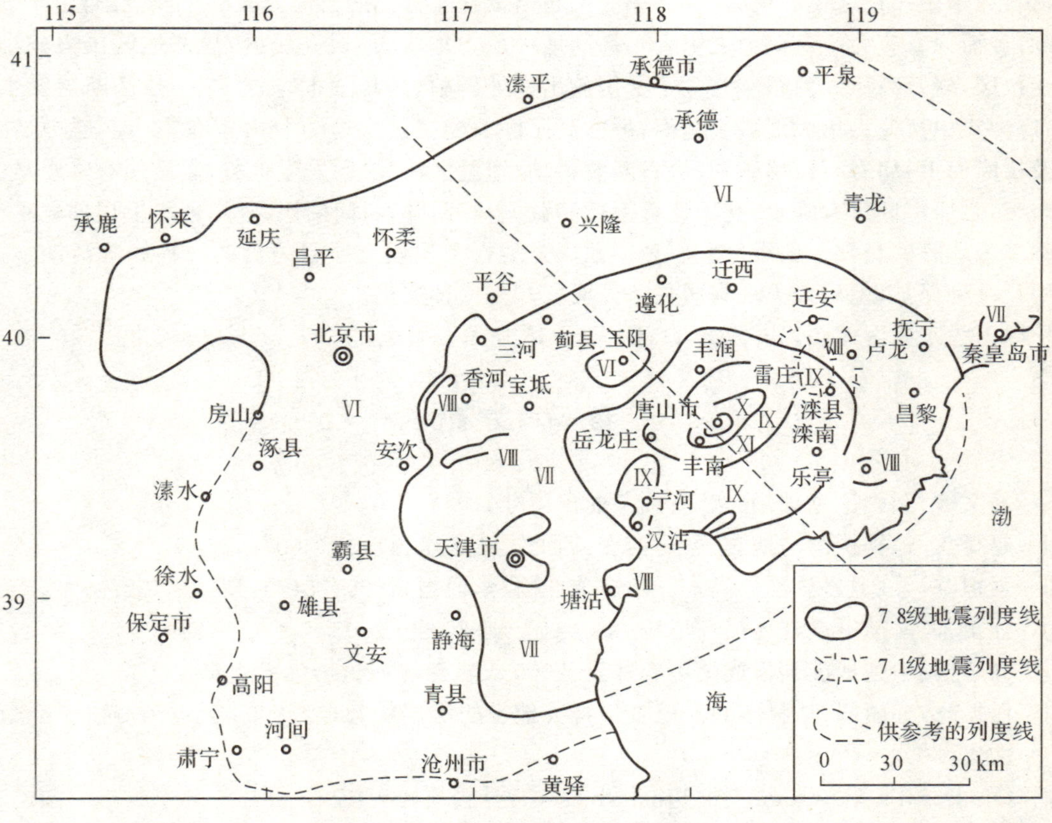

图 1－10　唐山 7.8 级地震烈度分布图

岩石的抗拉性能极低（抗拉即抗弯约为抗压性能的 1/10）在断层带更低，断层带岩石受拉应力的影响而断裂，形成裂缝，这些裂缝可近似地看做椭圆孔，由于剖面的突然变化，在椭圆孔的边沿有大的应力集中，其大小为

$$S_{max}=S_0(1+2b/c)$$

式中，S_{max} 为最大应力；S_0 为平均应力；b 为椭圆孔的长半轴；c 为椭圆孔的短半轴。

由于裂缝 b/c 比较大，如有 50 倍，则边沿的应力集中为平均应力的 101 倍，这是岩石裂缝继续扩大的主要动力，断层裂缝越扩大，应力越集中，如 1906 年美国旧金山发生的 7.8 级大地震沿圣安德列斯断层产生了 450 km 的地表裂缝,2008 年汶川 8 级大震沿龙门山断层产生了断续 200 km 的裂缝,可以为证。

地震的全过程应是:地壳及地幔上层(A,B,C,以下同)受自重影响,本身是处于平衡状态的,地壳及地幔上层就大尺度讲为薄壳拱形结构,就小尺度讲是平面结构,由于日食效应(日食月影区面积纵横各有万余公里,是大尺度)日食月影区地幔上层局部受力,经日食月影区地幔上层受力区的叠加(强震区一般为 2~4 次),地幔上层局部受力区,受力中心偏移,形成偏心,如材料力学中短柱之偏心受力一样,偏心大超出工程上常见的三等分线的中段范围,由于偏心(偏心载荷为直应力与弯应力之组合),局部地区压力增大,形成高压区,局部地区压力减小形成受拉区,岩石高压区内正空穴电子受压放出红外辐射,地球表面增温,在受拉区断层发生裂隙,应力集中拉应力增大形成裂缝而冒气,高压区及受拉区之合力及力矩在震中断层中(在平面及横断面上)使岩石位移做功(岩石断裂错动,增温区消失)而发生地震,震区便有降水,继而有余震,之后震区再有降水,受压地幔上层卸载,岩石回弹,封闭断层裂隙,地幔上层回复平衡,兹称之为地震的日食一地震效应原理。地震是地壳及地幔上层受力后的一种卸载活动,对岩石圈是一种保护,但对人类现有居住条件而言却是一种灾难。

以下为三张影像图,如图 1-11 至图 1-13 所示。

参考文献

[1] 翁文波.预测论基础.北京:石油工业出版社,1996.

[2] 赵得秀.地震探源与地震预报.西安:西北工业大学出版社,2007.

[3] 强祖基,等.卫星热红外异常一临震前兆.科学通报,1990,35(7):1324-1327.

[4] 强祖基.震前卫星红外热环形应力场特征.地球学报,2008,4,486-494.

[5] 高建国.中国地震预报成绩不容抹杀.2009 天灾预测研讨会学术文集,2009.

[6] 任振球,孙丽娟.从科学观反思汶川特大地震的深层次教训//2009 天灾预测研讨会学术文集,2009.

[7] Opplzer Th V. Canon der Finsfernisse(日月食典).WIEN,1885.

[8] 铁木生可,麥克可洛.材料力学.王德荣,译.北京:人民教育出版社,1951.

[9] 何宇飞.地震电磁前兆观测.国际地震动态,2009(3).

[10] 天灾预测专业委员会,等.2009 天灾预测终结学术研讨会议文集,2009.

[11] 中国地球物理学会天灾预测专业委员会.2009 天灾预测终结学术研讨会议特别文集——强地震是可以预测的,2009.

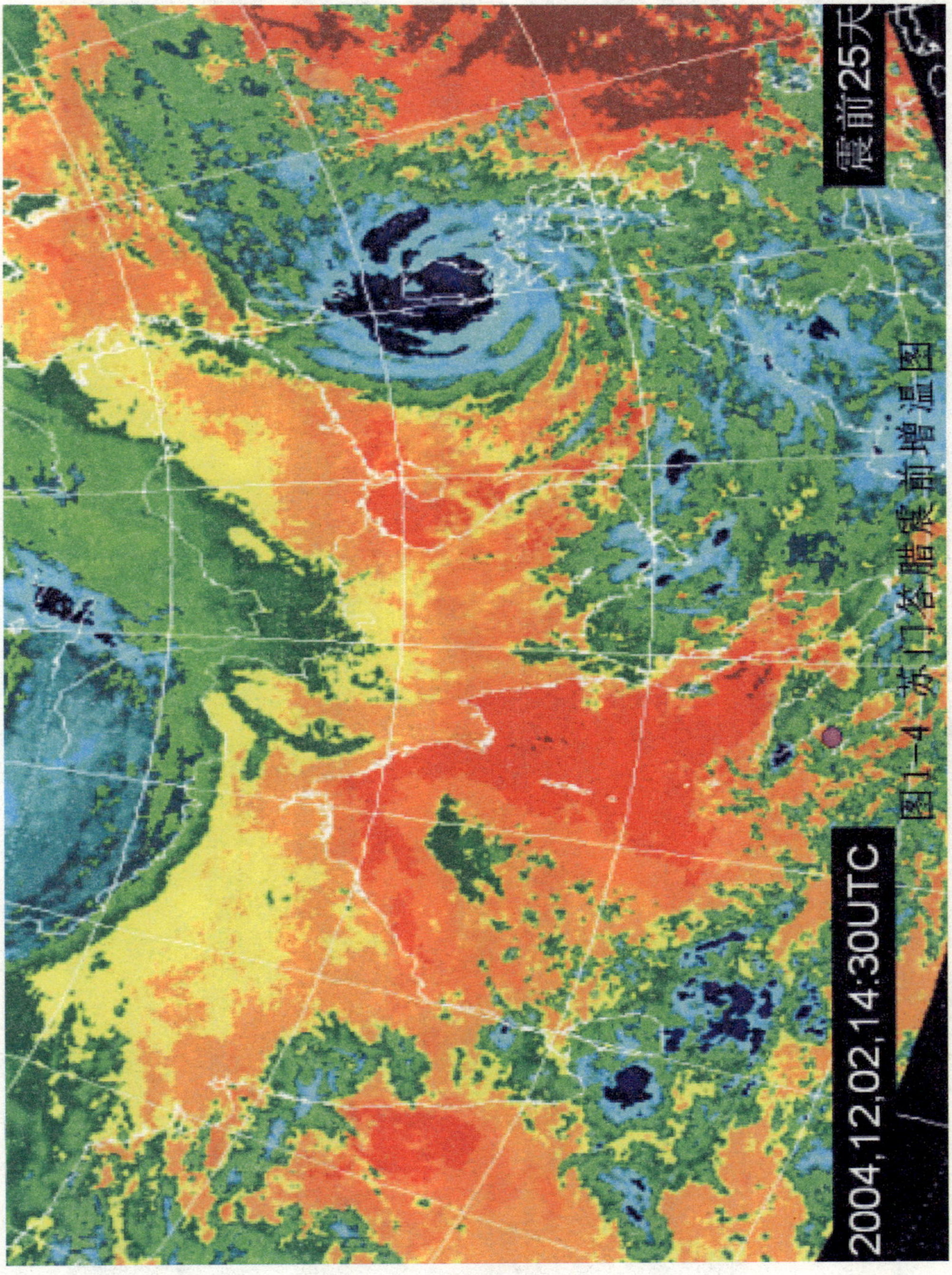

图1-11 苏门答腊9级地震前25天增温图

图1-12 2004年12月26日印尼苏门答腊岛北部9.0级地震前震区的放气现象（地震云）

图1-13 2005年10月08日巴控克什米尔7.8级地震前震区的放气现象（地震云）

第2章 潮汐力谐振共振波(简称HRT波)短临地震预测方法

钱复业[1] 赵璧如[2] 张洪魁[3] 赵玉林[1]

1.中国地震局地球物理研究所 2.天津英驰勘探技术有限公司 3.北京市地震局

钱复业,女,1935年7月生,1958年毕业于长春地质学院物探系,先后在中国科学院兰州分院地球物理研究所、中央地办地震分析预报室、国家地震分析预报中心、国家地震局地球物理研究所等单位工作一直从事地电学与地震预测研究工作。研究员、中国共产党党员、政府特殊津贴获得者。国内外发表论文百余篇,获省部级科技进步一二等奖数项;我国地电学预测地震方法,特别是地电阻率(原称形变电阻率法)预测地震方法的主要开拓者;1966—1973年与赵玉林等一行70余人组成"新桥地震队"将物探电阻率法变种引进地震预测预报中,后经中国地震局推广使用,成为我国主要探测地震前兆手段之一。之后与赵玉林、赵璧如一起在不断总结地电成败震例基础上,引进控制论,开发出先进"潮汐力谐振共振波——'PS100HRT波'地电短临震兆探测仪",可直接探测未来地震震源体的本质特征,并发展提出了潮汐力谐振、共振波(HRT波)短临地震预测方法,为攻克地震短临预测这一世界难题,为减轻地震灾害做出了不可磨灭的贡献。

2004年初中国地震局特批在川滇地区建立了4个PS100的小台网,使用新一代抗干扰性能极强的高精密度PS100大地电测系统,探索起潮汐力谐振共振波(HRT波)预测方法,捕捉强震的短临前兆。结果表明,当源区介质刚度$\lambda \leqq 0$时,仅在源区出现具有潮汐力周期,其振幅仅在震前短期(数月至数日)异常增大谐和振动波(HT波);当共振条件[驱动力周期$T \leqq T_0$(发震断层系统的固有周期)]得到满足时,源区同时出现纵、横两个周期等于T_0,振幅突然急剧增大的共振波(RT波)。RT波的相对振幅虽然极弱,源区仅有1%~3%,但"PS100HRT波网站"观测到的异常却是极其显著的(超出观测标准偏差3~10倍)。HT波与RT波两者统称HRT波。极其有意义的现象是:在同一个台站一般先、后记录到两个不同传播速度的(尽管有时其中的一个波可能不清晰)一降一升或相反的RT波,有证据表明它们是地震前从即将发生地震的震源区同时发出的纵、横波。初步发现,两个RT波到达同一台站的到时差与震中距成正比。RT波一周内振幅衰减到$1/e$的时间(T_0)与发震断层规模即震级有关。据此建立一个定量短临预测地震三要素的物理模型,开展一条探索研究物理预测地震的新途径。HRT波属长波范畴,对于强震可以传播数百乃至数千千米,建议扩展PS—100HRT波观测台网，以便充分利用目前我国周边大震频发所提供的“天然实验室”，开展边观测、边研究、边进行物理预测相结合的“地球物理学天然实验室”实验，以期得到可重现的 HRT 波前兆现象和传播规律，对地震短临预测这一科学难题进行“创新”探索研究，力争为我国地震预报决策部门提供有物理依据的有用信息。从中国地震局特批 2004 年 4 月在川滇地区，新建 4 个 PS100 台，捕捉大地震的短临前兆开始，到汶川地震临震前红格台记录到并在震前发现了大震即将来临信息的全过程，以及所积累的国内外数十例强震震例，都有力地表明：HRT 波是客观存在的，地震，特别是强震是有前兆的、是可以预测预报的。如有布设适宜的 HRT 波台网，研究解决波叠加等问题，在可预见的将来实现强震时、空、强三要素的准确预测，预报不是不可能的。

2.1　HRT 波形成机理、模式及其接收方法的物理基础

在当今地震孕震过程及前兆产生机理尚不完全了解的情况下，为解决地震预测这一实际问题，我们把孕震过程视为“黑箱”，把地震预测视为一工程问题，像工业或医学界通常利用发射某种波来探伤或探查病灶那样，我们选用潮汐力波“敲打地球”，探查地壳中是否有已形成潜在的震源，即利用系统辨识原理，开展可操作的地震预测方法探索工作。

选取振荡规律已经研究得很清楚的潮汐力作输入信号；选取能灵敏反映孔隙流体应力应变变化的电测量资料作输出信号，随时辨识出与源区介质刚度 λ 及断层系统固有周期 T。有关的 HRT 波，并计算确定地震三要素，为地震短临预报的决策提供参考的预测诊断意见。

岩石力学实验[1]推论指出，断层失稳(地震)发生在源区介质刚度 $\lambda \leqslant 0$ 的阶段；根据唐山地震前的实测记录。1990 年提出的潮汐力短临地电前兆模型[2]，位移增量的表达式[$\Delta u = (A/\lambda)\sin(2\pi/T)t$]表明，输出响应为一周期波动，其周期 T 与起潮汐力相同，其振幅却因震前源区 $\lambda \to 0$ 而趋近“无限”大，即源区出现谐振波(HT 波)，源区介质刚度 $\lambda < 0$ 时会出现共振波 HRT 波，故可利用潮汐力波来探测地球中是否有已形成的潜在震源。考虑到地球介质是多孔固体，其孔裂隙间常含有流体，实时采集与孔隙流体关系最密切(能灵敏反映应力、应变波)的地电阻率、地电流场等参量的实测数据，便可探索 HRT 波。问题是在高电磁干扰环境中如何排除各种电磁干扰准确地记录 HRT 波。PS100 大地电测仪采用码分多址(CDMA)高新技术及系统辨识原理，从原理上找到了压低、消除各种电磁干扰的技术，测到了 HRT 波，满足了记录 HRT 波的高精度、高准确度的要求，震例分析表明 PS100HRT 记录仪，为地震短临预报探索研究提供了基础资料。从强噪声背景中提取地震弱信号是探索地电前兆在技术上遇到的主要困难。电极极化不稳、天然电磁场变化以及风吹导线在地磁场中摆动等产生的干扰原本就使探索地电前兆工作在技术上遇到很大困难，近年随着我国社会的发展，工农业生产产生的游散电流的干扰越来越广泛、越来越严重，更是严重地威胁到地电前兆探索工作的持续发展、乃至生存。赵璧如等[3]开创性地将相关匹配滤波的理论和技术使用在人工供电电阻率测量中，有效地解决了强干扰环境下地电阻率高精度测量问题。从原理上找到了在高电磁干扰环境中测量地电阻率精确值及其微弱变化的技术，设计研制出 PS100 可控源、远程监控大地电

测系统，克服了这一困难。经中国计量科学院在有干扰条件下的实验检测证实，所采用的技术极为有效，在 0～20 dB 的强电磁干扰下，PS100 仪器的准确度与重复性均达到 0.1%～0.05% 的高精度[3]。PS100 系统所取得的高精度、可靠的电阻率数据在 HRT 波的观测中起到了关键作用，该仪器系统成为我国具有自主知识产权的创新产品。

2004 年 12 月 26 日印尼苏门答腊 M_w9.0 级海啸大地震前，小台网首次记录到 HRT 波波动前兆（震中距近 3 000 km），观测到同时从震源出发的共振波（RT 波）有纵（P 波或快波）波和横（S 波或慢波）波；初步发现了 RT 波与未来强震发生三要素（时、空、强）的定量关系。突破了原有的必须在震源区监测其物性、物理场静态变化的传统观念。确切地记录到以一定的速度从一个台站传播到另一个台站的波动，有力地显示出应力的动力学（波动）特性。继 M_w9.0 级地震后又在 2005 年 10 月 8 日巴基斯坦 7.8 级、2006 年 1 月 28 日班达海 7.6 级及 2008 年 5 月 12 日汶川 8.0 级等 30 余个强震前记录到 HRT 波。所记 HRT 波短临前兆，具有波动传播特性，初步求得了 RT 波的纵、横波波速及虚波速度。震时记录到的 RT 波（因其波速甚慢，多在地震波到达后到达），其波速及其到时差与震前的一致，证明震前 RT 波是从震源发出的。所记各震例的 HRT 波彼此可以对比，显示出一定的重现性与规律性[4-5]。

HRT 波模式：岩石力学实验指出[1]，发震断层在失稳（即地震）前，震源区岩块体的本构关系曲线的斜率，即刚度 λ 处于负值阶段。下面将通过潮汐力谐振短临前兆模式示意图（见图 2－1）来说明如何根据实测地电参量的变化，辨识 $\lambda<0$ 阶段的特征[2]。

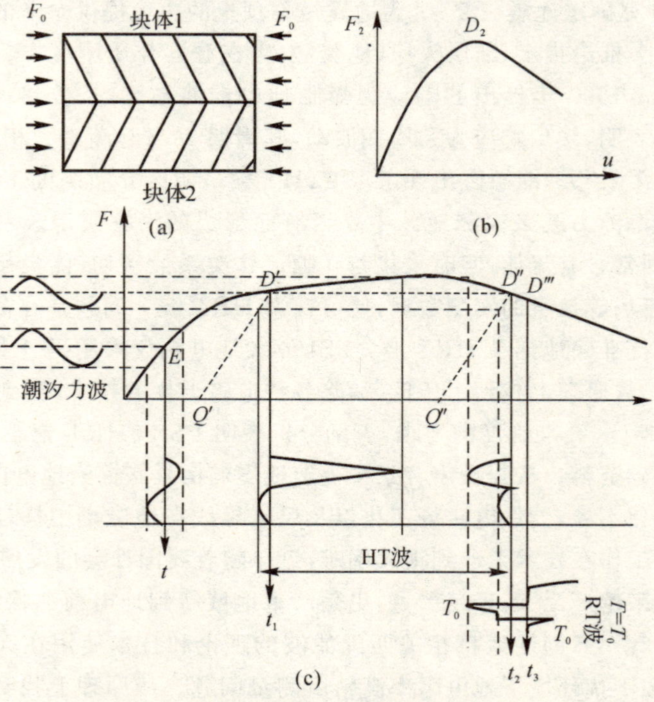

图 2－1　潮汐力谐振共振短临前兆模式示意图

在分析输出电信号对潮汐力的响应特性时,我们得到潮汐力引起的电响应的增量 Δu 的表达式为[2]

$$\Delta u=(A/\lambda)\sin\left(\frac{2\pi}{T}\right)t$$

上式表明,对稳态运动,电响应具有与潮汐力相同的周期(T),其振幅则与 λ 成反比变化(尽管 Δu 还与 A 成正比,但因通常 A 的变化很小,故电响应的振幅主要与 λ 成反比而变化)。

在孕震早期,介质处于弹性阶段,震源区介质的 λ 为很大的、正的、不变化的常数,所以电响应的振幅很小,基本不变化(其正弦波动几乎看不出来),如图 2-1 坐标曲线所示。

当 $\lambda\to 0$ 时,电响应的振幅逐日异常增大,这时在震源区出现周期等于潮汐力周期,振幅逐日异常增大的谐振波(HT 波)[2]。当 λ 过 0,本构关系曲线斜率向下但 λ 从位移 u 向反方向趋近 0 时,响应同前,但反相。所以当 $\lambda\approx 0$ 时,出现谐根波(HT 波) 如图 2-1 座标曲线所示。

当 λ 进一步减小(本构关系曲线进入 $\lambda<0$ 的阶段),在 $T=T_0$(断层系统的固有周期)时,源区介质的速度 $\left(\frac{\mathrm{d}u}{\mathrm{d}t}\right)$ 与力阻 Rm 成反比[6],$\frac{\mathrm{d}u}{\mathrm{d}t}\approx\frac{F}{Rm}e-i\omega t$,此时震源区出现共振波(RT 波)。含孔隙流体多孔介质的 Rm 通常甚小,电响应可出现尖锐的极大值[4-6]。如图 2-1 坐标曲线所示。

从潮汐力谐振短临前兆模式图看出,当发震断层临近失稳时,断裂带将随潮汐力而谐振至共振(共振频率将脱离潮汐力的频率,而等于系统——破裂断层的固有频率),从而产生微弱而清晰的与潮汐力有关的前兆应力波(简称 HRT 波)。由于 HRT 波产生于震源并从震中向外传播,为不同震中距的观测精度高灵敏度的 PS100HRT 波接收网站所接收,接收到 HRT 波,则预示地震即将来临,分析判别 HRT 波谱即可预估未来地震的时、空、强。

潮汐力谐振共振地震短临预测方法待测的物理量为台站地下某一深度处(200～300 m)固定的探测体积内岩石的地电阻率 $\rho(\Omega\mathrm{m})$ 与地电流场 $V(\mathrm{mV/km})$,在时间域中的变异情况。

2.2　PS100HRT 波记录仪器

川滇 4 个台站 6 年多的实际观测表明,在野外台站实际电磁干扰环境下,PS100 仪器的观测精度不仅比原有仪器提高了 1～2 个数量级[7],而且新的 12 个测量道(6 个地电阻率,6 个地电流场)远程监控遥测同步自动观测实时处理的 5 分钟值点的观测极大地提高了短临前兆的采样率。HRT 波台网中各台的时间服务由控制中心统一提供并与标准时一致,满足了探索短临地震前兆波高精度、高灵敏度、高同步的要求[3-4](见图 2-2 至图 2-6)。潮汐力谐振短临地震预测方法的实验观测研究得以重新开始并于 2004 年 12 月 26 日印尼 9.0 级海啸地震 2 个月至 3 天前,世界上第一次记录发现了来自震源体(区)的潮汐力谐振共振波波动前兆——简称潮汐力谐振共振波或 HRT 波[27]。

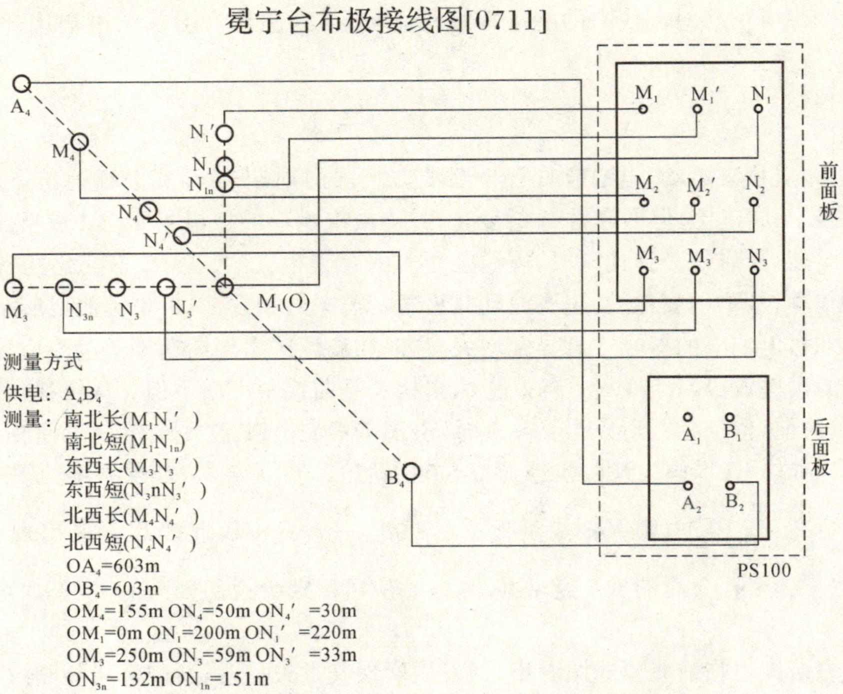

图 2-2　冕宁台三个方向 6 个测量道地电阻率电极布置图

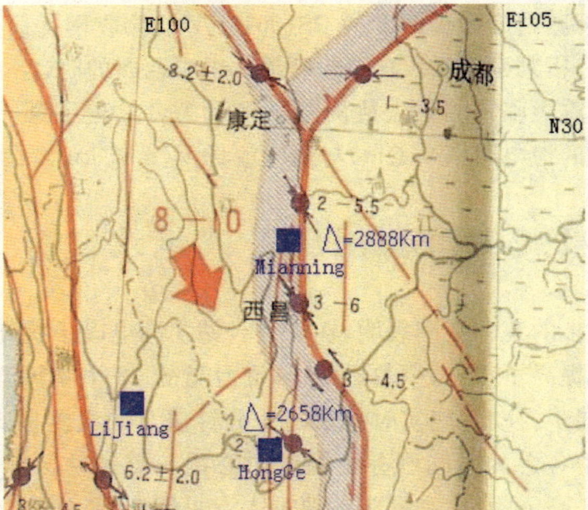

图 2-3　川滇地区 4 个台站分布图

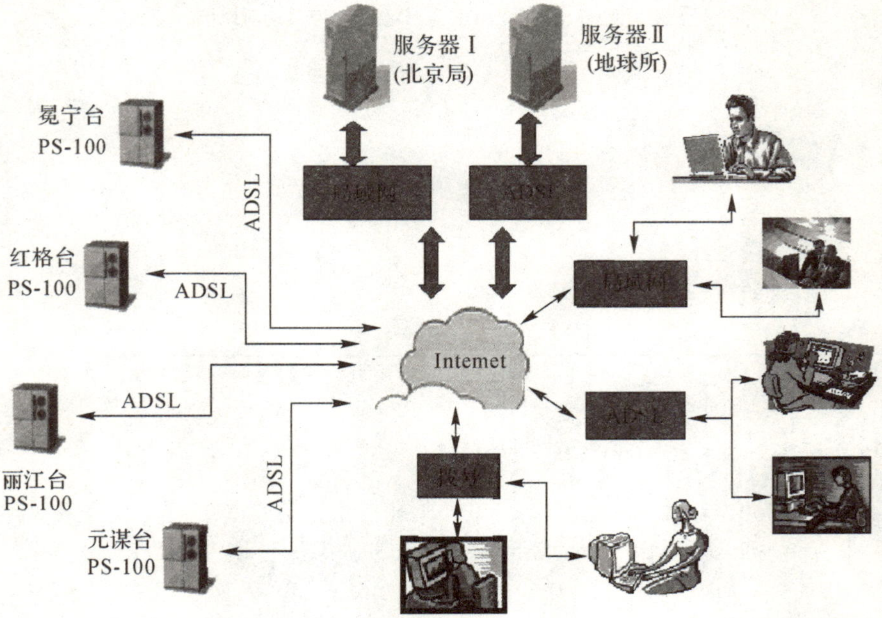

图 2-4　PS100HRT 波接收站网结构示意图(网内时间采用 NTP 时间同步协议)

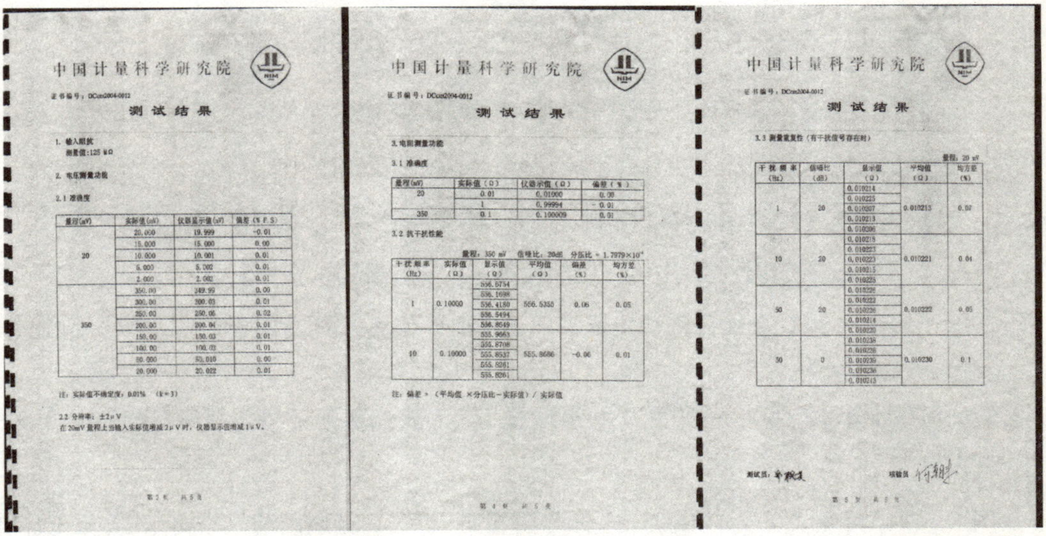

中国计量科学研究院

证书编号：DCcn2004-0012

测试结果

1. 输入阻抗
测量值:125 kΩ

2. 电压测量功能

2.1 准确度

量程(mV)	实际值(mV)	仪器显示值(mV)	偏差 (% F.S)
20	20.000	19.999	-0.01
	15.000	15.000	0.00
	10.000	10.001	0.01
	5.000	5.002	0.01
	2.000	2.002	0.01
350	350.00	349.99	0.00
	300.00	300.03	0.01
	250.00	250.06	0.02
	200.00	200.04	0.01
	150.00	150.03	0.01
	100.00	100.03	0.01
	50.000	50.010	0.00
	20.000	20.022	0.01

注：实际值不确定度：0.01%　(k=3)

2.2 分辨率：±2μV
在 20mV 量程上当输入实际值增减 2μV 时，仪器显示值增减 1μV。

第 2 页　共 5 页

中国计量科学研究院

证书编号：DCcn2004-0012

测试结果

3. 电阻测量功能

3.1 准确度

量程(mV)	实际值(Ω)	仪器示值(Ω)	偏差(%)
20	0.01	0.01000	0.00
	1	0.99994	-0.01
350	0.1	0.100009	0.01

3.2 抗干扰性能

量程：350 mV　信噪比：20dB　分压比 = 1.7979×10[4]

干扰频率(Hz)	实际值(Ω)	显示值(Ω)	平均值(Ω)	偏差(%)	均方差(%)
1	0.10000	556.5754	556.5355	0.06	0.05
		556.1698			
		556.4180			
		556.5494			
		556.8649			
10	0.10000	555.9663	555.8686	-0.06	0.01
		555.8708			
		555.8537			
		555.8261			
		555.8261			

注：偏差 = (平均值 ×分压比－实际值) / 实际值

第 4 页　共 5 页

中国计量科学研究院

证书编号：DCcn2004-0012

测试结果

3.3 测量重复性(有干扰信号存在时)

量程：20 mV

干扰频率(Hz)	信噪比(dB)	显示值(Ω)	平均值(Ω)	均方差(%)
1	20	0.010214	0.010213	0.07
		0.010225		
		0.010207		
		0.010213		
		0.010206		
10	20	0.010218	0.010221	0.04
		0.010223		
		0.010223		
		0.010215		
		0.010225		
50	20	0.010228	0.010222	0.05
		0.010222		
		0.010226		
		0.010214		
		0.010220		
50	0	0.010238	0.010230	0.1
		0.010226		
		0.010239		
		0.010236		
		0.010213		

测试员：　　　　核验员：

第 5 页　共 5 页

图 2-5　PS100 终端可控源大地电测仪精度与抗干扰能力测试结果(中国计量科学研究院 2004.3.24)
(测试证书第三页(左)未加干扰的结果，表明所测 PS100 仪器的准确度为 0.01%～0.02%，第 4(中)、5(右)页有干扰存在时的结果，表明准确度(测值与实际值之偏差)及测量的重复性(标准偏差)均优于 0.05%～0.1%)

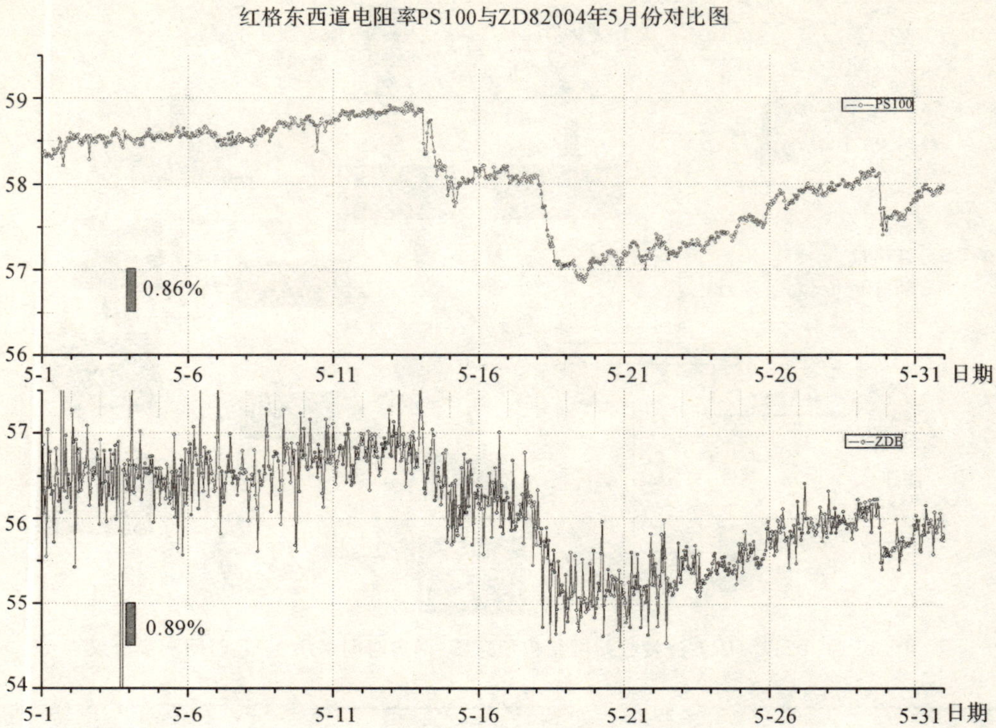

图 2－6　红格东西道电阻率 PS100 与 ZD8 2004 年 5 月份对比图

ZD8 随机干扰严重；PS100 小时值连续规律变化

2.3　印尼 9.0 级地震 HRT 波震例分析、其他地震的 HRT 波实例及其与未来强震三要素的定量关系

——PS100 台站接收到的从震源发出的 HRT 波波动前兆实例（台站的原始记录）

2.3.1　2004 年 12 月 26 日印尼 9.0 级地震 HRT 波的实际记录与震例分析（Δ＝2 066～2 099 km）

从图 2－7(a)可见，2004 年 12 月 26 日苏门答腊 M_w9.0 级地震前三个月 MN 台开始出现周期为半月、波幅度逐渐增大的 HT 波，震后半月 HT 波立即消失，2005 年 1～5 月幅度基本无变化，从而表明震前三个月开始出现周期为半月、波幅度逐渐增大的 HT 波与 9.0 级地震的发生显著相关。

从图 2－7(b)可见，12 月 24 日 0 时值反常处于低值，不回返，再次突然下降，构成临震异常。震前 4 天(22 日)开始出现明显 RT 波波动前兆。震前 2 天(24 日)冕宁台所记的 RT 共振波最为典型。地电阻率急剧(尖锐)下降 2.9%,经 14 h 后转上升,变化幅度比测量标准偏差大 17 倍,异常显著;由到时差得震中距:2 898 km 与实际震中距 2 903 km 一致,表明共振波来自 9 级地震的震源。快波与慢波突然变化的幅度(A_0 和 A_0)衰减到($1/e$)所需的时间段为固有周期 T_0,从图求得 $T_0=6$ h,据此可确定未来地震的震级为 9.1 级;与实发地震参数一致。RT 波的快波使 MN 台处在即将发生地震的压缩区,所以地震时地震 P 波初动为"+"号。

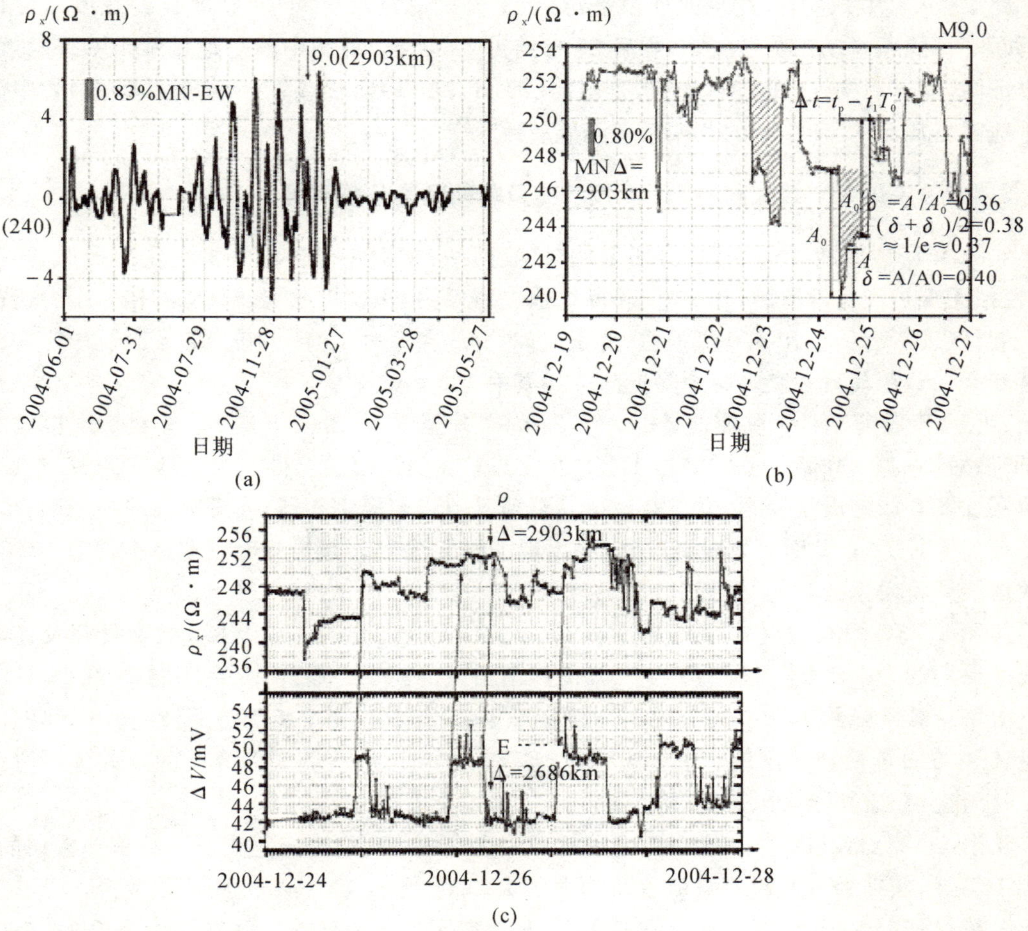

图 2-7　2004 年 12 月 26 日印尼苏门答腊 9.0 级地震 HRT 波震例

(a)苏门答腊 9.0 级地震(2004-12-26,08:58:51.1(北京时),3.15°N,95.79°E)前后冕宁台 EW 道 HRT 波记录图;

(b)2004 年 12 月 26 日印尼 9.0 级地震临震前冕宁台北西道 RT 波;

(c)苏门答腊地震红格、冕宁二个台记录的 RT 波的传播特性.图中顶部曲线是 MN 台地电阻率 5 min 值,底部的是 HG 台地电场 5 min 值曲线

图 2-7(c)上部是 MN 台地电阻率 5 min 值,底部是 HG 台地电场 5 min 值。图中清楚地显示,两条曲线在苏门答腊 9 级地震前 2 天及震后 1 天,即 2004 年 12 月 25,26 和 27 日出现

可对比的箱状突然变化(主要由每天一次的突然上升构成),而且 MN 台的变化总比 HG 台的滞后 1～2 h,这显然是由于 MN 台的震中距(Δ=2 903 km)比 HG 台的震中距(Δ=2 686 km)更远,HRT 波从震中传到 MN 台比传到 HG 台花的时间更长的缘故(据此求得 RT 慢波的相速度与从虚波速度公式算出的结果一致)。这个实测记录表明苏门答腊地震前距离震中近 3 000 km 的两个台确实记录到具有传播特征的波动。

图 2-7(c)中,更引人注意的现象是:突然上升段的持续时间(箱状变化的宽度),逐日加长,如 25 日约 4.5 h;26 日为 9 h;震后 27 日约为 13.5 h。即图中清楚地显示出多普勒效应。可以证明,固有周期 T_0 的逐日加长,是震前(25 日、26 日)断层或者(毛细管模型的)管中流体先于地震出现流动,使管子的共振频率降低所致[20]。

2.3.2 汶川 8.0 级地震的 HRT 波前兆及震前预测分析实况

2004 年所建立的 4 个“PS100HRT 波”接收网站,其中 3 个台由于雷击仪器损坏、导线被偷、台站无维护经费等原因,于 2007 年底以前先后停测,在汶川地震前只有红格一个台仍在工作。红格(HG)台距汶川 8.0 级地震(北京时间 2008 年 5 月 12 日 14 时)的宏观震中之一的北川县 640 km,距其另一宏观震中附近的微观震中 465 km。

HG 台于震前半月至临震前(2008 年 4 月 30 日至 5 月 12 日 5 时)记录到了汶川地震的 HRT 波短临前兆,作者于临震前据 HRT 波及其短临预测模型求得的未来地震的时、空、强与汶川实发 8.0 级地震三要素一致,其规律同以前其他强震震例相同;与短临前兆模型吻合。在临震前的 5 月 12 日 2 时至 6 时,红格台更出现了幅度达 1%(超过平时观测标准偏差 10 倍)的特大地震即将发生的临震“预警”信号。

从图 2-8(a)和(b)可见,HG 台 NW 道在 8.0 级地震前出现了 HRT 的半月潮及连续出现 3 个周期约为 7 天(半月潮的一半)、幅度逐渐增大的波动。震前 10 余小时,5 月 12 日凌晨地电阻率持续下降约 1.0%,超过平时观测标准偏差十余倍,异常极为显著清晰。从图 2.8(c)可见,5 月 5 日前后连续出现 2 个相同方向(向下)的半日潮,表明源区介质的本构关系曲线处于 0 值附近,介质开始进入 $\lambda\leqslant 0$ 阶段。

从图 2-9(a)和(b)中看出:8 级地震前 HG 台连续出现幅度超过观测标准偏差数倍的、半日潮 HT 波,震前数日半日潮波幅逐日明显加大,其上叠加着 3～4 h 的短周期波动(RT 波),据此分析得到震中距、震级信息。震前 1 天,RT 波反向由平日的下降波转为上升的,表明源区介质已处于刚度 $\lambda\leqslant 0$ 的临震阶段。震前十余小时,12 日凌晨,地电阻率急剧下降达 1%左右,其上叠加有 3 h 波动,反映断层滑动长度(震级)与震中距的信息(分析结果,见表 2-1),可成为强震的预警信号。对比图 2-9(a)和(c)可见,HG 台 NE 道与 NW 道一致,出现幅度逐日增大的 HT 波(如 5 月 9 日 NW 道幅度为 0.3%;5 月 10 日,0.5%;5 月 12 日震前,1.0%)。

从图 2-9(d)和(e),5 分钟测值图可见,NE 与 EW 道临震前出现可对比的幅度逐日增大的 RT 波(图中阴影部分)为根据 RT 波记录计算的震中距与震级结果参见表 2-1。

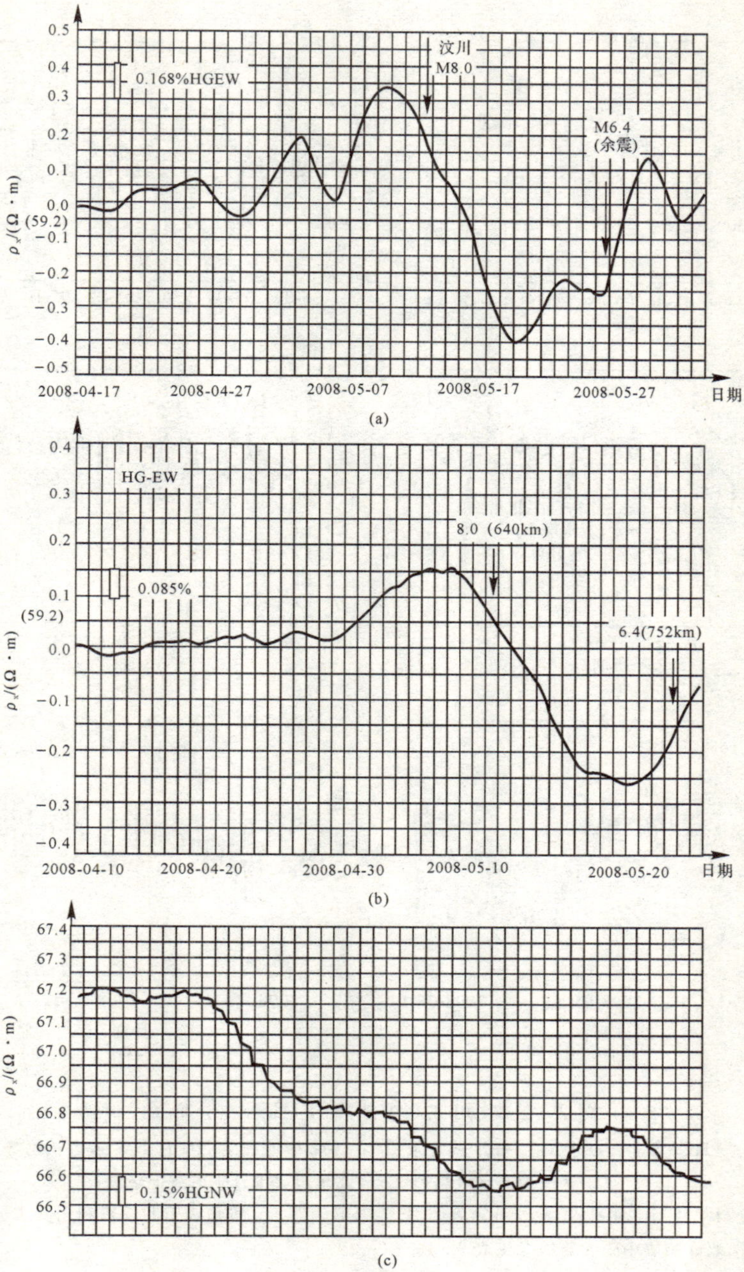

图 2-8　2008 年汶川 8.0 级地震红格台实测 HRT 波记录图

(a)2008 年 5 月 12 日四川汶川 8.0 级地震前 HT 波出现 7 天及半月潮谱；

(b)2008 年 5 月 12 日四川汶川 8.0 级地震前 HRT 波半月潮波动前兆；

(c)HG 台 NW 道 5 分钟值记录到显示震源体介质刚度 $\lambda=0$ 时段的 HT 波图(两个连续向下的半日潮)

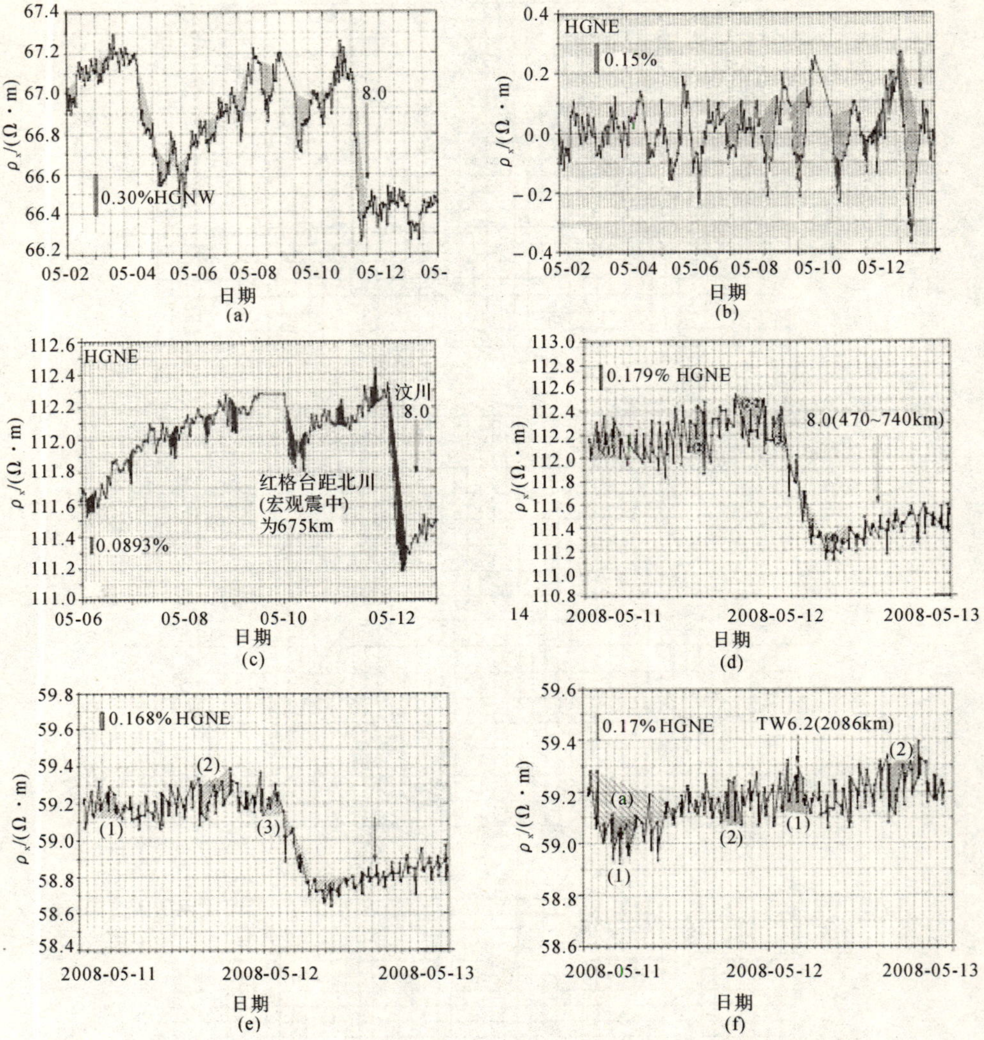

图 2-9　汶川 8.0 级地震的 HRT 波分析图

(a)8 级地震前红格(HG)台北西(NW)道 HRT 波记录图；　(b)8 级地震前 HG 台 NW 道去长趋势 HRT 波记录图；
(c)汶川 8 级地震前红格(HG)台北东道(NE)HRT 波记录图；

(d)震前 HG 台 NE 向 HRT 波 5 分钟测值图(阴影部分为 8.0 级地震 RT 波)；利用共震波(阴影)，计算得到的未来地震的震中距和震级参见表 2-1；

(e)HG 台 EW 道 HRT 波 5 分钟测值，图阴影为 RT 波(临震信号)，利用 RT 波计算的未来地震的震中距和震级列于表 1；

(f)汶川 8 级地震前红格台 EW 道 RT 波记录图及震前对震级和震中距计算结果(见表 2-1)的复制件。图 2—9 记录只到 2008 年 5 月 11 日 22 时，在大震前 5 月 11 日夜至 12 日凌晨 5 时得出如下的分析意见：2008 年 5 月 12～13 日前后，下列地段将发生地震：ΔH=(2 000±200) km，M7(5 月 11 日台湾已发生 6.6 级地震)；ΔH=600～800 km，M7～8 级地震，5 月 12 日 14 时汶川发生 8.0 级地震，距宏观震中之一的北川 Δ=640 km

表 2-1　汶川地震前红格台 EW 测道 RT 波分析得到的预测震级、震中距结果

月/日	快波到时	T_0	震级	慢波到时	T_0	震级	震中距/km
5/5～5/6	22:49			02:54	175	7.8	845
5/6	17:35	189	7.9	20:35	204	8.1	620
5/7	7:45			11:45	171	7.8	842
5/8	5:54			9:35	180	7.9	762
5/8	18:35			20:49	180	7.9	462
5/8	20:45			23:35	180	7.9	590
5/9	6:35	166	7.7	9:49			670
5/10(1)	3:45			6:45	180	7.9	620
5/10(2)	17:54			20:15	199	8.0	490
5/11(2)	01:54			05:35	190	7.9	760
5/11(3)	15:49	180	7.9	19:40			800
5/11～5/12(4)	23:54			02:25	240	8.4	520
5/12	6:40			10:35	190	7.9	810

图 2-9(f)是震前 HG 台 EW 道 5 分钟值 RT 波(图中阴影部分)记录,据此图于震前 5 月 11 日夜至 12 日晨 5 时得到了大震即将来临的结果(分析结果及分析意见,当时标注在记录图旁)。

表 2-1 中所得地震三要素与实际发生地震吻合。不同日期和时段求得的震中距在500～800 km 范围内变化。由于震中均在红格台以北,表明震前波动的源可能存在沿断层南、北来回迁移的现象。5 月 12 日临震前两个 RT 波波源到红格台的震中距为 520 km 和 810 km(由南向北迁移),如认为这是断层的“两端”,则可求得“断层的破裂长度”为 810－520＝290 km。按断层长度与震级的统计关系[23]:$M=3.3+2.1\lg L$,求得震级为 8.5。这与 HRT 波求得的震级(见表 2-1)吻合,与矩张量反演的结果[24]($M_w=7.9$～8.1)一致,表明 RT 波的客观性。

2.3.3　2010 年 4 月 14 日玉树 7.1 级地震前 HRT 波震例及预测实况

2010 年 4 月 14 日 14 时 07 分青海玉树发生 7.1 级地震。由于 2010 年初增设了山东茗南 PS100 台,配合川滇地区原有的小台网,玉树震前有分布适宜的 3 个台在工作。根据 3 个台震前 RT 波求得的震中距,交汇得到未来地震预测的震中经纬度与实发地震一致,如图 2-10 所示。表明 3 个台的 RT 波是震前从同一震中区传出来的,从而证明我们所用的观测系统、预测模式、预测方法正确、实用。

玉树震前(4 月 10 日)曾把分析结果通报给中国地震咨询委员会,在科学意义上表明,只要有分布适宜的台网，HRT 波短临地震预测法能够同时预测给出未来临震的发生时间、经纬度和震级。

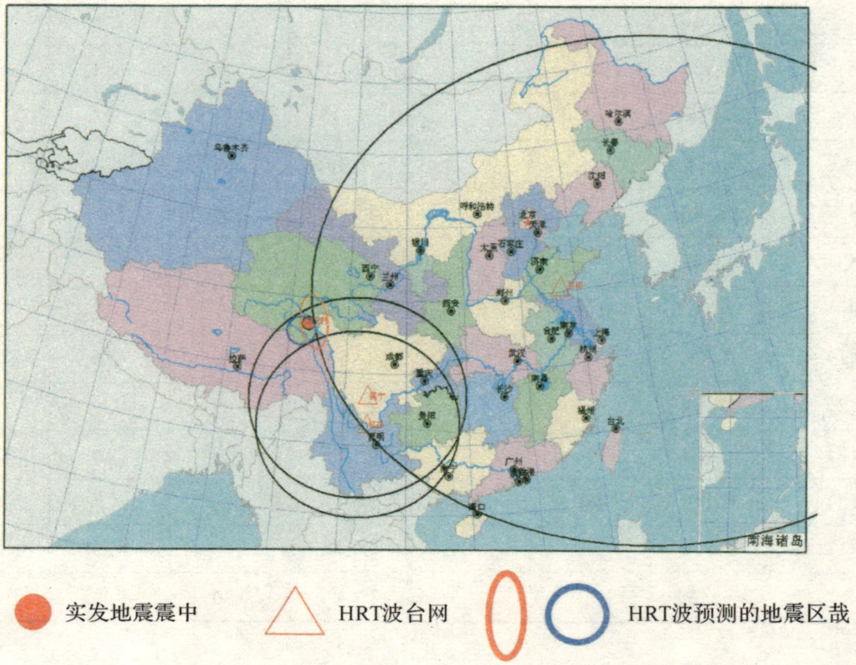

图 2-10　玉树 7.1 级地震前 HRT 波预测结果与实发地震对比图

4 月 7 日 19 时计算分析 HRT 波预测结果：

地点：Δ_{MN}=780 km；Δ HG=740 km；Δ_{JN}=2 000～2 050 km

三台交汇震中经纬度：33°N　96°E：(100 km 范围内)；M=7±或 6～7；

发震时间段：4 月 11～13 日；

4 月 10 日钱复业曾把此预测意见电话报告给地震咨询委员会汪成民副主任(4 月 11～13 日左右，在 MN 台西北 750 km 左右，可能有 7 级左右地震发生)。玉树 7.1 级实际参数：2010-04-14 07:49;33.1°N,96.7°E；到各台的距离分别为 Δ_{MN}=729 km；Δ HG≈905 km；Δ_{JN}=2032 km。

从图 2-10 可见，分别以记录到 RT 波的 3 个台为圆心，以各台 RT 波求得的震中距为半径所画的 3 个圆，存在有 2 个交汇区。如只用交汇法确定震中，则需要有更多台站的 RT 波记录。玉树震前，在只有 3 个台记录的情况下，从 2 个交汇区判定单一的预测震中经纬度，是参考了这 3 个台 RT 波的台站方位角判据而最终确定的。

2.3.4　其他地震实例分析

(1)2006 年 1 月 28 日班达海 M_s7.6 级地震前一周 MN 台所记的 HRT 波日潮(K_1)振幅

逐日增加的波动前兆，如图 2－11 所示。

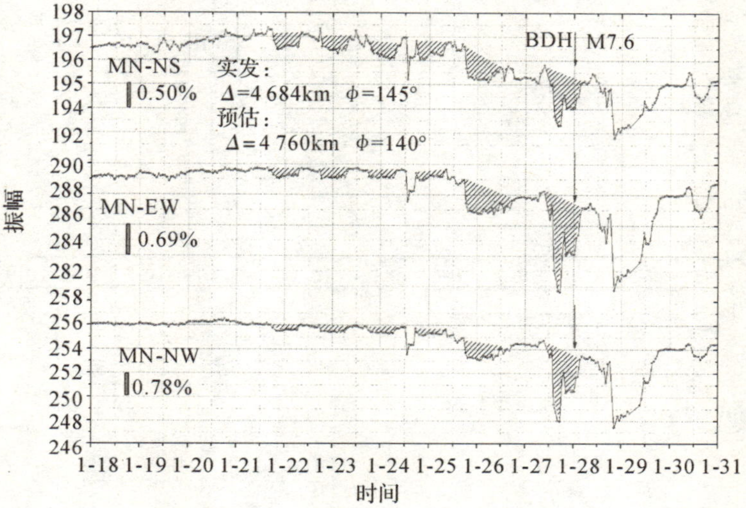

图 2－11　2006 年 1 月 28 日班达海 7.6 级地震

(北京时，2006－01－28，00:58:50.5；54°S，128.1°E)

临震前一周冕宁台三个道 HRT 波(阴影部分)幅度逐日增加

从图可见班达海 7.6 级地震震前 10～8 天曲线很平，无变化，震前 7 天 MN 台记录到振幅逐日增加 HRT 波，临震前 1 天急剧下降 1%～2%，超出平时观测的 10 余倍，异常的显著性非常明显，先到的 RT 波与后到的 RT 波之间 1 到时差为 23 h，求得震中距为 4 760 km，与台站的实际震中距 4 684 km 吻合。

(2)2005 年 10 月 8 日巴基斯坦发生 7.8 级地震(Δ＝3 000 km)，如图 2－12(a)(b)所示。

巴基斯坦 7.8 级的震中大体位于 MN，YM 两台正西，两台位于巴基斯坦 7.8 级地震的同一波前锋面上，故两台(10 月 6 日至 1 月 7 日之间)RT 波(阴影)波形相似可以相互对比。

图 2－12(b)给出巴基斯坦 7.8 地震前后 MN 台仪器性能 3 次远程标定曲线，结果表明：仪器正常工作，所记变化并非仪器所致。

仪器在 8 月 12 日、10 月 4 日、10 月 10 日三次远程标定表明，该台在曲线有、无变化时段及地震前、后仪器性能并无改变，即记录异常变化并非仪器(性能改变)所致。

(3)2005 年 11 月 26 日江西九江 5.7 级地震(Δ＝1 440 km)，如图 2－13 所示。

九江 5.7 级地震的震中基本位于近南北分布的 4 个台站的正东，各台大体位于即将来临九江 5.7 级地震的同一波前锋面上，故 HG，MN，LT 台的 RT 波波形相近可以相互对比。

(4)2006 年 11 月 15 日日本千岛 8.1 级地震(Δ＝4 830 km)，如图 2－14 所示。

从图 2－14 可见，预测的三要素与实发地震吻合。

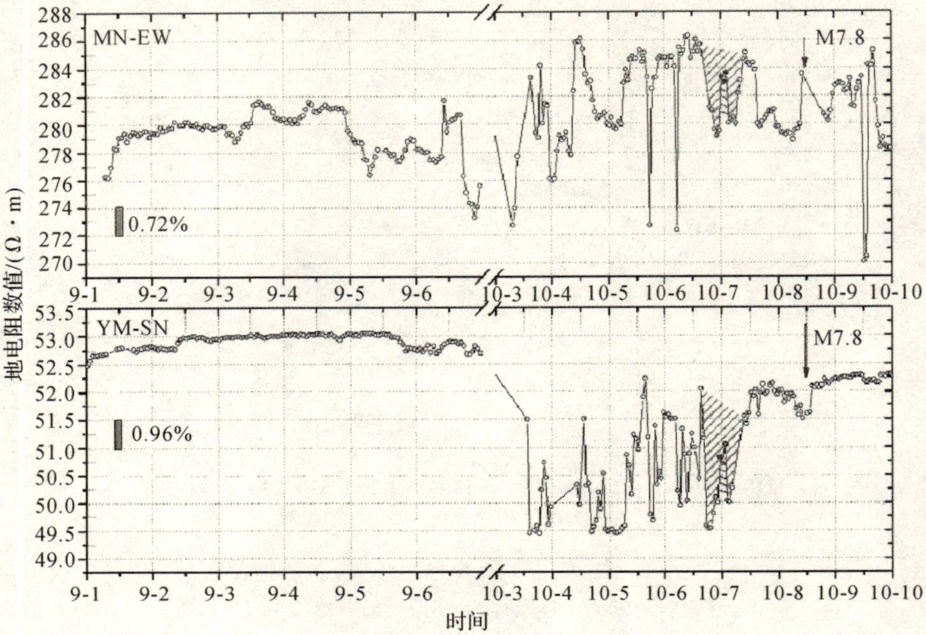

(a)

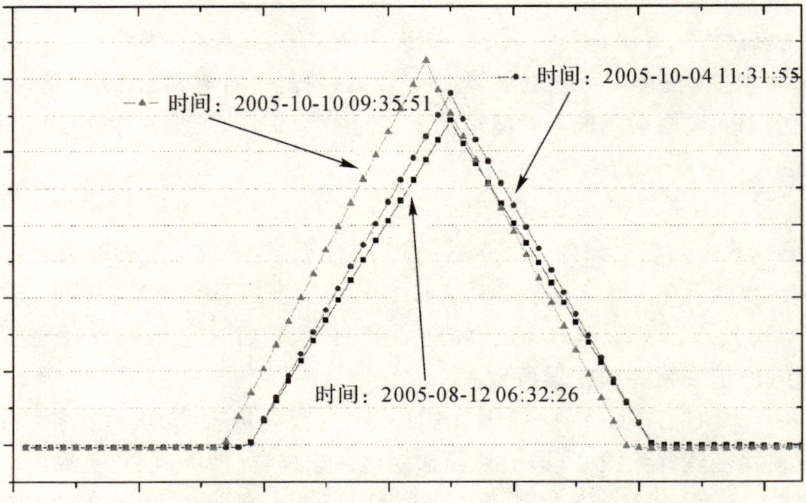

(b)

图 2－12 巴基斯坦 7.8 级地震前后冕宁台北西道测量值远程检测质量

2005 年 10 月 8 日巴基斯坦 7.8 级地震震前 1～2 天

(2005－10－8 11:50:36.0;34.4°N,73.6°E)

冕宁台东西道、元谋台南北道 RT 波(阴影部分)

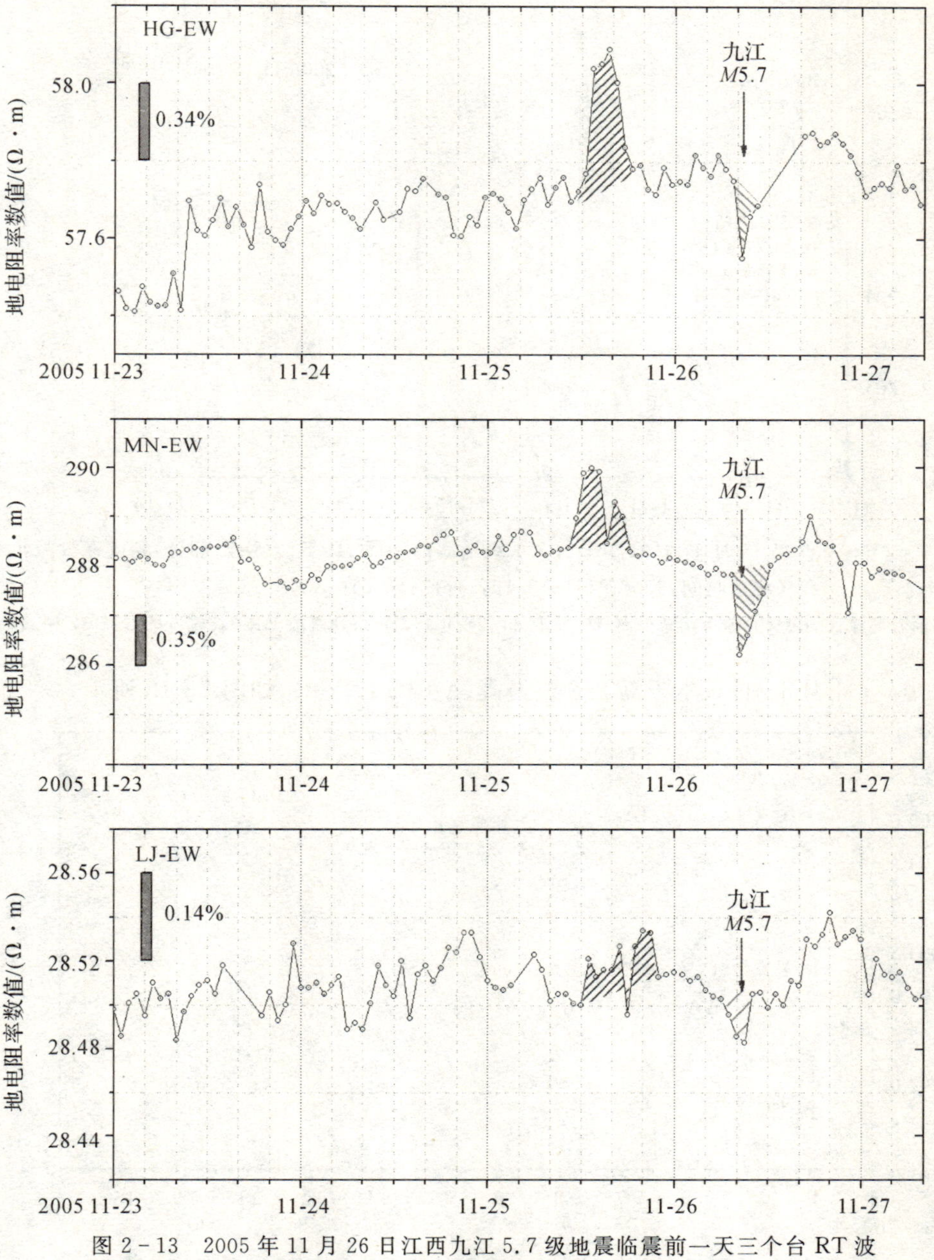

图 2-13　2005 年 11 月 26 日江西九江 5.7 级地震临震前一天三个台 RT 波

(北京时间,2005-11-26 08:49,38.6;29.7°N,115.7°E)

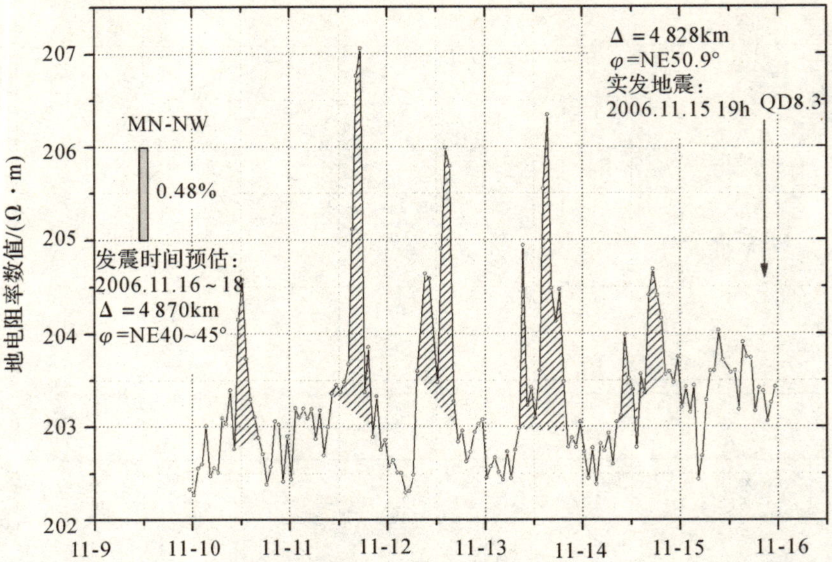

图 2－14　2006 年 11 月 15 日日本千岛 8.1 级地震前一周 HRT 波(阴影部分)幅度逐日减小

(北京时间，2006－11－15，19:14:17；46.616°N，153.224°E)

(临震前若震源区刚度 λ 并非单调减少而(略)转上升(转硬化)，则可解释震前 HRT 波幅度的“逐日减小”现象)

(5)2007 年 1 月 13 日日本千岛 8.3 级地震(Δ＝4 917 km)，如图 2－15 所示。

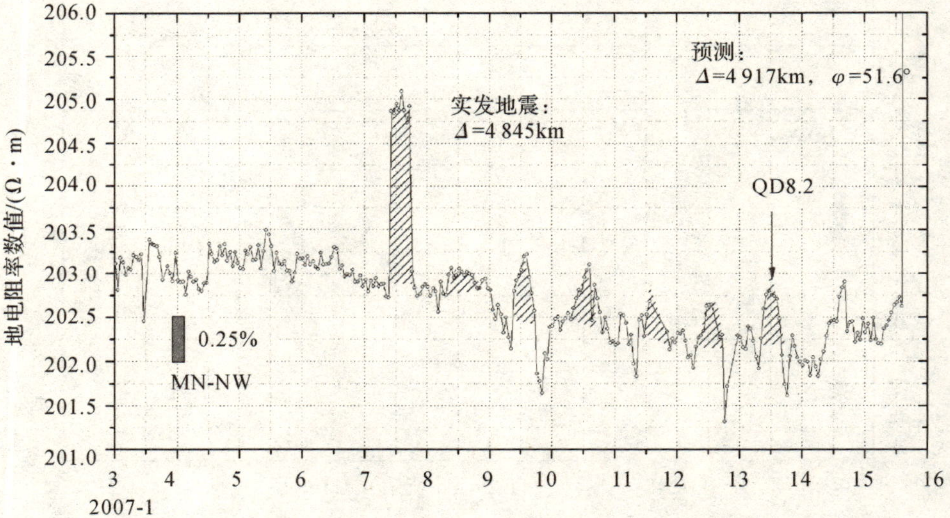

图 2－15　2007 年 1 月 13 日日本千岛 8.3 级地震 HRT 波前兆前一周

HRT 波(阴影部分)幅度比平时明显增加

(北京时间，2007－01－13，12:23，26.5；46.4°N，154.3°E)

从图 2－15 可见，预测的三要素与实发地震吻合。

(6)2006 年 12 月 26 日台湾 7.2 级地震(Δ＝2 013 km)，如图 2－16 所示。

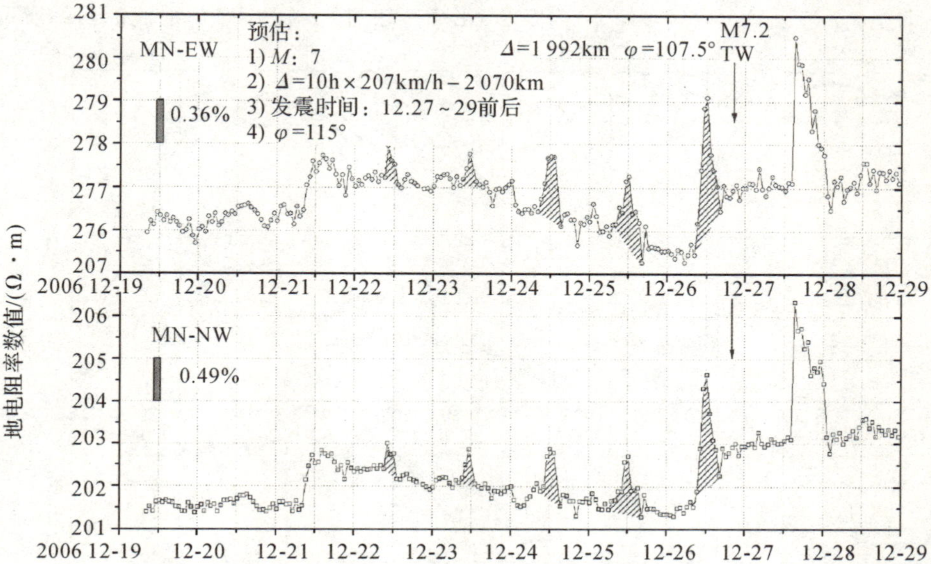

图 2－16　2006 年 12 月 26 日台湾 7.2 级地震 HRT 波前兆，临震前一周冕宁台两个测道 HRT 波(阴影部分)幅度逐日增加

(北京时，2006－12－26，20:26，18.8;21.9°N，120.6°E)

从图 2－16 可见，中国台湾地震震前 6～8 天基本无变化，震前 5 天起出现上升幅度逐渐增大、到时差为 10 h 的 RT 波，预测 MN 台的震中距 2 070 km，与实发震中距 2 013 km 一致，幅度从基本无变化增加到 1.5%，异常的显著性非常明显。

2.3.5　HRT 波波动前兆与未来强震时空强三要素的关系[27]

1. 与未来强震发震时间的关系

RT 波(共振波)前兆出现在震前 1 至数天，记录到的实例为 1～3 天；即 RT 波的出现可作为临震前兆；HT 波(谐振波)出现在震前 1～2 个月至数天，它的出现可作为短期前兆。

2. 与未来强震震中的关系

图 2－17 中从上至下，曲线分别是班达海 M_s7.6 级地震 MN 台的记录；苏门答腊M_w9.0 级地震 MN 台的记录，2005 年 10 月 8 日巴基斯坦 7.8 级 MN 台和 YM 台的记录，2005 年 11 月 26 日九江 5.7 级 HG，MN 台 EW 道的记录以及 2004 年 8 月 10 日鲁甸 5.6 级地震 MN 台的记录。图中把先到的 RT 波对齐(放在同一时间线上)。可以看出，后到的 5 个地震 RT 波之间的到时差大体说来是随震中距 Δ 的增大而增加的。

为了根据 RT 波确定未来地震的震中，对地球建立一个 RT 波的速度模型是必不可少的。速度模型的建立需要 RT 波资料的(长期)积累。可喜的是一个初步的结果已经从 4 个 PS100

台站所积累的资料中得到。地震发生后，震中距成为已知。对两个 RT 波均明显的几个地震画震中距 Δ 对初至与续至 RT 波的到时差($t_t - t_l$)的图，发现对所研究的几个地震“虚波速度”$V_v = \Delta/(t_t - t_l)$，即 $V_{虚} = (V_{快} V_{慢})/(V_{快} - V_{慢})$ 为 207 km/h。如图 2－18 中统计曲线的斜率所示。

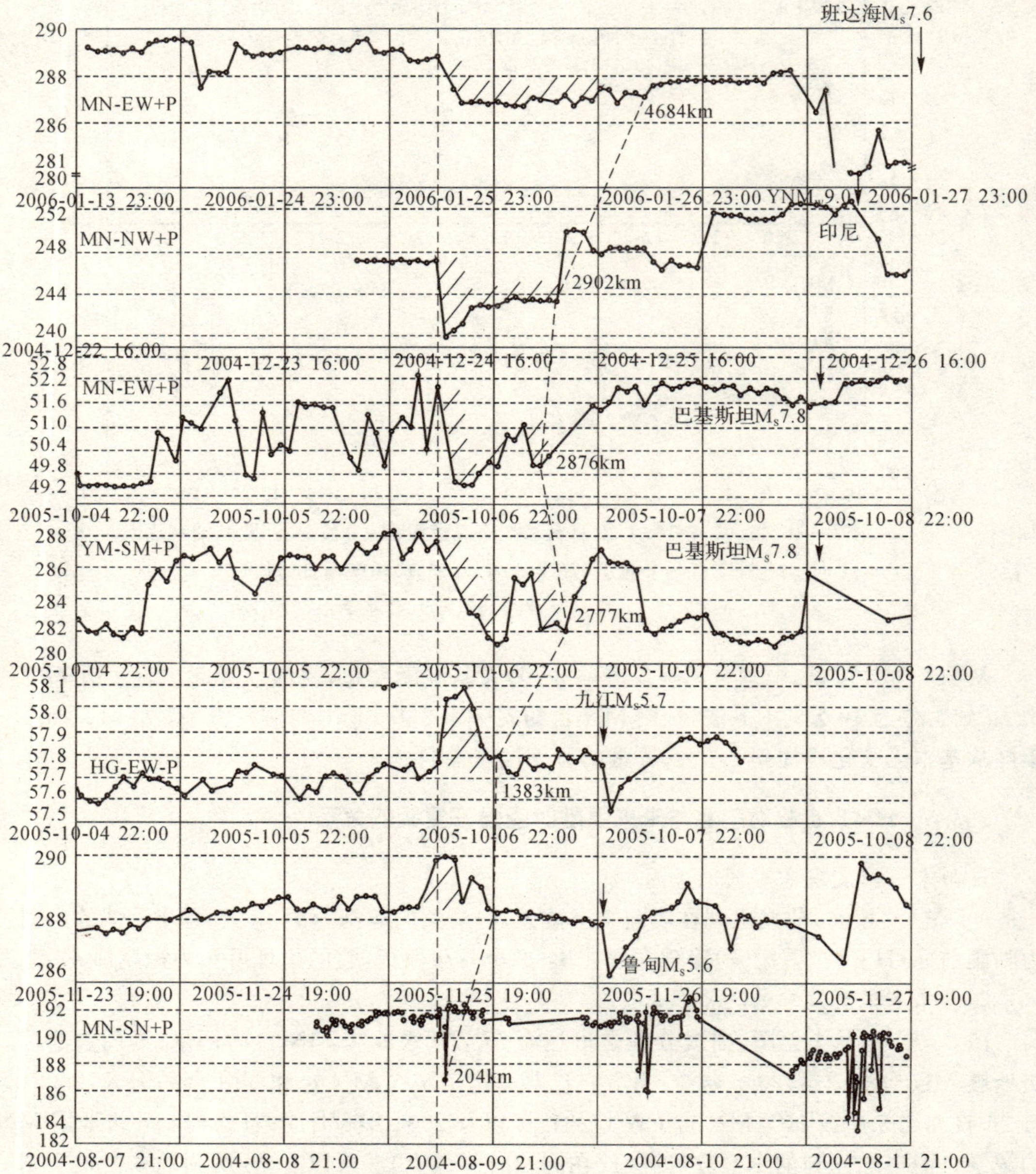

图 2－17　5 个地震震前 7 个 PS100 台所记录的 RT 波对比图

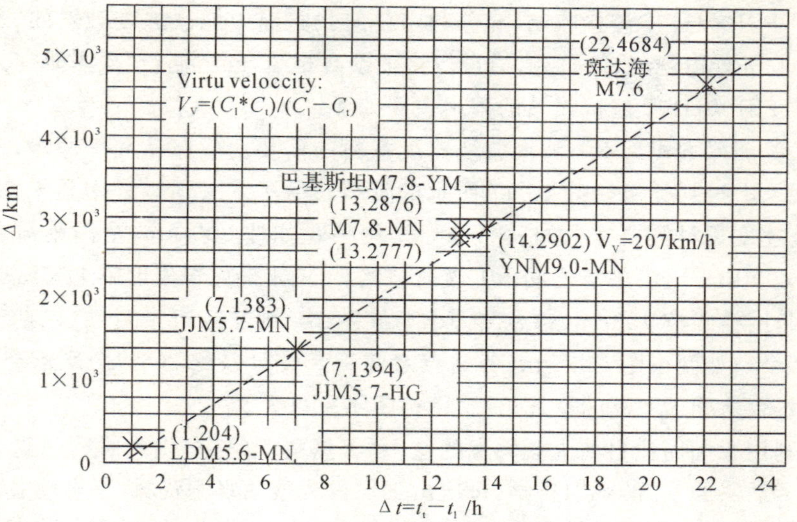

图 2-18　震前 RT 波虚波速度曲线

3. RT 波与未来强震震级的关系

RT 波是断层失稳(地震)前期,断层早期破裂在孔隙流体中所激发的应力波,其波长与断层尺度大小 L(km)有关,而未来的强震的震级 $M_s=3.3+2.1\lg L$ (km)(据郭增建),与断层长度有关;统计多个地震震级与 T_0 的震例资料,建立地震震级与 T_0 的统计曲线。分析得到(一个未来地震的) T_0 便可求得未来地震的震级 M。

4. HRT 波法存在的问题与今后建议

由于 HRT 波的波长很长、速度很慢、传播的距离很远;加之 HRT 波的方法很新、研究程度很不够;更由于目前仅有 4 个台且集中在川、滇 400 km 的狭小地区,在分析资料、积累震例的过程中遇到的主要问题有:

(1)不同地震 HRT 波的相互叠加与识别。

(2)对不同地震由于震源条件、震级、周围介质等条件的不同,不同地震的虚波速度可能存在差异。

(3)自动识波、判定未来地震三要素的软件开发研制。

(4)深入探索研究 HRT 波规律 HRT 波是来自震源的,断层失稳(地震)前,前期破裂在多孔介质孔隙流体中产生的应力(声模式)波。既然是波,在其产生和传播过程中必定遵从波动规律,如在不均匀介质分界处的反射、折射、多个波源波的干涉;在断层系统中流体不稳定流与波的发射的关系及规律。断层系统作为分布参数(线性振子系列)产生谐振共振波的理论,HRT 波传到各台站,不同台址的响应等都需要加以研究才能准确地区分、判断、识别各种波形、波相,以正确确定 HRT 波的波速、阻尼振荡时间、幅度和 T_0 等。这一切都是以记录、分析、探索、研究积累 HRT 的实际震例资料为基础的。

建议扩展 PS100HRT 波接收站，充分利用目前我国周边地区强震频发的“天然实验室”，尽早对 HRT 波进行边观测、边研究、边进行物理预测相结合的“创新”探索研究。

建议扩展 PS100HRT 波接收站的理由主要如下：

(1)检验、验证探索积累 RT 波虚波波速度资料的需要。应该从同一地震，不同震中距的台站的实测记录中得到类似如图 2-17 所示的资料。由于未来强震震中是未知的，为获取不同地震的虚波速度资料需要按“方格网”布台。网格距如按 200 km，全国则需 300 多个台站(因虚波速度 200 km/h，各站点之间 RT 波时差约 1h)；如打算积累近震 HRT 波资料，甚至需要更密的台网；网格距按 400km(各点之间 RT 波差 2h)则需近百个台站(以前全国地电台最多时曾达 120 个)；如网格距 600 km(各站点之间 RT 波时差约 3 小时)则需要 30～40 个台站，为了保证各台之间 RT 波的连续追踪，网格距不宜再大。

(2)充分利用我国周边目前大震频发的这一“天然实验室”提供的难得机遇。地球物理学是以地球为“天然实验室”的观测科学，每次由于取得改善的观测资料，都会使其相应分支得到长足的进展。因此我们应尽快尽量多地布设 PS100HRT 波接收站，获取宝贵的 HRT 震例资料，以期在实际观测资料的基础上进行深入的探索研究，以便一旦大震转入国内，能提供有物理意义的资料和参考信息，为我国尽早实现真正的强震短临预报提供有实用价值和科学意义的指标参数。

目前已积累 HRT 震例 30 余。图 2-19 给出到 2008 年 7 月的地震震前记录到 HRT 波震例的地震震中分布图，表 2-2 分别给出这些震例的预测要素与实发地震的要素，从表中可见预测的与实发的要素基本吻合。

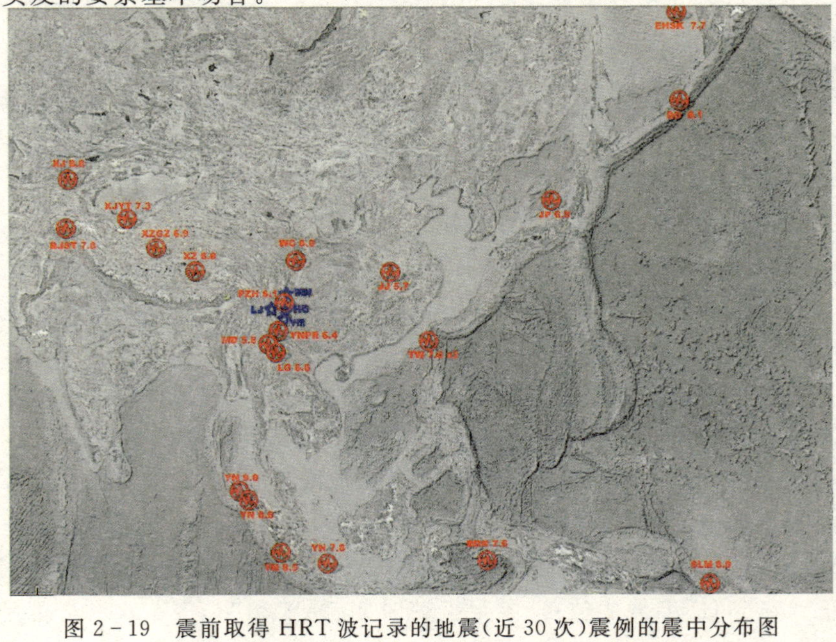

图 2-19　震前取得 HRT 波记录的地震(近 30 次)震例的震中分布图

2.4　结 束 语

设在川滇地区的 PS100HRT 波记录站(Δ 为数千千米),在印尼 M_w9.0 级等大地震临震前记录到来自震源区的 HRT 波的波动前兆;观测到同时从震源出发的共振波(RT 波)有纵(P 波快)波和横(S 波慢)波;初步发现了 RT 波与未来强震发生三要素(时、空、强)的定量关系,使自 1966 年我国在邢台地震实验场开始的具有中国特色的地电法探索地震预测的研究取得了突破性进展。在过去 40 多年里全国地电台最多曾发展到 120 多个,成为我国几种主要发现地震前兆手段之一,记录并发现了世界上第一个电性强震震例——唐山 7.8 级地震的前兆和规律。开展了现场实验,把岩石电阻率与孔隙度关系的 Archie 经验定律扩展到受力情况,得出了电阻率变化与岩石孔隙结构指数有关的前兆机制,并从理论上给出了受力条件下,岩石孔隙结构指数 n 不再是常数,而是应变 ε 的幂指数函数,因此所测电阻率 ρ_x 极灵敏地反映孕震过程中的微弱的孔隙应力应变变异。推导出的理论公式为 $\rho_x=\rho_o\Phi^{-n}$,$n=E+F\varepsilon^{0.4}$。特别是发现了与起潮力有关的脉冲、韵律短临前兆,于 1990 年提出了潮汐力谐振地震短临预测模式,21 世纪初首次将通信领域的 CDMA 高新技术应用于地电阻测量研制成 PS100 仪器系统,2004 年印尼苏门答腊 9 级地震前,首次记到 RT 波,以后又记到 HRT 波震例 30 余例,尤以玉树震例最为典型,因此认为所提 HRT 波地震短临预测法,突破了始终受原有传统观念的束缚,原以为地震前兆只能在震中附近才能记到,可是地震前震中在哪里并不确切知道,于是就出现了密布前兆观测台网的"实验场",长期不来地震,不给实验机会的怪圈。而苏门答腊 M_w9.0 级等强震前,小台网记录到从几百乃至上千米之外未来震源区传来的 HRT 波,从而给我们提供了利用我国周边目前大震频发的这一"天然实验室"进行地震预测预报难得的实验机会。

参 考 文 献

[1]　J C Jaeger, N G W Cook. Fundamentals of Rock Mechanics. Third edition. 中国科学院工程力学研究所,译. 北京:科学出版社,1981.

[2]　Qian Fuye, et al. A model of earth-quake-impending precursor of geoelectricity triggered by tidal forces. Phys, Earth Planet. Inter.:62, 284 - 297.

[3]　赵璧如,等. PS100 型 IP 到端可控源高精度大地电测仪——CDMA 技术首次在地电阻率测量中的应用. 地球物理进展,2006,21(2):675 - 682.

[4]　钱复业,赵璧如,钱卫,等. 汶川 8.0 级地震 HRT 波地震短临波动前兆及 HRT 波地震短临预测方法. 中国科学 B 缉:地球科学,2009,38(1):11 - 23.

[5]　Qian Fuye, Zhao Biru, Qian Wei, et al. Impending HRT wave precursors to the Wenchuan M_s8.0 earthquake and methods of earthquake impending prediction by using

HRT wave . Science Chian Earth Sciences(Science in China Series D),2009,52 (10):1572 - 1584.

[6] Morse P M, Ingard K U. 理论声学:上、下册. 吕如榆,杨中仁,戴根华,译. 北京:科学出版社,1984.

[7] Honmgkui Zhang, et al. PS-100 anti-interference electrical observation system and its application to earthquake prediction study. Pysics and Chenistry of the Earth, 2006, 31:172 - 181.

[8] ZhaoYulin et al. Geoelectric Precursors to strong earthquakes in China. Tectonophysics,1994,233:99 - 113.

[9] 钱复业,等,地电阻率季节干扰变化分析. 地震学报,1987,9(3):289 - 302.

[10] Jun Lu, et al. Sensitivity analysis of theSchlumberger monitoring array: application to changes of resistivity prior to the 1976 earthquake in Tangshan. China Tectonophysics,1999,307:397 - 405.

[11] 赵玉林,等. 唐山 7.8 级地震前震中区周围形变电阻率的下降异常,地球物理学报,1978,21(3):181 - 190.

[12] 钱复业,等. 地震前地电阻率异常变化. 中国科学(B 辑),1982,9:831 - 839.

[13] 钱复业,等. 唐山地震前后震中周围浅部地电阻率与地下水位变化等因素的关系. 地震学报,1981,3(2):135 - 142.

[14] Qian Fuye, et al. Georesistirity Precursors to theTangshan earthquake of 1976. Annali, di Goofisica, 1997,4(2):251 - 260.

[15] 钱复业,等. 地电阻率各向异常参量计算法及地震前兆实例. 地震学报,1996,18(4):480 -488.

[16] 赵玉林,等. 电测量在中国地震预报中的应用. 地震地质,2001,23(2):277 - 284.

[17] Gu Gongxu. On the strategy of earthquake prediction. Source mechanism and earthquaxe prediction,1980:99 - 107.

[18] 赵玉林,等. 原地电阻率变化的实验. 地震学报,1983,5:217 - 225.

[19] 赵玉林,等. 岩土层受力时电阻率变化与应变的关系. 地震学报,1990,12(1):87 - 93.

[20] ZhaoYulin, et al. In situ experiments and relationship between the electrical resistivity changes and the strain, Acta Geophysica Polonica, 1990,38(3):229 - 343.

[21] Zhao Yulin, et al. Syntheticriterion for judging the transition geoelectric precursors from medium-term stage to short/imminent stage, Journal of Earthquake Prediction Research, 1996,5(4):601.

[22] 钱复业,赵玉林. 地电场短临预报方法研究. 地震,2005,2(2):33 - 40.

[23] 赵玉林,等. 唐山地震前后形变电阻率的脉冲. 地球物理学报,1979,22(1):25 - 31.

[24] 赵玉林,等. 唐山地震前后自然电场的周期变化. 地震学报,1982,4(3):264 - 272.

[25] Zhao Yulin, et al. Electrical Streeming PotentialPrecursors to catastrophic earthquakes in China. Annali di Geofisica, 1997,40(2):241－250.

[26] Qian Fuye, et al. Periodicanomalies of the telluric electric field before the Tangshan earthquake and a model of electrokinetic precursor triggered by tidal forces. Acta Geophysica Polonica, 1990,38(3):245－256.

[27] 钱复业,等.唐山地震电阻率临震功率谱异常.地震,1990,3:33－38.

[28] 钱复业,等.地电短临前兆产生机理及一种新的短临预报方法(谐振预报法).华北地震科学,1996,14(2):1－9.

[29] Strack K M. Exploration with deep transient eleetromagnetics. Elsevier, Amsterdam-Landon-Newyork-Tokyo, 1992: 275－277.

[30] Park S K. et al. Electromagnetic precursors to ealhguakes in the ULF band: A review of observations and mechanisms. Reviews of Geophysics,1993,31(2):117－132.

表 2-2 HRT 波

(1976 年;2004.5

昌黎台:SL 青县台:CX 元某台:YM

震例编号	发震日期年月日	震中地点	震级 Ms		震中距 Δ/km		HT 波(短期震兆)出现时间
			实发	预测	实发	预测	
1	2004.12.26	印尼苏门答腊	9.0	9.1	Δm=2 904 ΔH=2 690	2 899 2 725	3 个月至 20 天
2	2005.3.29	印尼苏门答腊	8.5	8.4	Δm=3 100	3 105	20 天
3	2005.10.8	巴基斯坦	7.8	7.9	Δm=2 755 ΔH=2 841 Δy=2 875	2 795 2 795 2 900	6 天
4	2006.1.28	班德海	7.6	7.5	Δm=4 680	4 760	7 天
5	2006.11.15	日本千岛	8.1	8.2	Δm=4 828	4 870	6 天多
6	2006.12.26	台湾	7.2	7.1	Δm=2 019	2 070	6 天
7	2007.3.25	日本	6.9	7.1	Δm=3 360	3 300	7 天
8	2007.9.12,13	印尼	8.5 8.3	8.3	Δm=3 676 3 456	3 726	6~7 天
9	2008.3.21	新疆于田	7.3	≥7.0	Δm=2 176	2 070~ 2 280	6~7 天
10	2008.5.12	四川汶川	8.0	7.8~8.4	ΔH=470~640	600~800	
11	2008.10.5	新疆	6.8	6.5~7	Δm=2 840	2 800	波叠加难判别
12	2008.10.6	西藏当雄	6.6	6~7	Δm=1 137 HG=1 195	1 150 1 220	波叠加难判别
13	2007.6.3	云南普尔	6.4	6.4	Δm=622	620	半月
14	2005.11.26	江西九江	5.7	6+/-	Δm=1 440	Δm=1 450 ΔH=1 220 ΔJ=1 650	波叠加难判别
15	2007.6.23	缅甸	5.8	5.8	Δm=800	765	5 天
16	2004.8.10	四川鲁甸	5.7	6+/-	Δm:204 ΔH:210 Δy:230	207	
17	2008.8.30	攀枝花	6.0	6+/-	ΔH:23 Δm:250	53 320	半月
18	2007.1.13	日本千岛	8.3	8.4	Δm=4 917	4 970	7 天
19	2007.2.11	印尼	5.7	6+/-	Δm=2 612 ΔL=2 374	2 690 2 484	5~6 天
20	2008.7.5	俄霍茨克海	7.7	7.9	Δm:4 958 ΔH:5 129	4 760 5 175	5 天
21	1976.7.28	唐山	7.8	—	昌黎 35		半月
22	1975.2.4	海城	7.3	—	冶金 102 队 20		半月

短临震兆震例表

～2008.11）

冕宁台:MN　红格台:HG　丽江台:LJ

RT 波(临震前兆)出现时间	使用台站	观测仪器	备注
2～3 天	MN. HG	PS100HRT 波接收网站	发现 RT 波来自震源第一个震例
1～2 天	MN	同上	发现震例重现性、规律性
1 天	MN,HG,YM	同上	
1 天至 10 时	MN	同上	震前预测分析结果与实发结果一致
1 天	MN	同上	震前预测分析结果与实发结果一致
1 天	MN	同上	震前预测分析结果与实发结果一致
1～2 天	MN	同上	震前预测分析结果与实发结果一致
1 天至数小时	MN	同上	震前预测分析结果与实发结果一致
1 天	MN	同上	震前预测分析结果与实发结果一致
7 天至 8 小时	HG	同上	震前预测分析结果与实发结果一致
1 天	MN	同上	震前预测分析结果与实发结果一致
1 天	MN,HG	同上	震前预测分析结果与实发结果一致
1 天	MN	同上	震前预测分析结果与实发结果一致
1 天	MN,HG,JL	同上	震前预测分析结果与实发结果一致
1 天	MN	同上	震前预测分析结果与实发结果一致
1 天至 4 小时	MN,HG YM,LJ	同上	震前预测分析结果与实发结果一致
2 天	HG,MN	同上	震前预测分析结果与实发结果一致
3 天	MN	同上	震前预测分析结果与实发结果一致
1～2 天	MN,LJ	同上	震前预测分析结果与实发结果一致
1 天至 1h	MN,HG YN,LJ	PS100HRT 波接收网站	预测分析结果与实发结果一致
1 天	昌黎 青县	DDC—2A	震后总结
1 天	冶金 102 队	DDC—2A	震后总结

第3章　电离层地震震前观测

焦培南

焦培南，男，汉族，1939年生，广东高要人；研究员、博士生导师；1962年毕业于武汉大学物理系；一直供职于中国电波传播研究所，曾任研究室主任、副所长、总工程师，中国电子学会理事，河南省地球物理学会副理事长，河南省通信学会理事，国家自然科学基金委员会信息科学部专家评审组成员，武汉大学、西安电子科技大学兼职教授；现任中国电波传播研究所科技委主任，兼任电波传播环境特性及模化技术国家级重点实验室科技委主任，中国电子学会电波传播学会常务副主任，《电波科学学报》副主编；主要研究领域为电离层电波传播和特殊介质中波传播与散射以及其在雷达、通信中的应用；先后主持我国第一部脉冲体制和第一部连续波体制天波超视距试验雷达、丛林通信和随机介质电波传播等数十项研究项目；获国家科技进步一等奖1项，二等奖2项，三等奖1项，国防科技进步特等奖1项，省部级科技进步奖12项，发表论文110多篇，著有《雷达环境与电波传播特性》《超视距雷达技术》等书；1991年开始享受政府特殊津贴，1994年被国家人事部授予国家有突出贡献中青年专家称号，2001年评为全国国防科技系统先进个人，2007年获河南省五一劳动奖章，2009年国家科技部授予全国野外科技工作突出贡献者称号。

3.1　概　　述

地球大气从地面到高空，一般分为对流层、平流层、中层、是离层、磁层，地球电离层是地球高层大气电离了的那部分。由于太阳高能电磁散射，宇宙射线和沉降粒子作用于地球高层大气，使这一部分地球大气分子发生电离，而产生大量的自由电子、离子和中性分子，从而构成能量很低的准中性等离子体区域。此区域也有人认为其下边界离地面约50 km，而上边界为等离子体层顶，这里温度约180～2 000 K，其中带电粒子(电子和离子)运动受到地磁场的制约。但是，处于60～1 000 km高度之间的区域对电磁波传播影响最大。因此，此区域的电离介质又称磁离子介质。这种介质中有足够多的自由电子显著地影响通过此区域的无线电波的传播方向、速度、相位、振幅及偏振状态等。因此国际无线电工程师协会简洁地给出了电离层的定义：它是地球大气的一个部分电离的区域，高度范围大约在60～1 000 km，其中含有足够多的自由电子显著地影响无线电波的传播。

电离层按电子浓度的高度的变化又分为D，E，F层，电离层各层的物理和化学变化与太阳散射、粒子散射、磁层扰动、电磁场变化及高层大气运动密切相关。

所有电离层观测设备均可作电离层地震震前观测。它们包括了如下技术和方法：

等离子体测量设备，如等离子体探针、质谱仪等，可得到顶部电子密度、电子离子温度、离子成分、能谱等。

电磁场、电磁波测量设备，如电场仪、磁强计、电磁波接收机等，可得到静电场、磁场，以及超低频、甚低频、低频、中频和高频电磁波特性。

中性气体测量设备，如中性粒子成像仪、质谱仪等，可得到中性气体成分的分布。

卫星信标、电离层掩星测量接收机：可测电子密度剖面、TEC 等。

地基垂测，斜侧和返回散射探测：可得到电离层多种参量，如 f_{OF_2}，hmF_2 等，电子密度剖面和 TEC 等。

由于地震次数少、测量和技术的不足、设备布局限制，对于我们来说，目前可供研究的电离层地震震前异常的数据还很少，主要是地基垂测，斜侧和返回散射探测以及 GPS 信号接收数据。尽管如此，如果可得到电离层参量数据显示了与太阳活动、日地物理、高层大气和气象等现象无关的局部的异常，那就为我们提供了分析电离层地震震前征兆可能性。

由于对地震发生的机理还不太清楚，也受到观测技术的严重制约，地震预报仍是世界性科学难题。虽然地震发生及其与电离层耦合的机理还不太清楚，但是与太阳活动、日地物理、高层大气和气象等现象无关局部的电离层地震震前异常等现象、地震前地壳运动产生的重力波(AGW)耦合到电离层产生的电离层扰动以及地震孕育区上方的异常电场渗透到电离层产生的电离层扰动已被观测到了。

虽然电离层地震震前征兆观测研究和理论研究还是初步的，但是地震区上空电离层震前的异常现象已成为临震预报震情会商的重要信息，也可能成为地震短期(5～10 天)预报的重要依据之一。

3.2　地球电离层

在研究电离层地震震前异常问题之前，对电离层基本特性简要介绍一下[1-4,25,28]。

3.2.1　电离层大致的区域与位置

电离层位于大气的上部，大致的区域与位置如表 3-1 和图 3-1 所示。

表 3-1　电离层大致的区域与位置

区域	近似高度/km	层	最大电离高度/km	电子浓度/cm^{-3}	附注
D	60～90	D	75～80	10^3～10^4	夜间消失
E	90～140	E E_S	100～120	2×10^5 不稳定	E_s 浓度和出现时间均不稳定
F	>140	F1 F_2	160～200 250～450	3×10^5 10^6～2×10^6	F_1 夏季白天多出现

一般按电离的极值区的高度把电离层分为几个层次，常规状态的各层次主要状态如图3－1所示，参数（C区一般归入中层）如表3－1所示。

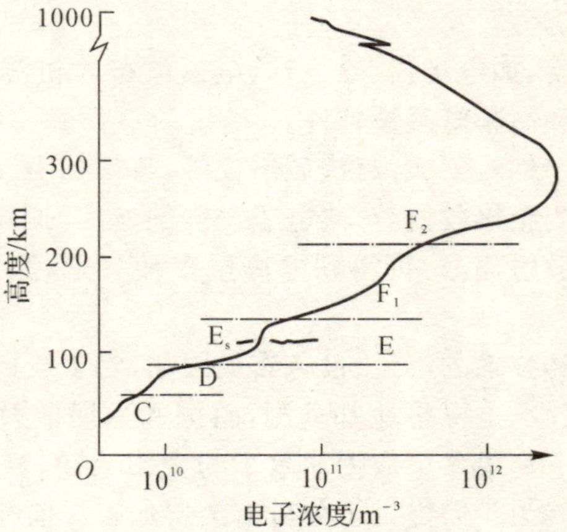

图3－1　电离层区域分布

不同层次的基本特性如下述。

1. D层

D层是电离层中最低的层次，离地高度范围为60～90 km，主要是光化学反应电离。该层次电子浓度不大，但夏季最强，冬季某些天浓度呈异常增加，浓度与太阳活动性正相关。中性分子比例极大。D层夜间消失。

2. E层

E层的高度约在90～140 km之间，电子浓度大于D层，中性分子比例较大，主要是光化学反应和发电机效应电离。电子浓度随太阳天顶角而变化，大体上服从余弦定律，存在昼夜和季节性的周期变化。但夏季最强，浓度与太阳活动性正相关。E层的高度常有突发的E_s层。

3. F层

F层是电离层经常存在、电子浓度最大的层，其高度在140 km以上。夏天的白天F层分为两层，下层是F_1层，上层是F_2层。F_1层高度约在140～210 km之间，主要是光化学反应电离，电子浓度夏季最强，太阳活动性低较明显。F_2层主要受电离扩散和磁场的控制，电子浓度最大值可达5×10^6 cm^{-3}，夏季在300～450 km之间，冬季高度在250～350 km之间。浓度与太阳活动性正相关。冬季浓度呈异常增加，要比夏季大20%以上。磁赤道区的电子浓度呈“双驼峰现象”，该现象又称“赤道异常”。夜间中纬度区有电子浓度凹槽。F层的高度常有突发的扩展F层。F层是反射高频波段电波的重要区域。

4. 上电离层

通常把F_2电子浓度最大值高度以上至数千公里的区域统称上电离层，而该高度以下称为下电离层。从F_2层峰值高度向上电子浓度缓慢递减，在1 000 km高度上约10个电子/m^3，2 000～3 000 km处则为10^2～10^3个电子/cm^3，该区电子浓度随时季节和昼夜的变化尤为明显。

3.2.2　电离层的特征参数

电离层特征参数主要是电子浓度、电子总含量等。

电子浓度即单位体积内所含的自由电子个数(单位为 m^{-3} 或 cm^{-3})。电子浓度一般随时间和空间而变,随高度的分布称作电子浓度剖面,如图 3-1 所示。它一般有三种形态:夜间单层(F 层)剖面;中纬度夏季白天正午前后取三层(E,F_1,F_2 层)剖面;其他时间两层(E,F 层)剖面。描述剖面的主要特征参数是电离层下边层高度 h_{eo};各层最大电子浓度所在高度 h_{emE},h_{emF_1},h_{emF_2};各层最大电子浓度 N_{emE},N_{emF_1},N_{emF_2};各层半厚度 Y_{emE},Y_{emF_1},Y_{emF_2}。各层半厚度是把电子浓度所在高度以下的电子浓度分布视为抛物线分布所得的等效厚度。

电子含量定义为单位面积柱体内所含电子数,它又称积分电子含量或柱电子含量即,

$$N_T = \int_{h_{eo}}^{h_T} N_e \, dh$$

式中,N_e 为电子浓度;h 为高度;h_{eo} 为电离层下边界高度;h_T 为柱体的上顶高度。

电子总含量定义为若 h_T 为 2 000 km 或等离子体的层顶高度,则 N_T 称为电离层电子总含量,常用 TEC(Total Electron Content) 表示,其值一般为 $10^{16} \sim 10^{17}$ 个电子 /cm^2。

电离图(又称频高图)是垂直测高仪探测电离层的纪录,其中的描迹表明了电离层能反射的频率与其相对应的等效反射高度的关系。它可以反演出各层的电子浓度分布。

频高图特征参数主要是:

1. 临界频率

某层的临界频率是指该层能够反射无线电波在最高频率。f_{OF_2},f_{xF_2} 为 F_2 层临界频率,其中脚标 O 表示寻常波,x 表示非寻常波;f_{OF_1} 为 F_1 层临界频率;f_{OE} 为 E 层临界频率;f_{OE_S} 为 E_S 层临界频率;f_{bES} 为 E_S 层遮蔽频率。

2. 最小虚高

某层最小虚高是指该层能反射无线电波的最低等效高度。h'_{F_2} 为 F_2 层最小虚高;h'_{F_1} 为 F_1 层最小虚高;h'_E 为 E 层最小虚高;h'_{E_S} 为 E_S 层最小虚高;

3. 最低频率

频高图描迹的最低频率。f_{min} 为最低始测频率。

3.2.3　电离层的规则变化与不规则变化

电离层有规则变化和不规则变化之分。有规则变化是可预测的,有一部分不规则变化还不可能预测。

1. 电离层规则变化

电离层规则变化是指电离层正常的、有规律性的时间和空间变化,如电离层随昼夜、季节、太阳活动周期和纬度的有规律变化。电离层这样变化与太阳活动、磁层扰动、电场变化及高层大气运动密切相关。

(1)日变化。日间可见有 E，F_1，F_2 层，峰值在 300 km 附近，F_2 区日间电子浓度达到最大，而夜间降低 10 倍。夜间 F_1 层消失，有 E 层和 F 层，D 层电子浓度很小，白天在 80 km 处为 $10^3/cm^3$，夜间只有 $10^2/cm^3$。电离层日变化如图 3-2 所示。

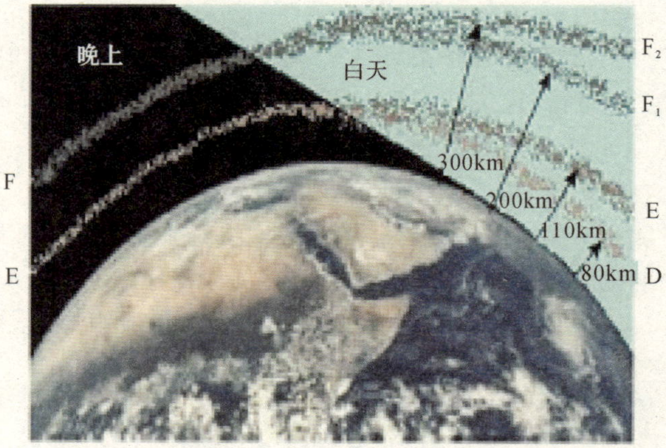

图 3-2　电离层日变化

(2)季变化。夏天夜间的 F 层高度比冬天高，而这种趋势低纬度更明显。夜间 F 层在较高的高度上变厚。一般地说，夜间时，最大电子浓度和电子总含量夏天大于冬天。

白天的电离层剖面最有特色的是冬天的电离层电子浓度值远大于夏天，这就是常说的“冬季异常”，而且高纬度更比低纬度明显。在夏天月份，中纬度 F 层分为 F_1 和 F_2 层。

(3)太阳活动周期变化。电离层电子浓度剖面随太阳黑子数增加而明显增大。反之亦然。

(4)纬度变化。图 3-3 给出了电子浓度随纬度的分布图像。电子浓度总的变化趋势是随纬度增加而减小。但是，在地磁赤道附近的电子浓度较邻近地磁纬度的低，而在地磁纬度 ±(10°～30°)区域在午后和傍晚有两个明显极大值。该现象称“赤道异常”，又称“双驼峰现象”。

极冠区朝赤道方向的 5°～10°内的区域称亚极光区，在这里的夜间，F 层电子浓度会显著下降，该现象称“中纬度槽”。

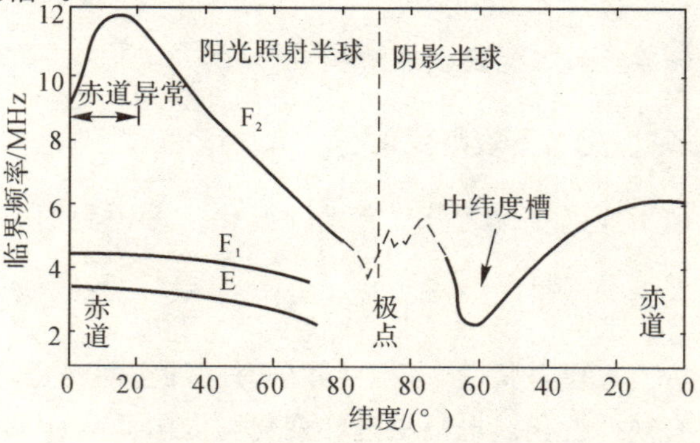

图 3-3　电子浓度纬度的分布图像

2. 电离层不规则变化

电离层不规则变化是指电离层非正常的、无规律性的时间和空间变化，如电离层的 E_S 层、扩展 F 层、电离层行波式扰动(TID)、突然电离层骚扰(SID)、电离层暴和极盖吸收(PAC)与极光吸收(AA)等现象。它们都与太阳活动和电离层自身变化有关。

(1)E_S 层(突发 E 层)。E_S 层是 E 区的突发不均匀结构，厚 100 m～2 km，水平尺度200～1 000 km，一般地说 E_S 层是一个薄层，但它出现时间不定。但应注意，东亚地区是 E_S 层高发区，夏天中国常有 E_S 而且 f_{OE_S} 很高。

(2)扩展 F 层。扩展 F 层是 F 区的突发不均匀结构。扩展 F 层频高图使临界频率漫散或水平描迹漫散。

(3)电离层行波式扰动(TID)。电离层行波式扰动(TID)是 F 区的一种类似波浪运动的大尺度不均匀结构。它与太阳物理和地磁强度的数据无相关性，而与上层大气内的声重力波运动有关。大尺度 TID 具有 30 min 以上的周期性波动，其表现特征为水平波长尺度上千千米和水平相位速度在 400～700 m/s 范围，使 F 层电子浓度偏离正常值 20%～30%。而小尺度 TID 具有周期较短(10～30 min)的、水平尺度规模较小(100～200 km)的和移动速度约 200 m/s 的波动。

(4)突然电离层骚扰(SID)。太阳耀斑爆发时的 X 射线 8 min 到达地球，地球日照面电离层 D 层电子浓度突然激增，碰撞激增，电波被强烈吸收，致使短波传输信道突然中断几分钟至几小时。它包括多种相关效应：

1)地球日照面短波信道中断，于是发生突然短波消失(SWF)。

2)低频和甚低频经电离层反射的信号，发生突然相位异常(SPA)。

3)D 层电子浓度激增，致使短波通过 D 层，发生突然频率偏移(SFD)。

4)高于 F 层临界频率的宇宙噪声发生其强度突然减弱，即宇宙噪声吸收(SCNA)。

5)突然闪电增/减：远处闪电产生的天电强度突然明显变化增强或减弱(SEA/SDA)。

6)D 层电子浓度突然激增，致使总电子含量突增($SITEC_S$)。

突然电离层骚扰现象目前还不可能预测，但可以对其发生过程进行监测。

(5)电离层暴。太阳耀斑爆发时的带电高能粒子 20～60 h 后到达地球，引起地球磁暴、极光、电离层暴(或称电离层骚扰)。电离层扰动的持续时间较长，可达一天到几天。一般是电离层电子浓度下降，最高可用频率下降，可用频段变窄，有时可使短波信道完全中断。目前已可以对其发生时间、影响等级进行预测，并对其发生过程进行监测。

在地球极区发生的电离层暴常称极盖吸收和极光带吸收。

3.3　汶川大地震震前电离层异常

汶川大地震震前 3～5 天临近汶川的重庆和曲靖(昆明)电离层观测站观测电离层有明显的异常变化，这种电离层明显的异常变化有明显的局域地区特征，而且与太阳活动、地磁扰动、高层大气运动以及气象活动无关，是电离层的地震震前征兆。据此观测结果，震前向地震相关部门通报了电离层异带情况。

3.3.1 地震电离层异常分析的观测站点和数据[6]

对于汶川地震，我们分析了5月6～12日电波观测站网的全部电离层观测数据，以5月6～8日电离层临界频率或最大电子密度的平均值为参照值，计算每小时每个站电离层临界频率或最大电子密度的观测值与参照值的偏差，以此为电离层变化异常程度的度量。

汶川地震电离层异常分析使用了重庆、曲靖和拉萨电离层观测站、泸州地壳形变监测站以及重庆一兰州斜探测电路（中点靠近汶川）的汶川地震前十天的数据，电离层观测站点如图3-4所示。

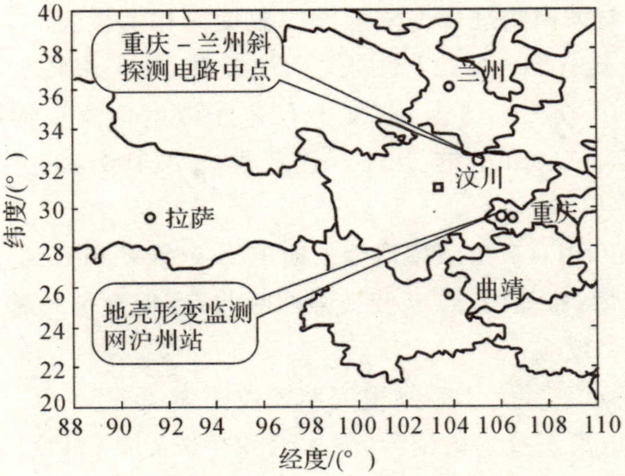

图3-4　电离层观测站点

3.3.2 汶川大地震震前电离层异常特点

1. 电离层临界频率 f_{OF_2} 异常

电离层临界频率异常主要表现为电离层电离图F层临界频率 f_{OF_2} 震前数天在午后异常。汶川地震前3天（5月9日），重庆电离层临界频率 f_{OF_2} 发生重大异常。f_{OF_2} 明显增加，幅度很大，达80%～90%。曲靖 f_{OF_2} 于前3天（5月9日）、前2天（5月10日）也明显增加，幅度也很大。

索玉成等人研究指出了汶川大地震重庆、曲靖电离层观测站震前数天F层电离图在午后的临界频率 f_{OF_2} 明显异常增加，分别比平均参照值高6 MHz和3.5 MHz，如图3-5所示。

徐彤等人利用 F_2 层最大电子浓度（单位 $1/m^3$）与 f_{OF_2}（单位MHz）有以下关系：

$$NmF_2 = 1.24 \times 10^{10} (f_{OF_2})^2$$

计算最大电子浓度值。图3-6表明重庆上空电离层 F_2 层最大电子浓度比平时增大了两倍，与全国其他地方相比增大了4倍，这种情况在电离层骚扰分类中叫做正相骚扰，并显示了明显的局域地区特征如图 3-6 所示。

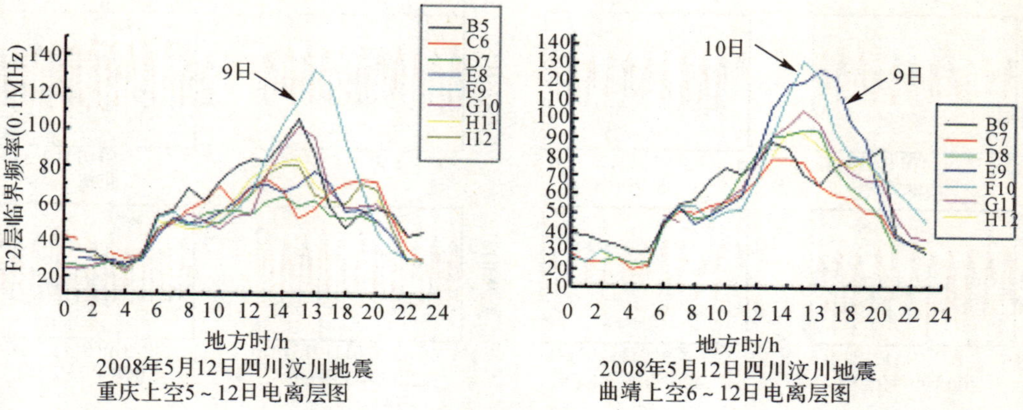

图 3-5　重庆、曲靖电离层 f_{OF_2} 明显增加

丁宗华研究指出了汶川大地震震中的东南的重庆电离层观测站的 F_2 层电离图在午后的临界频率 f_{OF_2} 扰动最强，而震中南部的曲靖的扰动强于北部的兰州，如图 3-7 所示。

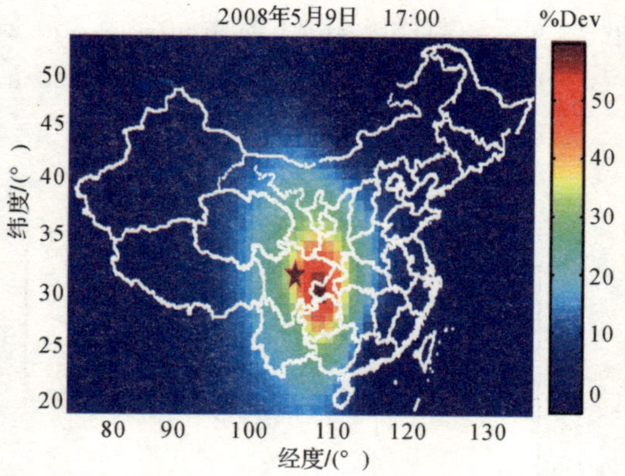

图 3-6　F_2 层最大电子浓度明显的局域地区特征

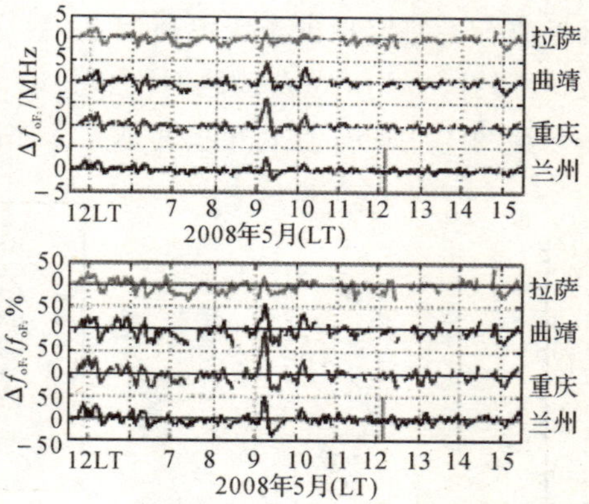

图 3-7　重庆扰动最强，曲靖强于兰州

2. 电离层临界频率 f_{OF_1} 异常

汶川大地震震前，在 5 月 10 日重庆和拉萨的午后的电离层 F_1 层临界频率 f_{OF_1} 出现增强。

丁宗华研究指出汶川大地震震前的午后的重庆和拉萨的 F_1 层临界频率 f_{OF_1} 出现了不大的增强，如图 3-8 所示。

3. 电离层临界频率 f_{OE_S} 异常

汶川大地震震前，在 5 月 10 日重庆的午后的电离层 E_S 层临界频率 f_{OE_S} 出现增强。

丁宗华研究指出汶川大地震震前的午后的电离层 E_S 层临界频率 f_{OE_S} 出现了不大的增强，如图 3-9 所示。

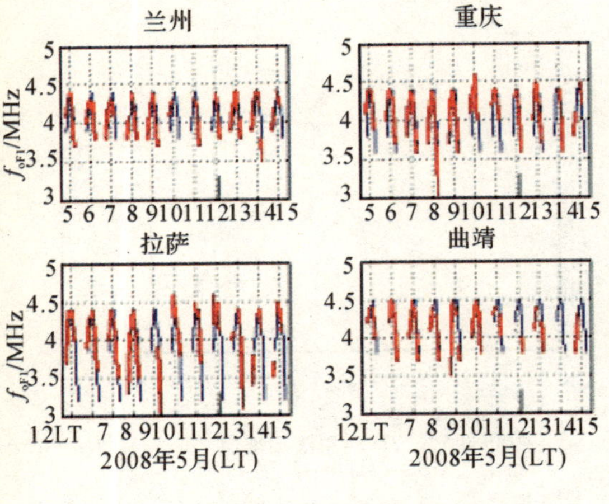

图 3-8 重庆和拉萨的 f_{OF_1} 出现增强

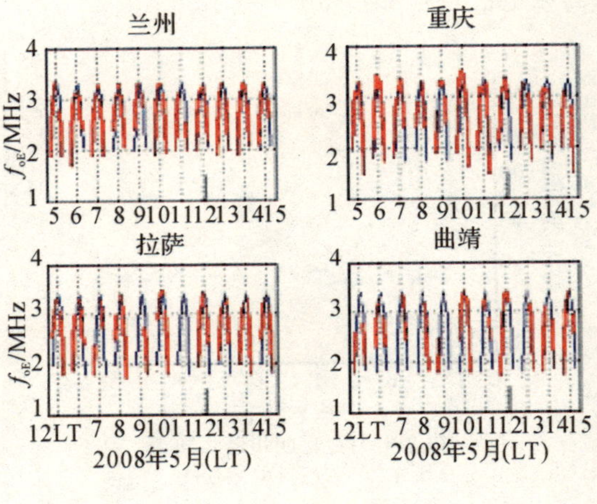

图 3-9 重庆的 f_{OE_S}

4. 电离层 F_2 层底部虚高 h_{F2} 异常

汶川大地震重庆、曲靖电离层观测站震前数天 F 层电离图底部虚高 h'_{F_2} 有上升。

索玉成等人研究指出重庆电离层 F_2 层底部虚高 h'_{F_2} 震前的 9 日 11 时由正常的 350 km 左右上升至约 500 km 左右。昆明(曲靖)站 9 日中午的 F_2 层底部虚高由正常情况的 350 km 左右上升至约 400 km，但上升幅度不大。如图 3-10 所示。

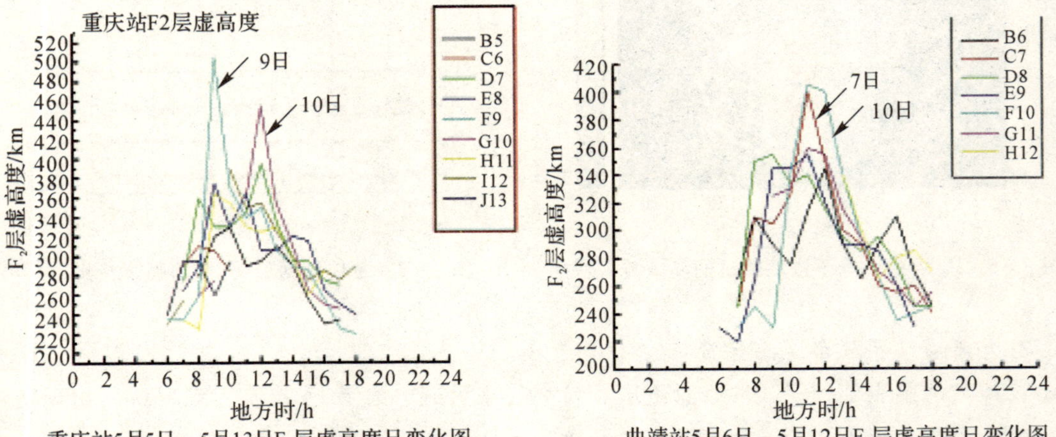

重庆站5月5日 -5月13日F_2层虚高度日变化图　　曲靖站5月6日 -5月12日F_2层虚高度日变化图

图 3-10 重庆、曲靖电离层虚高 h_{F_2} 上升

索玉成等人的研究还指出，在重庆的地震日震前 2 h 左右，中午 12 点 F 层底部虚高 h_{F_2} 上升 70%以上，由正常的约 200 km 上升到约 330 km，如图 3-11 所示。

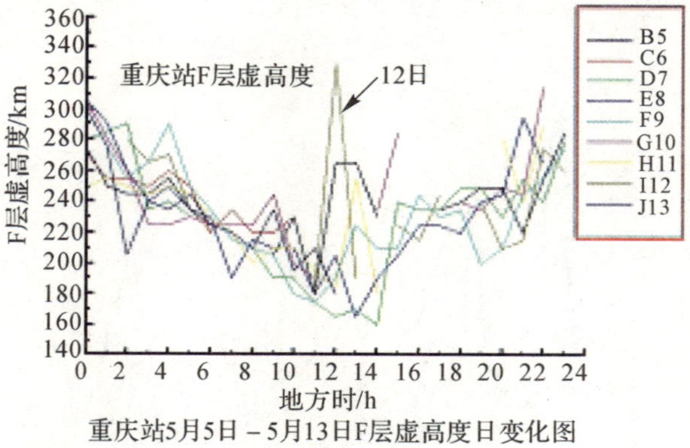

图 3-11 重庆 h_{F_2} 上升

5. 斜测电离图 MUF(E_s)异常

重庆—兰州斜测电路(中点在汶川附近)震前一天，中午的斜测电离图 MUF(E_S)异常增强。

黄昌理等人的研究指出，在汶川地震前一天的 2 月 11 日重庆—兰州斜测电路电离图显示 E_S 层极度增强，该电路的 MUF(E_S)达到 30 MHz，是非常少见的。它也反映了震区附近上空有电子浓度极强 E_S 层，如图 3-12 所示。

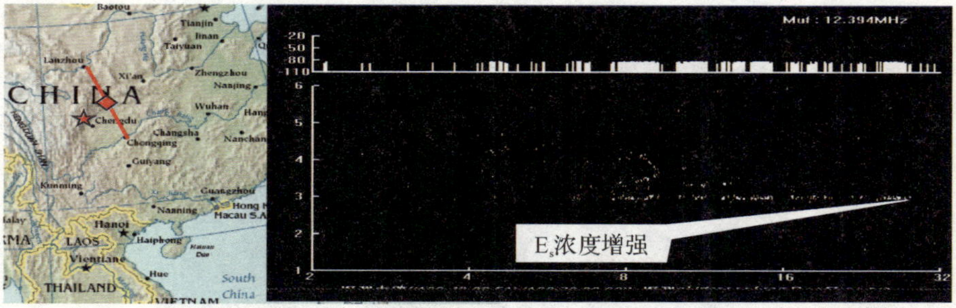

图 3-12 重庆、兰州斜测电离图 E_s 层电子浓度异常增强

6. 电离层总电子含量 TEC 异常

泸州站上空电离层总电子含量(TEC)在汶川地震前 3 天(5 月 9 日)在午后异常增大。

据刘钝等人从地壳形变监测网泸州站的 GPS 数据处理获得电离层垂直 TEC 变化，研究指出在 5 月 9 日电离层 TEC 有明显的增大，如图 3-13 所示。这与 5 月 9 日重庆站的 f_{OF_2} 异常增加有很好的对应。

7. 震前电离层 TEC 扰动出现共轭分布

对地震前 ΔTEC(实测值与中值之差)变化的分析，汶川地震电离层总电子含量(TEC)出现共轭分布。丁宗华研究指出了汶川大地震震前的 5 月 9～10 日两天，ΔTEC 主要在震中(五角星所示)以南,具有向磁赤道漂移趋势,如图 3-14 所示。

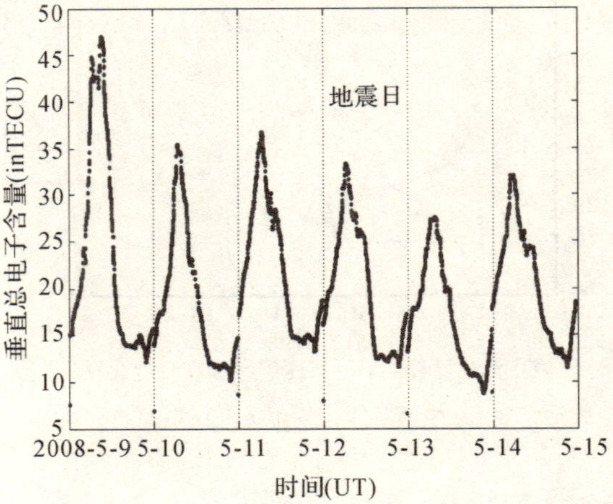

图 3-13 泸洲上空 TECF 震前明显增大

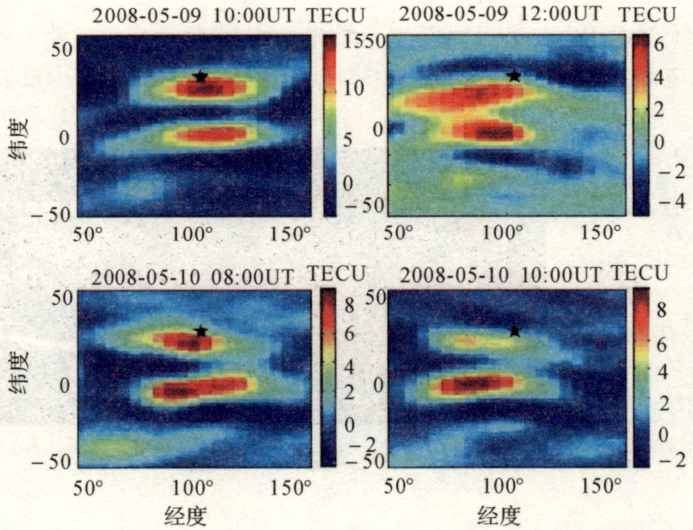

图 3-14 TEC 扰动出现共轭分布

3.3.3 地震前电离层异常的分析与认识

1. 汶川地震前太阳活动非常宁静

汶川地震电离层震前的 5 月 6～12 日期间,太阳黑子数均几近为零;每天的 H α日面照片显示太阳无任何活动区。太阳 10.7 cm 射电流量在 66～68 之间,也处于最低值。X 射线流量处于最低值。地磁活动(AE,Dst,Kp 等指数)处于最低水平,如图 3-15 所示。可以认定 5 月

6～12 日的电离层异常与太阳和地磁活动无关。

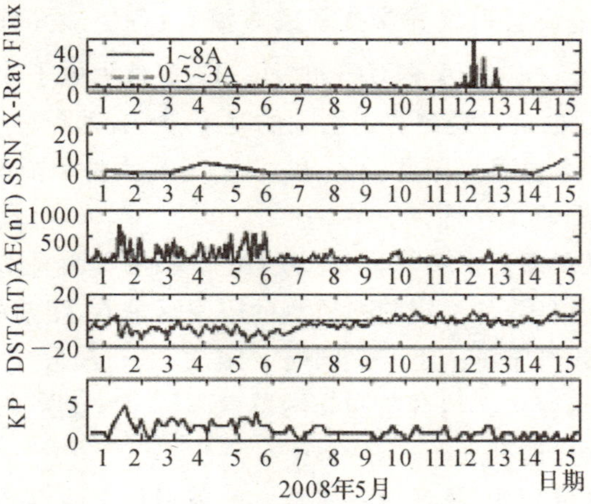

图 3-15　震前太阳活动非常平静

此间，在我国没有发生强台风等剧烈气象事件，也排除气象其他因素的影响。

因此，汶川地震前电离层异常极可能是地球内部的物理原因，为地震电离层前兆提供有力例证。

2. 有明显的局域地区特征

地震前电离层扰动呈正相扰动，并显示了明显的局域地区特征。

磁暴引起的电离层电子浓度变化具有全球性，而地震引起的电离层电子浓度变化具有区域性。

据徐彤等人描述的，汶川地区，2008 年 5 月 3 日磁暴和 5 月 9 日地震前引起的电离层电子浓度变化区域分布的差异，如图 3-16 所示。

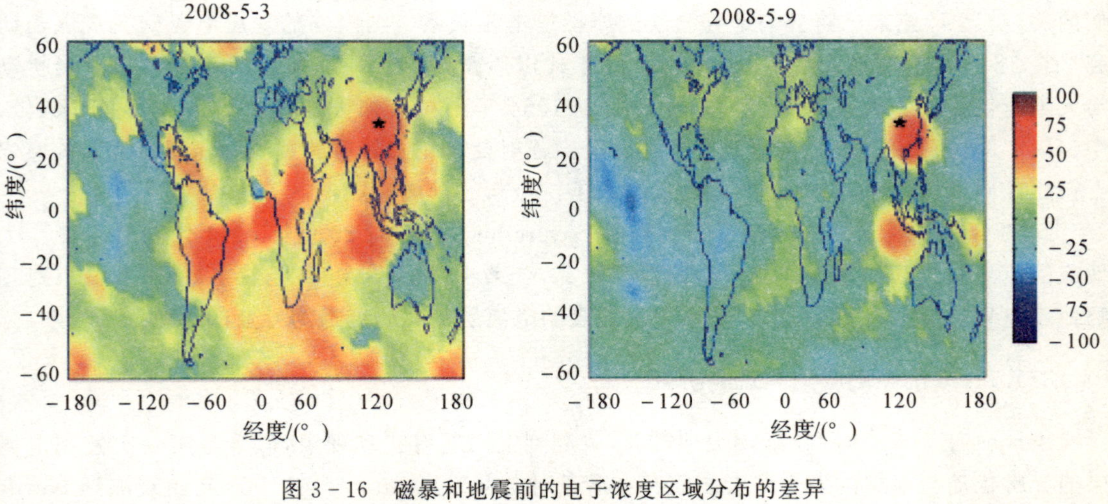

图 3-16　磁暴和地震前的电子浓度区域分布的差异

3. f_{OF_2}和 TEC 是地震前的电离层异常最明显的特征

综上所述，地震前的电离层呈现异常扰动的参数有：各层临界频率 f_{OF_2}，f_{OF_1}，f_{OE}，f_{OE_S}；F_2 层底部虚高 h_{F_2}；3 000 km 传输因子 $M(3000)F_2$；F_2 层最大电子浓度高度 h_{mF_2}；电子总含量 TEC 等等，但最具规律性、也最易观测和识别到的是 F_2 层临界频率 f_{OF_2} 和电子总含量 TEC，而其他参数变化规律性不太显著。因此，f_{OF_2} 和 TEC 可作为地震前的电离层异常扰动最明显的特征，可作为电离层地震前兆异常特征参数。

4. 当前的地面电波观测站网太稀疏，不能满足地震预兆监测要求

在分析过程中我们还深感，从地震前兆监测的应用需求看，当前的电波观测网站间距离还太稀疏（>500km），密度必须加强。还需要同时太阳活动、行星际空间环境变化、空间电磁辐射、地磁变化等参数的联合监测。地基监测站网覆盖不了海洋上空的电离层异常监测，还需要天基的电离层异常监测手段的补充。

5. 亟待加强电离层异常研究，提高对地震前兆的判别能力和水平

震前地壳变化引起的地磁场变化和电磁辐射致使电离层异常现象应当说是地震的“二级效应”。实际上，电离层异常与地震的关联性是非常复杂的。如果这次震前伴随发生剧烈的太阳活动、剧烈的气象事件，对地震前兆的判别困难将会加大。

我们注意到，电离层异常并不唯一对应于地震。目前相关的基础研究还比较薄弱，亟待加强研究电离层异常与太阳因素、地球因素、气象因素等之间的关系，提高对地震前兆的判别能力和水平。

3.4 地震前电离层异常研究进展

我国最早于公元前 780 年就有地震的地光的记载。18 世纪中期地震前兆开始受到学者们的关注，19 世纪末已将其与地壳岩块的摩擦撞击相联系。国内外的地震电磁前兆观测与研究早在 18 世纪中期就开展了。20 世纪 20 年代以后又观测到伴随地震活动的大气电场扰动与大地电位扰动。地震电离层异常发现始于 1964 年阿拉斯加大地震。最近 30 多年来，俄、中、日、美等国提出并较大量地开展了震前电磁辐射及其相关效应的观测和研究以及实验室岩石挤压破碎试验，使地震电磁前兆探索进入了一个新的发展阶段。

2003 年墨西哥 Pulinets 教授和俄罗斯 Boyarchuk 博士，对 20 世纪 60 年代以来，300 个大地震的电离层扰动异常现象做了全面综合研究，合著了《地震的电离层前兆》一书。该书对理解地震电离层异常有重要意义，是至今对地震的电离层前兆研究最为专业的书籍。

3.4.1 震前电离层异常观测研究[5-20,23,26]

Barnes 在 1964 年阿拉斯加大地震时，观测到电离层有扰动现象，似乎是第一次发现电离层的异常扰动与地震的发生两者之间存在着某种关联。Furumoto 在 1969 年也观测到 Kurile 岛地震电离层也出现类似的异常扰动现象。

1. 电离层 F_2 局部显著异常

(1)第一个卫星(Alouette1)的观测结果。Alouette1 卫星上的顶部探测仪,观测到 1964 年 3 月 27 日 Alaska 大地震前后的三天电离层 F_2 层不均匀体密度和尺度局部显著变化。这是卫星电磁观测的第一个结果,如图 3-17 所示。其中上图是震前 26 h 出现小量增加,中图是震前 5 h 电离层不均匀体密度和尺度局部显著增加(达峰值的 35%)。下图是震后一天电离层不均匀体降到 20%以下。

(2)印度 Ahmedabad8.1 级大地震 f_{OF_2} 异常。2001 年 1 月 26 日发生在印度的 Ahmedabad 的 8.1 级大地震前后,该地区 F_2 层临界频率 f_{OF_2} 有明显的变化,如图 3-18 所示,其中黑色方块代表 $f_{OF_2} \geqslant 11.5$ MHz。可以看出,在 20 日～24 日 f_{OF_2} 出现了较强的正扰动。时间大部分分布在 11 点至 17 点之间。

(3)历史资料表明电离层震前异常确实存在。索玉成等人对我国 40 年来 14 次 7 级以上地震进行统计分析,发现临近震区的电离层观测站的震前电离层 f_{OF_2} 均呈现在午后发生异常的增加,并有明显的局地特性。其中 1990 年 6 月 14 日新疆吉木乃(7.2 级),1995 年 7 月 12 日云南孟连(7.3 级),2008 年 5 月 12 日四川汶川(8.0 级)地区的临近震区的电离层观测站的震前 F_2 层临界频率 f_{OF_2} 变化幅度超过 50%。14 次 7 级以上地震中,f_{OF_2} 明显异常变化幅度大于 30%以上的有 11 次约占 78%,其他 3 次 f_{OF_2} 变化幅度相对变化较小,可能是因电离层观测站距离震区太远。

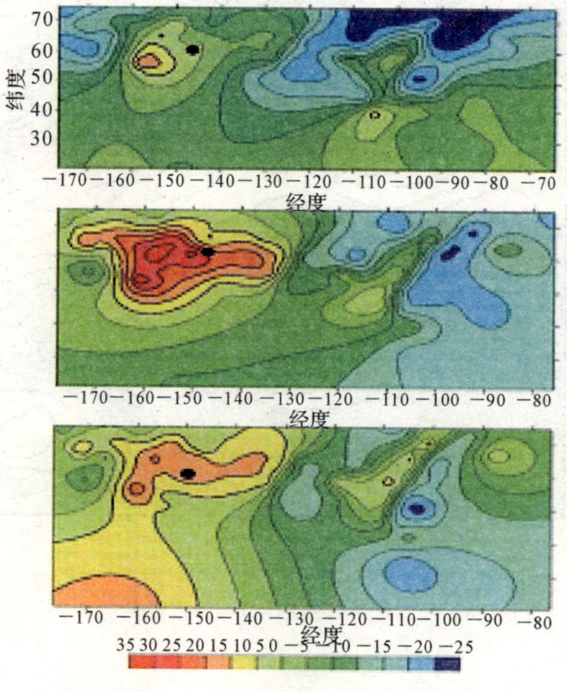

图 3-17 Alouette1 卫星观测结果

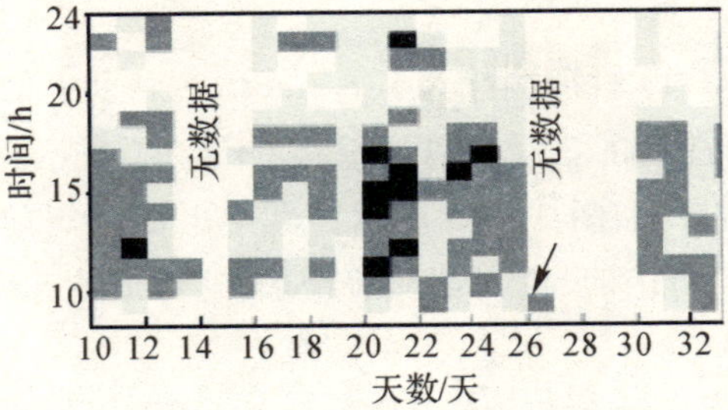

图 3-18 Ahmedabad 大地震前 f_{OF_2}

此外，国外 Chen 对 5 级以上的地震进行统计分析，发现在震前 5 天内、距震中 100～200 km范围内电离层观测站的电离层 f_{OF_2} 出现电离层异常占 70%；6 级以上的地震，震前 5 天内出现电离层 f_{OF_2} 异常达 90%。

(4)震前电离层 f_{OF_2} 出现共轭分布的现象。1980 年 11 月 23 日意大利的 Irpinia 发生了 6.9 级地震，Intercosmos19 卫星在地震前 64 h 观测的 δf_{OF_2} 的二维变化图，显示了电离层 f_{OF_2} 异常的磁共轭现象，如图 3-19 所示。

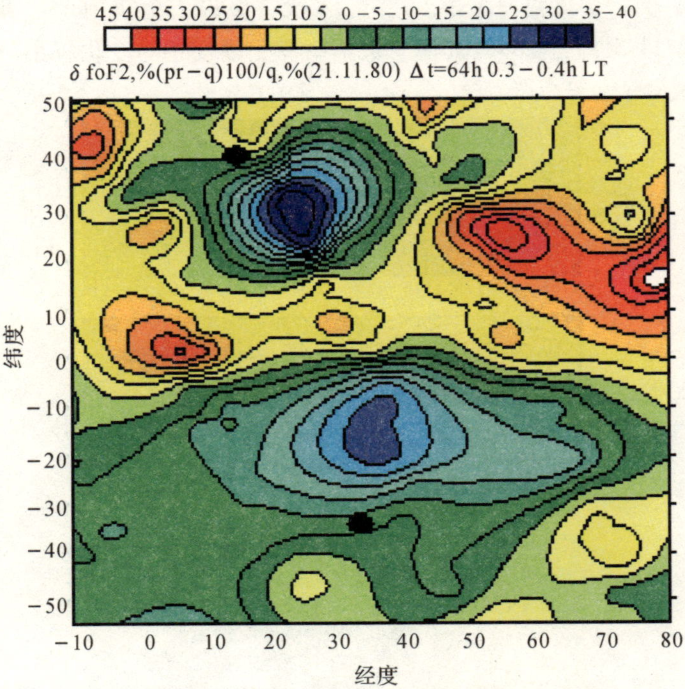

图 3-19 Irpinia 地震(δf_{OF_2})磁共轭现象

2. 电离层临界频率 f_{OE_S} 显著增高[15]

震前观测到电离层临界频率 f_{OE_S} 局部显著增高，如图 3-20 所示。

图 3-20 的图(a)显示了 1996 年台东地震发生前第二天及地震当天 f_{OE_S} 突然地增加至 18 MHz。

图 3-20 的图(b)显示了 1998 年瑞里地震前第四天 f_{OE_S} 增加至 20 MHz。

图 3-20 的图(c)显示了 1999 年集集震前第三天有 f_{OE_S} 异常增加现象。

图 3-20 的图(d)显示了 1999 年嘉义震前第三天 f_{OE_S} 有异常增加的现象。

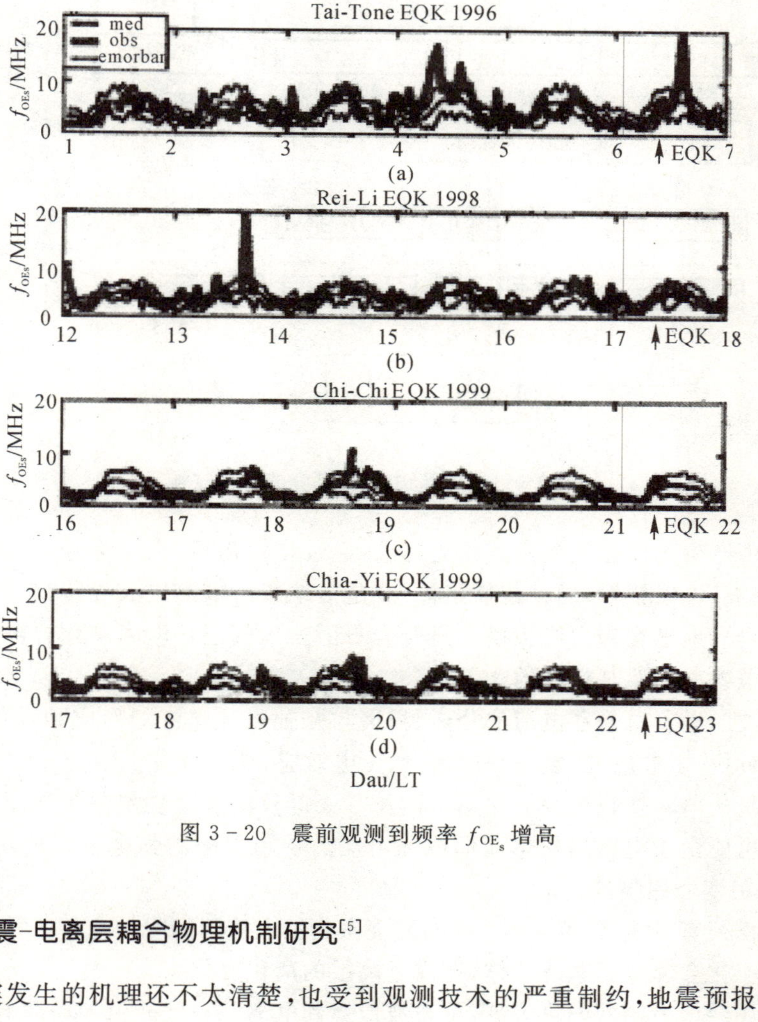

图 3-20 震前观测到频率 f_{OE_S} 增高

3.4.2 地震-电离层耦合物理机制研究[5]

由于对地震发生的机理还不太清楚，也受到观测技术的严重制约，地震预报仍是世界性科学难题。

虽然地震发生及其与电离层耦合的机理还不太清楚，电离层地震震前征兆观测研究和理论研究还是初步的，但是地震前地壳运动产生的重力波(AGW)和地震孕育区上方的异常电场渗透到电离层产生电离层扰动两种假说是理论研究的基础。

1. 地震-电离层耦合的物理过程

地震-电离层耦合的物理过程非常复杂。孕震区的微断裂、流体渗透、应力变化引发地表层一系列变化。气体释放引起大气成分的变化，通过化学途径影响电离层；地下水活动引起电导率的变化，通过地表电荷积聚影响电离层；加热活动引发声重力波，通过声学途径影响电离层；低频电磁辐射通过电磁学途径，引发电磁干扰、粒子沉降影响电离层，如图 3-21 所示。

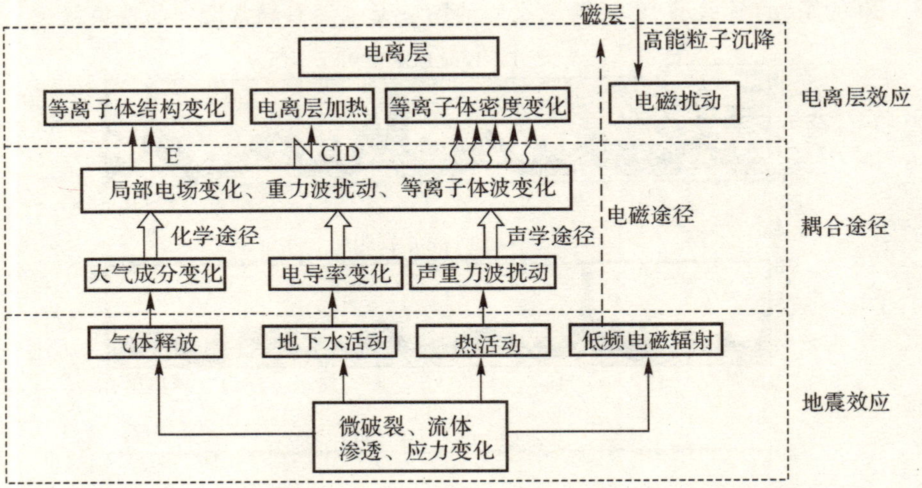

图 3-21　地震-电离层耦合的物理过程

孕震过程中产生的电磁效应及其相关现象，通过化学途径、声学途径、电磁途径向空中传播。例如，电磁波（电磁辐射）两种传播路径，一是沿地层—电离层波导传播，二是沿波导传播至“磁共轭点”再沿地磁场磁力线传播。研究岩石圈—大气层—电离层耦合现象，有利于进一步加深对地震电磁前兆及其机理的认识。

电磁场和波的激发总是和电荷的分离、积聚与张弛以及电流的形成和变化相联系的。可能存在以下几种机-电效应：断裂与摩擦起电、压电效应、动电效应。

在孕震区机一电转换辐射源的作用下以及形变过程波及地表层的情况下，断裂带及一些特殊地形区域可能由于电荷的积聚而形成强电场。孕震引起的强电场可能对震中上方 F 层和 E 层的电子密度引起强烈扰动。

地表电荷积聚有可能在 30～80 km 的高度激起较大范围的附加电离区并加热低电离层。

震前地壳变化会释放出氡等气体，造成电离层的离化变化。

地壳变化还会产生剧烈的重力波，重力波传播到电离层高度能引起局部电离层变化。

2. 地震的电离层效应

地震的电离层效应是多样的，使我们有可能通过地基或天基的设备观测到地震电离层效应，如图 3-22 所示。

地震的电离层效应有三类：电离层等离子体变化、低频电磁扰动、气辉。

电离层等离子体包括其浓度、成分、结构、温度的变化；气辉主要是氧原子被激发的发光；低频电磁扰动包括 ULF，VLF 辐射，以及由 VLF 辐射激发的地球辐射带高能粒子扰动沉降。

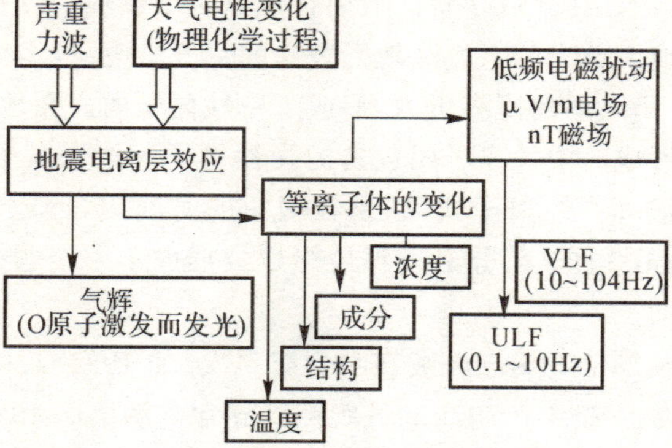

图 3-22　地震的电离层效应

3. 地震电离层耦合理论[5,28-30]

地震电离层的耦合机理仍然不是很清楚。地震电离层的耦合理论研究主要有两种假说。

(1)重力波(AGW)耦合理论。地震前地壳运动产生的重力波(AGW)影响电离层，如图 3-23所示。

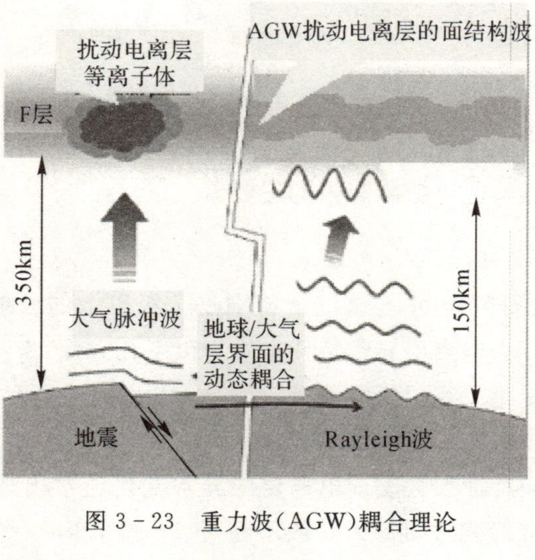

图 3-23　重力波(AGW)耦合理论

由于该理论是基于无耗线性等温大气的假设，存在较多局限。实际上，中层顶负温度梯度导致重力波的折射或衰减效应。地面上垂直速度为 5 cm/s 的重力波要对电离层产生影响，则要求大气层放大因子为 10^3，到电离层高度时速度应为 50 m/s，也就是说，重力波重力分支具有很大的水平分量，波能量的传播方向为水平向，但是震前大气压强的振荡现象以及到达电离层高度后实际的影响有多大等问题，尚无观测或实验证实。声重力波更多表现为震时地面效应。

(2)异常电场渗透理论。在地震孕育区放射性地球化学过程，其中包括氡气和其他惰性气体和温室气体辐射。由地下逸出的氡气在地壳表层的空气中电离，水分子附加到其上，最终形成离子团，由于正负离子团之间的库仑引力，形成了中性离子团。在地震孕育区上方接近地表的大气层中富含被已经形成的中性离子团包裹的隐性离子。地壳发生强烈的气体释放(主要为 CO_2)引起不稳定性，破坏中性离子团，结果在很短的时间内，近地表大气层中产生大量的离子(浓度为 $10^5 \sim 10^6/cm^3$)。电荷分离过程最终导致形成了一个很强的垂向异常电场渗透到电离层产生电离层扰动。

地震孕育区上方出现异常电场已经被观测到很多次，如 1986 年 8 月 30 日捷克的 Carpathian 地区 6.9 级地震，在远离震中 700km 处观测到异常电场。而 1992 年 3 月 5 日俄罗斯的 Kamchatka 地区 6.1 级地震，在离震中 130km 处观测到异常电场，如图 3 - 24 所示。相对地说，异常电场渗透的假说逐渐被越来越多的研究者接受。

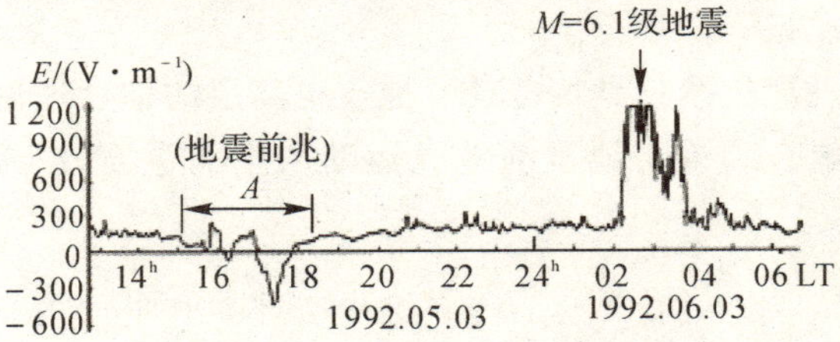

图 3 - 24 俄 Kamchatka 地区的异常电场

3.4.3 电离层异常的特征与临震警报的三要素

1.地震前电离层异常的特征[5]

地震前电离层扰动的研究表明，5 级以上特别是 7 级以上的大地震前，在高度 1 000 km 以下的电离层参数出现扰动，电离层异常特征主要为以下几方面：

(1)电离层参数异常变化。其包括震前 f_{OF_2}，f_{OE_s}、电离层的高度、TEC、电子密度、电子温度、离子密度、离子温度、高能粒子通量等的异常。

(2)电离层异常的时间特征。大震前电离层的异常变化通常出现在地震前一两个月特别是震前几小时至几天，异常持续时间每天一般不超过 4～6 h；但一些特别大地震电离层变化能够持续时间较长；电离层扰动与震中区地方时有密切关系。

(3)电离层异常的空间特征。地震前电离层扰动最大区域并不总是在未来震中上空，而略微偏离；随着地震发生时刻的临近，扰动覆盖的区域越来越大，并且幅值也在增加；越靠近震中，变化强度越大；在 F_2 层极大值高度，受影响电离层的区域范围在纬度和经度方向一般可达到 10°，最大可达 40°。区域的大小随着震级的增大而扩大；在中纬度地区震前电离层扰动还可能会沿着磁力线在地震震中磁共轭区出现。

(4)电离层异常的形态特征。变化形态既可能为正相变化，也可能为负相变化。

(5)电离层异常的强度特征。地震电离层相对变化幅度一般为 15%～30%，但一些大地震前可能超过 100%。

2. 临震预报的三要素

目前的地震前电离层异常研究还不能准确地定出未来震中的位置、发震的时间和地震的强度，但调整地面电离层垂直探测站布局密度、发展卫星信标信号探测，建立甚低频波段信号监测都将是有利的。

近年国内外研究指出，地震电离层前兆研究还处在从对地震电离层前兆物理过程理解到建立实际应用级地震预报技术的转换期的开始，地震三要素与观测站距离、电离层参数异常幅度、震源深度、地质结构、构造断裂类型等等有非常复杂的关系，目前只能做出这样的结论：有事情要发生了。

已经有的研究结果还是只有非常粗略的统计参考意义。例如，Dobrovolsky 从地壳物理变化特性求解得到孕震区半径 ρ 与震级 M 的关系 $\rho=10^{0.43M}$。大量地震数据统计，认定震级 5 级是电离层对孕震感应的灵敏度门限，那么 5 级地震的孕震区半径 $\rho=141$ km，在电离层观测站识别异常现象技术条件下，孕震区应不会超过距电离层站 200 km 的范围内。以识别电离层参数异常为前兆，预警时间为 1～7 天。7 天是一个统计量，只是给出了一个相对合理的预测时间。震级 5 级是电离层对孕震感应的灵敏度门限，如果识别到电离层参数异常前兆，就可以预计肯定会发生 5 级以上的地震。地震电离层相对变化幅度一般为 15%～50%，但如果相对变化幅度超过 100%或更大，就可能要发生大等级的地震了。

虽然电离层地震异常前兆观测研究还是初步的，但是已表明了地震区上空电离层震前的异常现象已成为临震预报的震情会商重要信息，也可以成为地震中短期(5～10 天)预报的重要依据之一。

3.5　加强震前电离层和电磁效应异常监测

地震的电离层效应是多样的，大致有三类：电离层等离子体变化、低频电磁扰动、气辉，使我们有可能通过地基或天基的无线电设备观测到地震电离层效应。目前震前电离层和电磁效应异常前兆监测观测技术不全面和站网布局太稀疏(>500 km)的严重制约情况应当改变。

3.5.1　已建成电离层地基高分辨率观测网

在国家国防科技工业局、国家地震局和中国电子科技集团的大力支持下，中国电波传播研究所与国家地震局建成的电离层地基高分辨率观测网，已于 2009 年 5 月正式运行。建在中国电波传播研究所青岛分所的电离层地基高分辨率观测数据中心，正式开展支持地震监测预警数据处理研究和信息服务工作。

1. 观测网构成

观测网构成如图 3-25 所示。利用中国电波传播研究所现有北京、苏州、青岛、新乡、西安和长春的垂直探测站获顶空电离层信息,并为斜向探测站提供接收信号源。

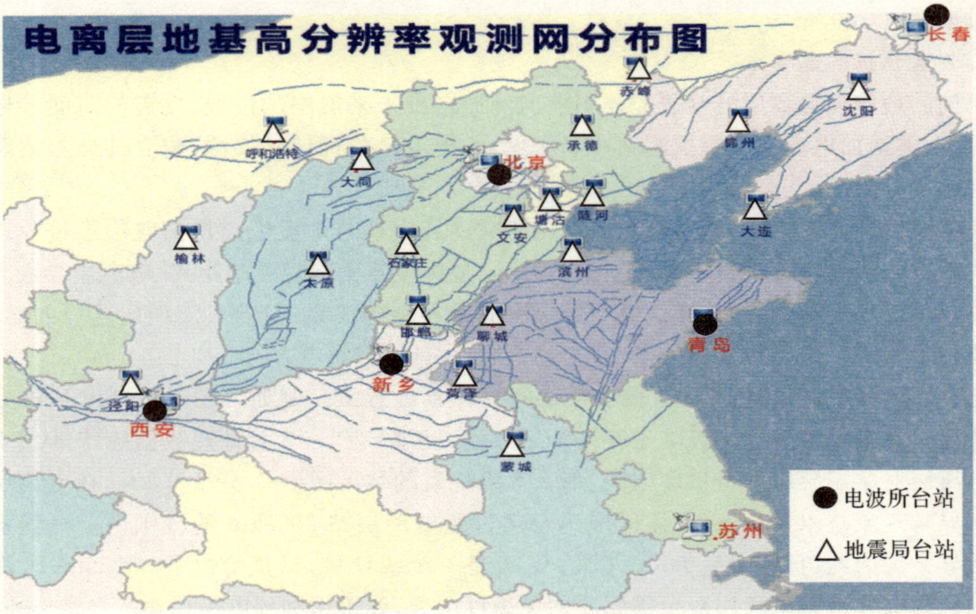

图 3-25　电离层地基高分辨率观测网

在国家地震局下列台站:承德、张家口、锦州、大连、聊城、大同、滨州、太原、文安、菏泽、陡河、安丘、石家庄、邯郸、菏泽、赤峰、呼和浩特、泾阳、蒙城(图 3-25 中△处)等地,分别放置 19 台电离层斜向探测仪同步接收来自北京、青岛、苏州、新乡、西安和长春的垂直探测站信号,可构成 95 条电离层斜向探测电路,获得 95 条电离层斜探测电路中点的上空电离层信息。

2. 垂直探测和斜向探测的关系

电离层地基高分辨率观测网中的垂直探测与斜向探测站,形成了对该地区 95 处电离层斜探测中点和 6 处垂直探测上空地点的电离层进行采样,具有小于 100 km 的空间分辨率。

垂直探测与斜向探测电离图关系如下:因为垂直探测临界频率 f_v 与最大电子浓度 N 平方根成正比,即 $f_v \propto \sqrt{N}$。而斜向探测最大频率 f_o 与垂直探测频率 f_v 服从正割定理,即

$$f_o = f_v \sec\varphi_0 = f_v S$$

$$S = \sqrt{1 + (D/2h'_v)^2}$$

式中,D 为斜向探测地面距离;h_v 为电离层虚高。

3. 观测数据运行路径与流程

电离层地基高分辨率观测网观测数据分别通过因特网送中国电波传播研究所青岛分所的

电离层地基高分辨率观测数据中心和国家地震局数据中心。电离层地基高分辨率观测数据中心会同全国其他电离层观测站数据、国内外太阳、地磁观测数据，进行综合分析，做出是否有地震电离层异常信息的判断，送国家地震局会商。观测数据运行路径和处理流程如图 3 - 26 所示。

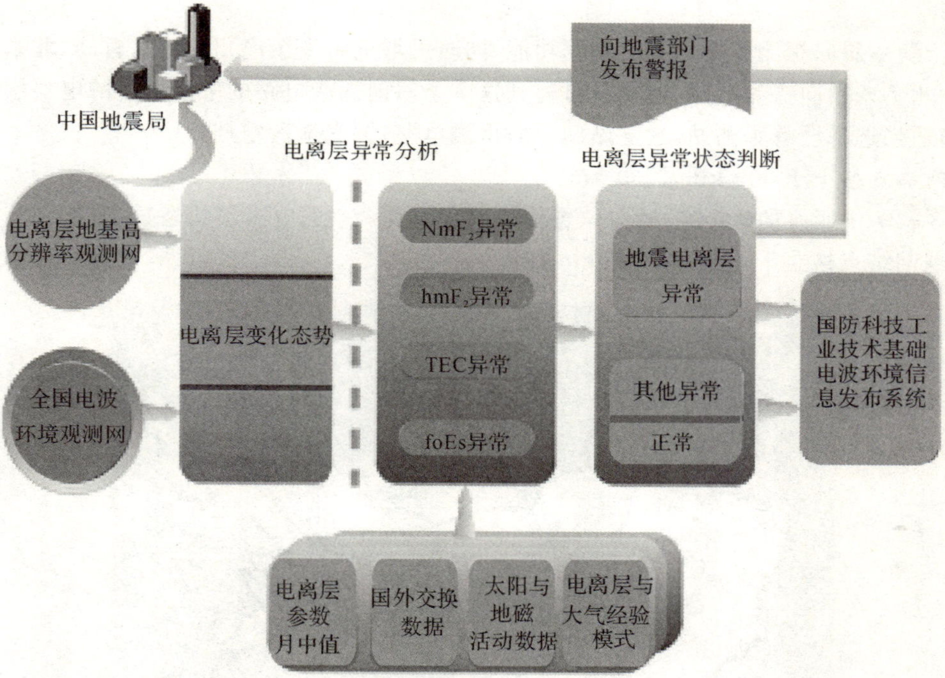

图 3 - 26　观测数据运行路径和处理流程

3.5.2　全国地面震前电离层异常监测网加密方案

1. 电离层垂测网现状

目前中国电波传播研究所的电离层垂直探测网的站点分布于广州、海口、青岛、北京、长春、满洲里、兰州、乌鲁木齐、重庆、拉萨、曲靖和苏州等 12 个垂直探测站点，基本上是沿 120°纬度线每 5°和沿经度 15°设一站，如图 3 - 27 所示的 · 点位置所示。

2. 加密电离层垂测网

俄罗斯等国研究认为，震前地壳变化引起的地磁场变化和电磁辐射而导致其上空电离层异常的区域大约为 500 km，因此，地震区域监测网络点布站应不小于 500 km×500 km，如要作为电离层地震前兆监测，则现在的垂测网要加大密度。考虑在已有的电离层垂测网的基础上增加垂测站和斜测站组成电离层异常监测网，基本上可满足以 500 km×500 km 的间隔网络点布站的要求。可考虑的一种加密方案如下：

(1)增建喀什、酒泉、佳木斯和厦门垂测站，可得到喀什、酒泉和厦门上空的电离层情况。

(2)增建格尔木、新乡斜向探测中心站。

对于格尔木斜向探测中心站具有垂测功能，同时可形成格尔木至兰州、乌鲁木齐、重庆、拉萨、喀什、酒泉、曲靖 7 条斜向探测电路，这样就可得到这 7 条斜向探测电路的中点上空的电离层情况；

对于新乡斜向探测中心站具有垂测功能，同时可形成新乡至广州、厦门、青岛、北京、重庆、苏州、兰州 7 条斜向探测电路，这样就可得到这 7 条斜向探测电路的中点上空的电离层情况。

(3)适当选择已有垂测站，建立站间斜向探测电路，补充地区空挡。

3. 网络点格小于 500 km×500 km

图 3－27 中所有的●●○的所在位置均可以获得其上空的电离层状态数据，一共有 57 处，可以实现网络点格小于 500km×500km 布局。

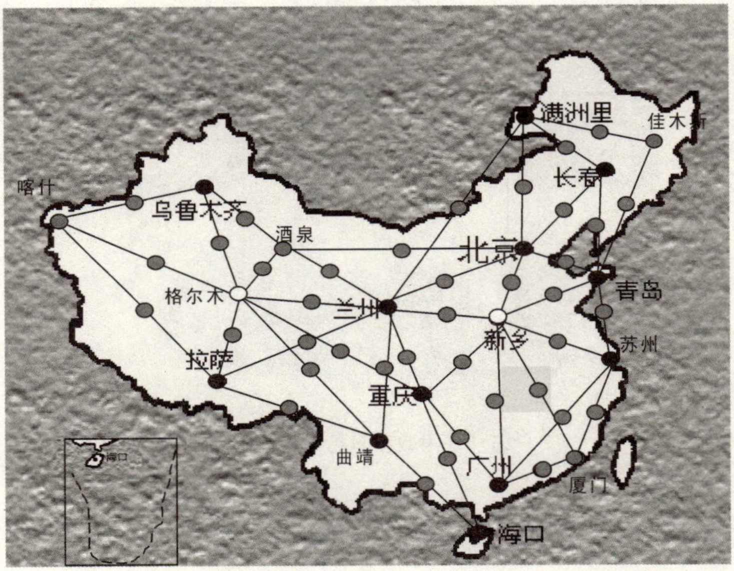

图 3－27　一种全国地面震前电离层异常监测网加密方案示意图

应当指出的是，虽然这个方案不是唯一的，但从全局看，只须增建 6 个站，全国采样点分布还是比较均匀的。对重点监测地区以建立“高分辨观测网”更为合适。

3.5.3　天基(或天-地基联合)观测方案

虽然 f_{OF_2} 可作为地震前的电离层异常扰动最明显的特征，地面的震前电离层异常监测网成本较低，但是如果地面的震前电离层异常监测一旦遭遇到严重的 E_S 层遮蔽，则无法获得 f_{OF_2} 数据，如图 3－28 所示。而我国地区 E_S 层遮蔽现象在每年的 5～10 月间，常以较高概率发生，特别是太阳黑子低年期间。

因此，建立天基（或天–地基联合）观测系统就非常必要。

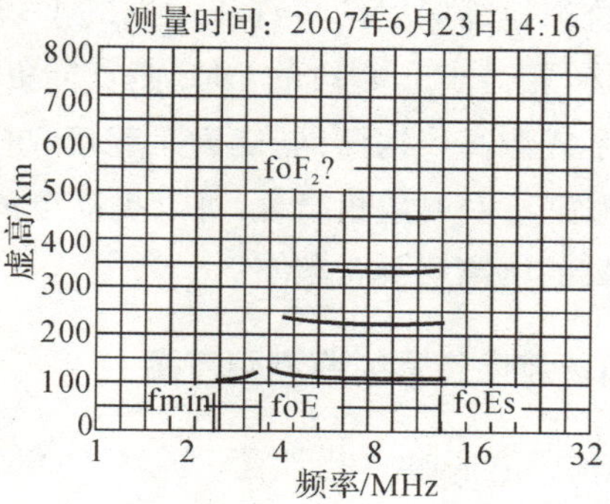

图 3－28　Es 全遮蔽的垂测电离图

1. 卫星信标载荷及地面接收网

卫星信标载荷及地面接收网就是天–地基联合观测系统的一种，它采用的观测方法称为大气层层析扫描（CT）法，有如医学的人体层析扫描（CT）法那样。图 3－29 示出了卫星信标载荷及地面接收网对三个卫星轨道位置的观测效果，这样就可获得电离层以下所有观测射线交点位置的大气层状态数据。

在电磁卫星载荷中，如有三个不同频率的信标，并对多个卫星轨道位置进行连续观测，则可得到整个高层大气剖面的精确结构。

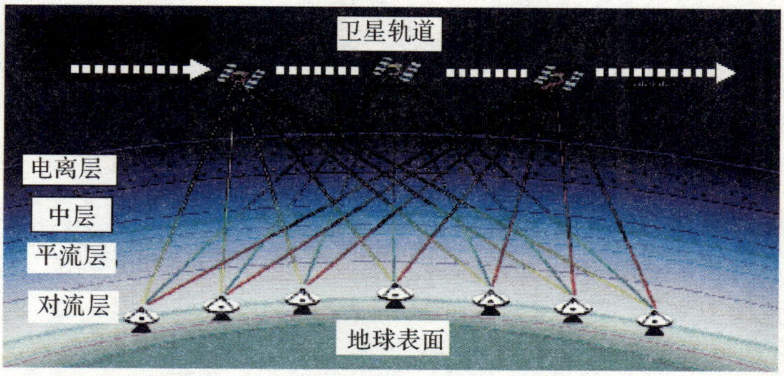

图 3－29　大气层的层折扫描（CT）观测示意图

卫星三频信标和地面接收网测量系统的时间分辨率高。它与掩星技术和地基 GPS 测量相比，有更高的测量精度。它与掩星技术测量进行联合分析，具有更多的优点：可以弥补掩星测量水平分辨率低的缺点，提高空间分辨率；可以弥补掩星事件数据量少的缺点，扩大测量范围。

2. 星载接收机测量电离层异常

星载接收机工作频段为 10 Hz～25 MHz。星载接收机具有对 ULF,VLF 等较低频段信号的接收能力,可以直接用来监测地震等扰动事件所激发的 ULF/VLF 电磁波。星载接收机利用高频信号(HF)探测电离层,相对于 L 频段的 GPS 测量能更好地获取电离层附加信息;而且,我国已建有常规的高频数字式测高仪探测网,能为星载接收机提供稳定的信号源。

星载接收机测量与 GPS 掩星技术测量相结合,可以提高电离层电子密度反演的时空分辨能力,能更好地获取地震所导致的电离层异常信息。

3.5.4 地面震前长波/超长波电磁辐射监测网方案

中国[22,25]、俄罗斯、美国等国学者长期进行地面 LF/VLF/SLF/ELF 信号的观测,多次总结了观测地震较低频段电磁辐射的震例。日本学者发现[5],地震发生前几天,观测到接收 VLF 信号电路上的电离层 D 层的底部高度下降,致使从发射台至接收点的传播路径上的接收到的 VLF 信号幅度出现异常,如图 3－30 所示。实际观测也证实震前低频段电磁辐射的存在。

1. LF 信号接收观测网

国内可利用的 LF 信号台站,北方有宣城、荣成、延吉,南方有贺州、崇左、汕头等,适当选择接收点位置,使其接收电路组网对地震敏感地区进行覆盖,监测 LF 信号幅度出现的异常。

2. VLF 信号(阿尔法)接收观测网

俄罗斯的阿尔法导航系统还在正常运转,我国国土上能收测该系统四个台的信号,它的发射频率分别为 11.904 kHz,12.649 kHz 和 14.881 kHz。在我国选择适当接收点位置,例如可利用曲靖、海口、青岛、厦门等观测站建立阿尔法信号接收观测网,使其接收电路组网对地震敏感地区进行覆盖。监测 VLF 信号幅度出现异常。图 3－31 为阿尔法信号(VLF)接收观测网示意图。

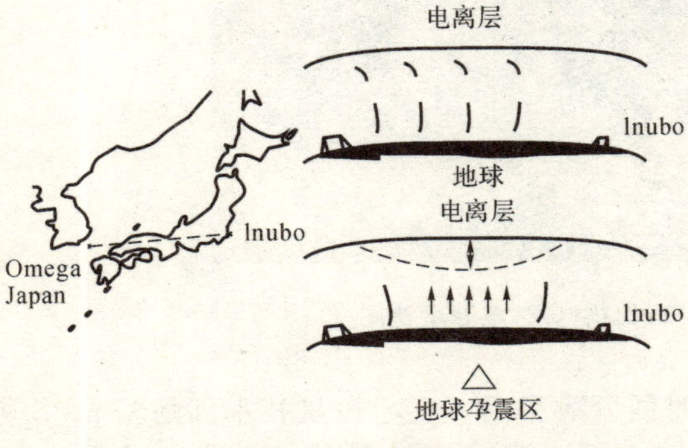

图 3－30　震前 VLF 信号幅度出现异常

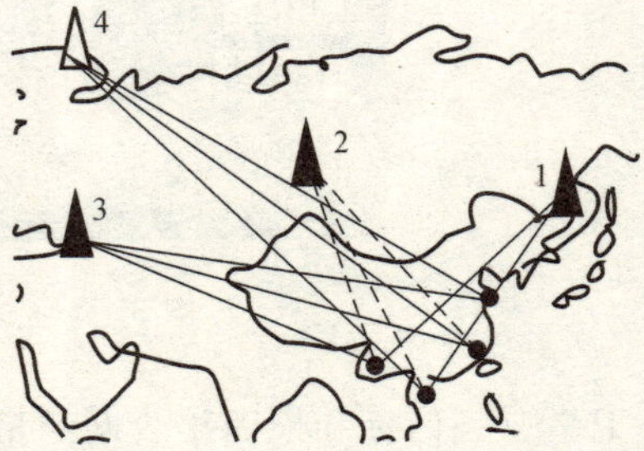

图 3－31　阿尔信号(VLF)接收观测网示意图

3.6　进一步研究的思考

3.6.1　地震预报任重道远

我国是一个多地震国家，但是由于地震发生概率很低，对地震发生的机理还不太清楚，也受到观测技术手段和观测站分布不均的严重制约，地震预报仍是科学难题。

1. 需要一个“学习过程”

地震给我们提出了许多有待深入研究的问题。我们现在还处在一个“学习过程”，这个过程是艰难的，也是漫长的。地震预报工作任重道远。

2. 要多学科联合攻关

地震是有前兆的，地震前在地震孕育区的地电、地磁、热红外、电离层、地应力、重力、地下水、水氡、次声波均有明显的变化，动物亦有异常，且短期和临震的变化更明显。我们要坚持多学科、长期积累数据，联合攻关。

3. 要准备几代人奋斗不息

地震预报是世界性科学难题。由于地震发生概率很低，地震电离层前兆研究受到观测技术和网站分布的严重制约，要准确地定出临震警报的三要素（震中的位置、发震的时间和地震的强度）还需要时日。我们要长期打算，要力戒急功近利、急于求成，要有坚韧不拔和忍耐寂寞的精神，要有几代人准备不达目的奋斗不息的精神。

3.6.2　地震电离层异常研究要监测与理论研究并行

1. 正确理解临震警报的三要素

地震电离层异常是地震引发的间接二级效应，地震电离层耦合的物理过程很复杂，地震电离层异常研究要在正确理解临震警报的三要素的时空关系的基础上，一手抓监测，一手抓理论研究，逐步做到从大到小、从长到短、从粗到精，以期最终解决临震警报问题。

2. 建立多种手段的立体监测网

通过建立多种手段的（不同参数、不同频段）、立体的（地面、天基和地一天基联合）地震电离层异常监测网，从不同角度捕捉地震电离层异常信息，进行综合分析，做好地震电离层异常监测、预警数据处理、分析研究和信息服务工作。

3. 要关注临震电离层异常警报信息的发现

地震前几天（3～5 天）F 层临界频率 f_{OF_2} 在午后发生的异常，已成为大家关注的震前异常。但由于社会因素与政治因素的原因，提前数天发布地震预报会有产生一定的负面影响的风险，有一定局限性。如能发现和检测到临震电离层异常的警报信息，为临震警报提供更多更准确信息，对减少人员伤亡、减灾和防灾是极有意义的。

因此，要更多地关注、发现和检测地震临震的电离层异常的警报现象和信息。要重视电离层垂直探测电离图的原始记录中所有信息的开发和利用，地震临震时电离层会出现很多的形态怪异电离图，可能出现脉动、反射、散射等回波异常征兆，我们应加以认真地分析总结。

4. 加强地震-电离层耦合机制和理论研究

我们要向地震学专家学习，要把地震电离层异常机理与地震理论、地震模型、发震机理结合起来进行理论研究。研究地震-电离层耦合机制和理论，统计分析地震电离层异常"震源的特性""震型的特异性"；研究不同地震活跃区的地震电离层异常前兆数据，统计分析其"区域的特异性"。研究地震电离层异常特征与空间天气电离层异常特征的区别，提高对地震电离层前兆的判别能力和水平。电离层震前异常只是孕育地震过程中较常见的物理过程之一，还需要结合例如物理、化学、电磁、生物的技术和方法一起研究。

3.7 结束语

本章从汶川大地震前电离层异常现象出发，讨论电离层正常变化规律、观测技术和方法、地震震前观测到的电离层异常特征、基本机制和理论等等，还对加强震前电离层和电磁效应异常的监测及建设多种手段立体监测网方案进行了讨论。

我们现在还处在一个"学习的过程"，这个过程是艰难的，也是漫长的。我们须挑起预测和防震这副重担。要开展多学科、长期积累数据，联合攻关；要作长期打算，要不断探索，为加速推动地震预测事业的发展，为国家、为人民做出应有的贡献。

参考文献

[1] 焦培南，张忠治. 雷达环境与电波传播特性[M]. 北京：电子工业出版社，2007.

[2] Davies K. Ionospheric Radio [M]. London: Peter Peregrinus Ltd. ,1990.

[3] 熊皓. 无线电波传播[M]. 北京：电子工业出版社，2000 .

[4] 丁鉴海，卢振业，黄雪香. 地震地磁学[M]. 北京：地震出版社，1994：253 - 267.

[5] Pulinets S, Boyarchuk K. Ionospheric Precursors of Earthquakes [M]. New York: Springer Berlin Heidelberg, 2003.

[6] 中国地震局监测预报司. 中国大陆地震短期异常特征和综合预测方法研究 [M]. 北京：地震出版社，2005.

[7] Hayakawa M. Atmospheric and Ionospheric Electromagnetic Phenomena Associated with Earthquakes [M]. Tokyo: Terra Scientific Publication Conpany, 1999.

[8] 中国电波传播研究所. 汶川地震电离层异常数据分析. 电波所内部文集，2009.

[9] Ding Jianhai, Liu Jie, Yu Surong, et al. Geomagnetic Diurnal Variation Anomalies and Their Relation to Strongearthquakes [J] , Acta Seismologica Sinica , 2004 , 17 : 85 - 93.

[10] 丁鉴海,索玉成,余素荣.地磁场与电离层异常现象及其与地震的关系[J].空间科学学报,2005,25(6):536-542.

[11] 丁鉴海,余素荣,肖武军.地震前兆与短临预报探索 [J],地震,2003,25(3):43-50.

[12] Sharma D K,Rai J,Chand R,et al . Effect of Seismic Activities on Ion Temperature in the F_2 Region of the Ionosphere [J]. Atmosfera,2006,19(1):1-7.

[13] Pulinets S A,Gaivoronska T B,Contreras A L, et al . Correlation Analysis Technique Revealing Ionospheric Precursors of Earthquakes[C]. Natural Hazards and Earth System Sciences,2004,4:697-702.

[14] Pulinets S A. Ionospheric Precursors of Earthquakes, Recent Advances in Theory and Practical Applications [J]. TAO ,2004,15(3):413-435 .

[15] Chuo Y J,Liu J Y ,Pulinets S A, et al . The Ionospheric Perturbations Prior to the ChiChi and ChiaYi Earthquakes[J]. J of Geomagntics, 2002,30(4):509-517.

[16] Pulinets S A,Contreras A L,Giraldi G B, et al. Total Electron Content Variations in the Ionosphere before the Colima, Mexico, earthquake of 21 January 2003. Geophysical International, 2005 ,44(4):369-377.

[17] 祝芙英,吴云,林剑,等.汶川地震前电离层 TEC 的异常响应[J].地震学报,2009(2).

[18] 欧阳新,张学民,申旭辉,等.普洱地震前电离层电子密度扰动变化研究[J],地震学报,2008(4).

[19] 朱荣,杨冬梅,荆凤,等.DEMETER 卫星观测到的云南普洱地震前的电离层扰动[J].地震学报,2008(1).

[20] 田山,王建国,徐学恭,等.大地电场观测地震前兆异常提取技术研究[J].地震学报,2009(4).

[21] 张学民,丁鉴海,申旭辉,等.汶川 8 级地震前电磁扰动与电磁立体监测体系[J].电波科学学报,2009(1).

[22] 潘威炎,彭怀云,张红旗.非均匀光滑球面地波衰减因子的抛物方程算法[J].电波科学学报,2006,21(1) :37-42.

[23] 张桂清.全球性地震活动与太阳活动的关系[J].地震学报,1998(4).

[24] 索玉成. f_{OF_2} 的季节变化特征[J].电波科学学报,1995,10 (4):83-93.

[25] 熊皓.地震电磁辐射研究的新进展[J].地震学报,1991(2).

[26] 李永生,李开春.大震前后电离层的扰动[J].地震学报, 1987(1).

[27] 奚迪龙, 王伟延. 我国电离层概貌[J].电波科学学报, 1987, 2(4): 37-47.

[28] 郝建国.近地表大气电场异常与地震[J].地震学报,1988(2).

[29] 丁鉴海,黄雪香,邢如英,等.地磁“低点位移”现象及其与地震的关系[J].地震学报,1988,10(4):406-414.

[30] 徐文耀.磁层电场引起的 Sq“低点位移”[J].地震地磁观测与研究,1985,6(1):8-12.

第4章 卫星热红外地震短临预测研究

强祖基[1,3] 马蔼乃[2] 强进[3]

1. 中国地震局，地质研究所 2. 北京大学，遥感与地理环境信息研究所

3. 郑州地震监测技术研发中心

强祖基，男，1932年4月生，1953年北京地质学院地质找矿系毕业；1961年取得苏联莫斯科大学地质矿物学副博士学位；1986年获国家地震局度科学技术进步一等奖；1990年发现卫星热红外亮温异常短临震兆——冷热应力场；开创了研究现今构造运动的新方法和地震短临预测的新技术；1994—2003年任国际宇航联合会卫星减灾委委员，1995—2000年任中国航天工业总公司高级专家顾问组顾问，1995—1998年中国地震学会第四届地震预报专业委员会委员，1995年，1999年，2004年，2009年中国地球物理学会天灾预测专业委员会委员、常委。2005年中国地震预测咨询委员会委员，2004年，2008年任中国高科技产业化研究会理事；中国地质大学(武汉)地球科学院兼职教授。

本章扼要介绍卫星热红外亮温异常的基本原理和气象卫星，分析建立地震短临预测遥感信息模型，通过11年试验性预报实践和3个案例，说明此项技术具有实际应用前景。

4.1 引 言

我国是一个地震多发国家，每年有十几个5级或以上地震，地震灾区遭受人员伤亡和经济损失。地震临震预测预报作为一个世界难题，引起了地震研究工作者的关注。20世纪80年代，中国老一代科学家钱学森、傅承义等开创了“开放复杂巨系统”，为地震预测指明了方向；90年代卫星上天和各种探测器相继出世，俄罗斯人发现了震前卫星热红外亮温异常。中国又相继开发出冷热应力场震兆和其他预测地震的先进方法，对地震三要素短临预测这一世界难题进行挑战。

本章通过卫星热红外地震预测研究成果的应用，诠释地震短临预测中更为经济和准确的方法。

4.2 现状分析

气象卫星中的热红外波段用于地震前兆研究起始于苏联人戈尔内(1988 年)等人[1]，中国台湾大学地理环境资源研究所研究生王纯莹的硕士论文[2]对了我们 1990－2000 年 10 月 119 次临震预报卡片给予高度评价。

现将 100 次成功预测的结果再次公布[6-12]，以便读者考核。

成功只是比失败多 1 次而已，这里未包含漏报虚报。实践是检验真理的唯一标准，1990—2000 年内，我们一边预测预报、一边做理论研究，在极端困难的条件下，做了 119 次短临预报，其中 65 次有比较好的结果(按联合国全球计划项目拟定的地震预测三要素评分准则)，这里包括 10 次 7 级或 7 级以上地震，19 次 6 级或 6 级以上地震，30 次 5 级左右地震，还有 39 次较差，15 次虚报。但是由于云层、台风的干扰，还有 20 次漏报(我国西部按 6.5 级，东部按 5.5 级以上地震来计算)。从上面所列举的数字不难看出，通过长期对此项技术地震预报能力的检验，证明预报的成功不是偶然的，这项技术有远大的应用前景，是一个极有价值的新技术、新方法。预报三要素的评分标准见表 4－1，详细情况见表 4－2。

表 4－1　地震三要素短临“预报实现”评分表

x_i	ΔM_S			ΔT/d			ΔR/km		
j	1	2	3	1	2	3	1	2	3
P_{ij}	5.0～5.9	6.0～6.9	7～8	5.0～5.9	6.0～6.9	7～8	5.0～5.9	6.0～6.9	7～8
100	0	0	0	0	0	0	0	0	0
95	0.09	0.11	0.14	3	4.5	6	15	25	35
90	0.18	0.22	0.28	6	9	12	32.5	50	80
85	0.26	0.34	0.41	9.5	14	18.5	49	77.5	120
80	0.35	0.45	0.55	13	19	25	65	105	165
75	0.44	0.56	0.70	16.5	24.5	32	85	134	210
70	0.58	0.68	0.85	20	30	39.5	105	162	255
65	0.64	0.79	0.98	25	36	47	127.5	194	300
60	0.70	0.90	1.10	29.5	42	55	150	225	350
55	0.79	1.01	1.25	35	49	64	177.5	260	44
50	0.88	1.10	1.40	41	56	73	205	295	450
45	0.94	1.21	1.55	55	64.5	85.5	242.5	348	505
40	1.00	1.32	1.70	69	73	98	280	400	565
35	1.06	1.44	1.85				330	445	640
30	1.12	1.55	2.00				410	525	725

这个评分标准是目前对地震短临前兆的认识还很不深入、还很不成熟时的一个暂行办法，有利于新技术新方法的诞生、成长。考虑到时间、地点、震级地震三要素的难度不一，本项评定中各要素一律取中值。即 $M_{S0}, T_0, R_0(\lambda_0, \varphi_0)$，预报误差为

$$\Delta M_S = |M_S - M_{S0}|,\quad \Delta T = |T - T_0|,\quad \Delta R = |R - R_0|$$

每一项起分从 30～100 分每 5 分间隔给出短临预报相应三要素误差 $\Delta M_S, \Delta T, \Delta R$ 应得分数 P_{ij}，任一误差值对应的分数可以从表中的数值内查出。表中 i 代表地震三要素：震级 M_S、时间 T 和地域(预报区内半径)；$j=1,2$ 和 3，表示将地震按强度分为 3 类，分别代表 $M_S=5.0\sim5.9, 6.0\sim6.9$ 和 $7\sim8$；x_1, x_2, x_3 分别表示 5.0～5.9，6.0～6.9，7.0～8.0 地震三要素"预报实现"与预报范围中值之差(取绝对值)；ΔM_S，ΔT(短临以天计)和 ΔR(单位为 km)。考虑到预报三要素的难度不同，故预报效果以总分计，并引入难度因子 α_i，按震级、时间和地点分别为 0.20，0.35，045，对一次地震"预报实现的总评分"为

$$P = \alpha_M P_{Mj} + \alpha_T P_{Tj} + \alpha_R P_{Rj}$$

表 4-2 1990—2000 年 10 月临震预报检验

编号	地震	震级	年月日	纬度/(°)	经度/(°)	起始预报时间		地震三要素	评估	
						月	日		单项值	总分
1	江苏常熟东	5.1	1990.2.10	31.6	121.0	2	6	时 空 强	34.30 39.37 15.5	89.17
2	青海共和	7.0	1990.4.26	36.1	100.3	4	17	时 空 强	33.95 22.0 20.0	75.95
3	台湾西南侧海域	5.1	1990.5.23	20.1	120.7	5	21	时 空 强	33.95 30.80 18.80	83.55
4	台湾东侧海域先岛群岛	5.4	1990.7.4	25.2	126.2	6	30	时 空 强	30 20 18	68
5	台湾东侧琉球岛	5.5	1990.10.1	24.0	124.6	9	22	时 空 强	33.25 27.00 20.00	80.25
6	新疆阿图什	5.4	1991.3.7	40.0	75.5	2	28	时 空 强	33.95 19.80 13.40	67.15

续表

编号	地震	震级	年月日	纬度/(°)	经度/(°)	起始预报时间		地震三要素	评估	
						月	日		单项值	总分
7	台湾东侧	6.0	1991. 3.12	23.0	120.3	3	7	时 空 强	35.00 34.65 10.90	81.60
8	新疆阿瓦提	5.6	1991. 4.3	40.1	80.4	3	27	时 空 强	33.95 32.40 8.00	74.35
9	台湾花莲东	6.0 5.0	1991. 4.14 4.26	26.2 23.9	122.4 122.6	4	14	时 空 强	33.95 19.80 20.00	73.75
10	河北唐山	4.7 5.1	1991. 5.29 5.30	39.7 39.5	118.3 118.2	4	20	时 空 强	10 25 30	65
11	河北滦县	4.6	1991. 7.21	39.9	118.7	7	25	时 空 强	33.95 35.55 17.60	87.10
12	河北邢台隆尧	4.7 4.6	1991. 8.21 8.22	37.4 37.5	114.1 114.9	8	18	时 空 强	37.83 39.15 12.00	88.98
13	吕宋巴士海峡	5.4 5.2	1992. 2.10 2.18	21.0 22.0	122.0 119.0	1	30	时 空 强	35.00 21.15 18.80	74.95
14	台湾花莲东海域	6.8	1992. 4.20	23.8	121.7	4	17	时 空 强	32.90 39.15 8.40	80.45
15	台湾花莲东海域	4.6 4.5	1992. 5.4	23.8 23.9	121.4 122.3	4	30	时 空 强	32.55 30.60 9.60	72.70
16	吉尔吉斯坦比什凯克西南	7.5	1992. 8.18	42.1	73.8	8	4	时 空 强	35 20 18	73

续表

编号	地震	震级	年月日	纬度/(°)	经度/(°)	起始预报时间		地震三要素	评估	
						月	日		单项值	总分
17	南海东沙群岛	5.9	1992. 9.14	21.6	117.8	8	19	时 空 强	20 20 20	60
18	西藏拉孜	6.6	1993. 3.20			2	23	时 空 强	25 15 20	60
19	日本北海道	6.6	1993. 8.8	42.4	140.6	7	18	时 空 强	30.45 32.40 19.20	82.05
20	日本八丈岛	6.1	1993. 9.1	31.5	142.2	8	12	时 空 强	32.55 25.65 29.20	77.40
21	台湾花莲海外	5.6	1994. 1.20	24.2	122.0	1	18	时 空 强	31.50 21.15 15.20	67.85
22	缅甸北部	6.2	1994. 4.6	26.3	97.0	3	26	时 空 强	35 10 17	62
23	台湾东南侧海域	5.7	1994. 4.13	21.9	122.2	4	3	时 空 强	33.95 23.40 17.60	74.95
24	菲律宾吕宋东南	6.0	1994. 4.27	13.8	120.3	4	13	时 空 强	32.90 13.50 20.00	66.40
25	台湾花莲海外	6.3 5.6 6.2 7.0	1994. 5.23 5.23 5.23 5.24	24.5 24.5 24.4 24.1	122.2 122.1 122.5 122.5	5	13 13 13 13	时 空 强	33.95 29.70 10.40	74.05
26	台湾花莲海外	4.9	1994. 7.1	24.5	121.8	6	10	时 空 强	30 20 10	60

续表

编号	地震	震级	年月日	纬度/(°)	经度/(°)	起始预报时间		地震三要素	评估	
						月	日		单项值	总分
27	日本千岛群岛东侧	7.6 6.9	1994. 10.9 10.16	43.8 43.8	148.2 148.2	10	9	时 空 强	31.85 36.90 12.00	80.75
28	台湾宜兰东	6.0	1995. 4.3	24.5	122.0	3	17	时 空 强	32.27 30.55 18.18	81.02
29	菲律宾萨玛岛	7.0 7.2 7.5 7.2 7.0 7.1	1995. 4.21 4.21 4.21 4.21 4.23 5.5	11.7 11.7 11.7 11.7 12.8 12.8	126.5 126.5 126.5 126.5 125.5 125.5	4	16	时 空 强	34.12 44.29 14.33	92.75
30	台湾漳化西南	5.1	1995. 11.1	23.6	120.2	10	21	时 空 强	34.41 19.72 6.33	60.47
31	云南武定	5.1	1995. 11.1	25.7	102.2	10	27	时 空 强	32.66 40.68 6.33	79.68
32	云南丽江	7.0	1996. 2.3	27.2	100.3	1995 2	16	时 空 强	26.75 27.63 17.85	72.23
33	俄罗斯勘察加	7.4	1996. 7.16	58.15	160.05	7	14	时 空 强	33.83 18.52 19.20	71.65
34	菲律宾卡坦维斯	6.5	1996. 11.7	14.5	123.6	10	28	时 空 强	28.00 28.21 11.09	67.30
35	日本北海道西侧	6.2	1996. 12.22	43.9	137.2	10	31	时 空 强	28.60 23.20 8.20	60.00

续表

编号	地震	震级	年月日	纬度/(°)	经度/(°)	起始预报时间		地震三要素	评估	
						月	日		单项值	总分
36	黄海南部	4.0	1996.11.17	33.28	121.15	11	13	时 空 强	34.18 41.26 6.00	81.44
37	日本茨城南部	6.0	1996.12.21	36.04	139.04	12	13	时 空 强	32.65 22.65 13.81	65.50
38	日本伊豆震群	5.7	1997.3.4	35.5	139.04	2	26	时 空 强	32.65 28.25 13.81	78.85
39	日本八丈岛	5.2	1997.4.9	33.5	140.6	4	3	时 空 强	33.25 33.30 8.20	77.55
40	日本九州宫崎	6.4	1997.5.13	31.60	130.20	4	19	时 空 强	28.35 27.20 16.56	72.11
41	新疆伽师	5.4	1997.5.17	39.60	77.00	4	19	时 空 强	28.35 27.20 16.56	72.11
42	菲律宾巴林塘海峡	5.7	1997.5.22	19.1	121.3	5	18	时 空 强		60
43	日本本州山口	6.1	1997.6.25	34	131.5	6	1	时 空 强		76
44	台湾台东	5.1	1997.7.5	22.7	121.4	7	5	时 空 强		60
45	日本琉球群岛	6.1	1997.8.13	25.3	125.7	8	13	时 空 强		69
46	日本东京湾	5.9	1997.9.8	35.5	139.7	8	13	时 空 强		72
47	日本北海道南侧海域	6.2 5.1 6.1	1997. 10.23 10.27 11.15	40.2 39.57 43.7	145.4 140.31 145	10	18	时 空 强		73

续表

编号	地震	震级	年月日	纬度/(°)	经度/(°)	起始预报时间 月	起始预报时间 日	地震三要素	评估 单项值		评估 总分
48	日本北海道	5.0	1998.2.27	42.36	145.7	2	27	时	28	48.82	57.72
								空	14.37		
								强	6.45		
		5.2	3.3	42.64	144.1			时	29.4	58.51	
								空	20.93		
								强	8.18		
		5.3	4.8	41.79	141.88			时	27.36	67.95	
								空	31.5		
								强	9.09		
		5.5	4.9	42.74	144.9			时	27.05	55.59	
								空	17.45		
								强	11.09		
49	河北唐山	4.7	1998.4.14	39.7	118.3	3	30	时	32.67		90.77
								空	40.77		
								强	17.33		
50	日本八丈岛	5.3	1998.4.26	34.51	140.0	4	7	时	31.5	72.19	69.77
								空	26.87		
								强	13.82		
		5.1	4.26	30.75	141.89			时	31.5	72.53	
								空	29.03		
								强	12		
		4.7	4.26	32.9	141.19			时	31.5	74.98	
								空	35.30		
								强	8.18		
		5.3	5.2	32.51	137.7			时	29.4	63.5	
								空	25.01		
								强	9.09		
		4.8	5.3	34.83	138.9			时	29.05	65.63	
								空	22.76		
								强	13.82		

续表

编号	地震	震级	年月日	纬度/(°)	经度/(°)	起始预报时间		地震三要素	评估		
						月	日		单项值		总分
51	日本冲绳岛	5.3	1998.5.2	24.63	122.39	4	9	时 空 强	29.05 11.74 18.18	58.97	52.88
		7.7		22.7	125.6			时 空 强	29.4 17.3 0.09	46.79	
52	菲律宾吕宋岛	5.6	1998.7.7	20.13	121.35	5	29	时 空 强	26.41 19.13 16.45		62.0
53	日本千岛群岛	5.0	1998.7.3	42.0	146.2	5	29	时 空 强	33.06 22.56 11.00		66.62
54	日本本州岛中部	5.2	1998.6.24	36.19	139.84	6	4	时 空 强	31.15 23.72 5.55		60.42
55	菲律宾棉兰老岛	6.1	1998.6.27	9.3	124.2	6	4	时 空 强	32.67 20.5 16.45		69.62
56	俄罗斯勘察加	4.3	1998.7.26	54.6	161.9	6	13	时 空 强			
		5.0	8.5	56.6	163.34			时 空 强			
		5.7	8.5	56.22	163.22			时 空 强	26.73 16.35 8.18		51.26
		5.6	8.5	56.3	162.8			时 空 强	26.73 17.0 7.33		51.06

续表

编号	地震	震级	年月日	纬度/(°)	经度/(°)	起始预报时间		地震三要素	评估		
						月	日		单项值		总分
57	河北张北地区	4.4	1998. 7.14	41.0	114.33	6	16	时 空 强	29.75 40.59 14.67		85.01
58	台湾东、琉球南	6.2	1998. 7.17	23.27	122.83	6	16	时 空 强	30.45 33.11 19.09		82.65
59	新疆伽师	6.6	1998. 8.27	39.9	77.9	8	14	时 空 强	34.22 41.22 14.67		90.11
60	日本本州	5.4 6.1	1998. 8.15 1998. 8.16	36.2 36.1	137.9 140.8	8	14	时 空 强 时 空 强	29.75 32.46 12.91 30.1 18.17 19.09	75.12 67.36	71.24
61	印度尼西亚爪哇岛默拉皮火山	5.9	1998. 8.17	−7.4	107	8	14	时 空 强	32.28 15.67 19.09		67.04
62	台湾花莲、台东	5.0 5.0	1998. 9.4 9.28	21.5 22	121.5 121	8	18	时 空 强	30.8 27.07 15.55	73.42	73.42
63	河北张北—怀来	4.3	1998. 9.26	41.05	114.32	8	26	时 空 强	29.05 39.03 13.82		81.9
64	云南宁蒗	5.0	1999. 1.3	27.2	101.00	11	30	时 空 强	29.75 38.05 6.45		74.25
65	河北张北	5.6	1999. 3.11	41.2	114.6	3	10	时 空 强	29.75 25.91 12.91		内报 68.57

续表

编号	地震	震级	年月日	纬度/(°)	经度/(°)	起始预报时间		地震三要素	评估	
						月	日		单项值	总分
66	河北张北地区	4.0	1999. 4.23	41.2	114.5	4	6	时 空 强	33.06 42.3 11.09	86.45
67	台湾岛花莲 以北 15 km 处 台湾岛花莲以北	5.0 4.5 5.4	1999. 4.10 5.6 5.7	24.2 22.1 24.7	121.6 121.6 122.2	4	8	时 空 强	29.75 37.84 19.09	86.68
68	日本北海道南侧	6.3	1999.4.25	37.9	139.3	4	16	时 空 强	29.75 21.82 15.55	内报 67.12
69	俄罗斯千岛群岛 —勘察加半岛	$M_b=5.0$ ＞6.6 $m_b=6.1$ $m_b=5.6$ 4.2	1999. 4.28 5.7 4.19 4.21 4.26	49.6 46.3 53.5 51.2 53.7	150.3 151.2 157.9 163.2 159.4	4	16	时 空 强	34.22 41.75 16.45	内报 92.42
70	俄罗斯萨哈林岛	6.6	1999. 5.12	45.5	145.1	4	20	时 空 强	30.45 13.93 16.45	内报 60.83
71	台湾岛	5.3 4.9	1999. 6.25 7.7	24 23.5	122.8 120.6	6	16	时 空 强	33.06 42.45 12	87.51
72	俄罗斯勘察加 半岛东半部及 东侧海域	6.5	1999. 7.7	52.6	156.4	6	23	时 空 强	33.06 35 20	内报 69.41
73	台湾南投	7.6 7.0	1999. 9.21	23.7	121.1	9	12	时 空 强	32.67 36.16 5.55	74.38

续表

编号	地震	震级	年月日	纬度/(°)	经度/(°)	起始预报时间		地震三要素	评估	
						月	日		单项值	总分
74	台湾南投	7.1	1999.9.26	23.9	121.1	9	23	时 空 强	34.22 43.74 19.09	97.05
75	菲律宾	4.9	1999.10.7	12.7	125.2	10	2	时 空 强	30.8 33.35 5.55	69.7
76	山西阳原	5.6	1999.11.1	39.8	113.9	10	23	时 空 强	33.44 37.64 19.09	90.17
77	日本北海道东侧	5.6	1999.10.25	32.1	142.4	10	23	时 空 强	30.1 0 16.45	46.55
78	台湾岛	7.1	1999.9.26	23.9	121.1	9	23	时 空 强	34.22 43.74 19.09	97.05
79	菲律宾	4.9	1999.10.7	12.7	125.2	9	12	时 空 强	30.8 33.35 5.55	69.7
80	台湾岛老震区	6.7	1999.11.2	23.43	121.63	10	13	时 空 强	33.44 37.64 19.09	60.17
81	日本北海道南侧	5.6	1999.10.25	32.1	142.4	10	23	时 空 强	30.1 0 16.45	46.55
82	云南姚安	6.5	2000.1.15	25.5	101.1	1999 12	30	时 空 强	35 8.78 15.55	59.33
83	云南丘比—弥勒	5.5	2000.1.27	24.2	103.6	1	19	时 空 强	34.22 22.6 15.55	72.53

续表

编号	地震	震级	年月日	纬度/(°)	经度/(°)	起始预报时间		地震三要素	评估	
						月	日		单项值	总分
84	东海	6.1	2000. 1.28	26.3	124.6	1	28	时 空 强	31.15 16.25 15.55	62.95
85	北海道	6.8	2000. 1.28	42.0	143.5	1	28	时 空 强	29.4 19.69 18.18	67.27
86	千岛群岛勘察加	7.1 Mb5.3 Mb5.7	2000. 1.28 1.29 1.29	43.1 55.2 54.5	146.9 156.2 157.2	1	28	时 空 强	32.28 18.74 12.91	63.93
87	日本本州	4.8	2000. 2.14	31.6	141.8	2	13	时 空 强	30.1 −2.87 9.09	36.32
88	台湾岛嘉义地区	5.2	2000. 3.16	23.5	120.8	3	15	时 空 强	29.75 38.54 17.33	85.62
89	日本本州	Mb5.8	2000. 4.21	34.8	139.7	4	7	时 空 强	33.44 23.34 17.33	74.11
90	日本	5.7	2000. 4.26	40.5	143.2	4	24	时 空 强	31.89 10.38 18.18	60.45
91	日本本州	5.8	2000. 6.3	35.6	140.4	5	3	时 空 强	29.05 24.3 18.18	60.45
92	菲律宾印尼马鲁古	5.1 7.4	2000. 5.8 2000. 5.4	11.1 −1.5	124.7 124.3	5	3	时 空 强 时 空 强	31.15 27.07 82 29.75 −8.64 16.45	61.04 37.56

续 表

编号	地震	震级	年月日	纬度/(°)	经度/(°)	起始预报时间		地震三要素	评估	
						月	日		单项值	总分
93	台湾南投	6.1	2000.5.17	24	121.1	5	17	时 空 强	31.15 44.1 19.09	94.34
94	台湾南投	6.8	2000.6.11	23.8	121.1	6	5	时 空 强	34.22 43.74 12.91	90.87
95	台湾南投—嘉义之间	6.2	2000.7.29	23.7	120.7	6	27	时 空 强	28.7 41.75 17.33	87.78
96	日本伊豆岛	7.0 5.9	2000.7.30 8.3	33.8 32.8	140 137.8	7	19	时 空 强	35 28.74 12.91	76.65
97	台湾 嘉义 花莲 花莲 花莲	4.4 5.1 5.2 5.9 6.1	2000.8.20 8.20 8.23 9.10 9.10	23.2 23.4 23.7 24.5 26.5	120.9 120.7 121.5 121.7 124.0	8	18	时 空 强		86.00
98	日本北海道	4.4 5.7 M_b5.9	2000.8.26 8.25 8.27	42.8 43.9 41	142.4 144.2 140	8	18	时 空 强		70.00
99	日本相模湾 日本三宅岛 火山喷发	5.0	2000.8.23 8.28	35	139.5	8	21	时 空 强		85.00
100	台湾花莲	6.2	2000.9.10	24.4	121.1	9	5	时 空 强		86.00

这些成功预测的地震分布如图 4－1 所示。

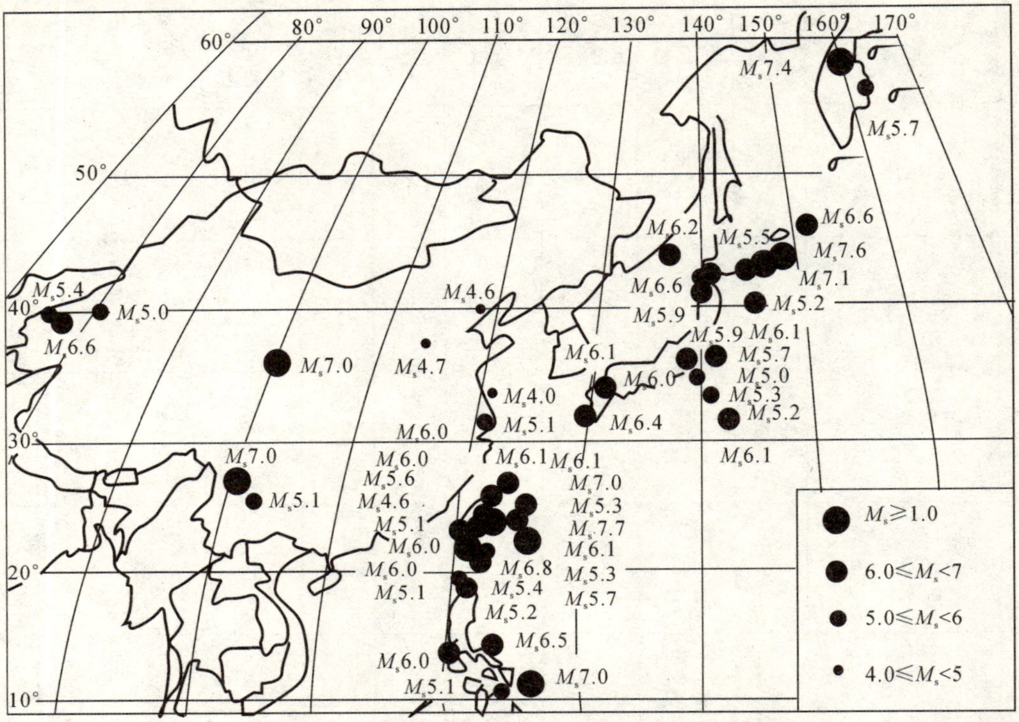

图 4－1　100 次成功预测地震分布图

国内外的遥感学者也积极投入研究热红外辐射反演地表温度模型。由于地震的前兆具有电磁波与声波频谱(全谱段)上的光、热、声、电、磁等多种地球物理的信息，其中的热红外辐射(Thermal Infrared Radiation)波长在 8～14 μm 段，是地球长波辐射的部分，是地球表面太阳短波辐射入射后被地面吸收转化发射的地球长波辐射。因为它是地球的表面现象，长期以来没有引起地震、地球物理学界的重视。地球表面的热红外遥感影像，能不能反映地球内部能量释放的前兆，许多地球物理学家都表示疑问。一般都认为热红外遥感信息就是地表的实际温度，这种观点是不确切的。其实，电磁波谱中热红外波段的位置从本质上看是热红外辐射，与实际温度有关，可以称为“表观温度”，但是这并不就是真正温度。因此对 10～11 μm 波段国内外的遥感学者，投入研究热红外辐射反演地表温度模型的高潮不减，如图 4－2 所示为电磁波谱。

地球同步气象遥感卫星，例如中国的风云—2 号(FY—2)，位于赤道上空 105°E；日本的 GMS—5，位于赤道上空 140°E；印度的 INSAT，位于赤道上空 93°E；俄罗斯的 GOMS，位于赤道上空 76°E；欧盟的 2 颗卫星 METEOSAT—5 和 METEOSAT—7，分别位于赤道上空 63°E 与 0°；美国的 2 颗卫星 GOES—E 和 GOSE—W，分别位于赤道上空 75°W 和 135°W 等。这些卫星上的传感器都有热红外通道，可以进行全球热红外成像，长期以来被认为是监测全球云图的工具。为气象研究设计的卫星，与地球内部的地震，似乎是风马牛不相及的，更不会被地震学界所关注。即便是美国的国家宇航局（NASA）、地质调查局（USGS）或者是喷气推进实验室（JPL），也没有想到用气象卫星的热红外辐射数据，能够发现地震的临震前兆。

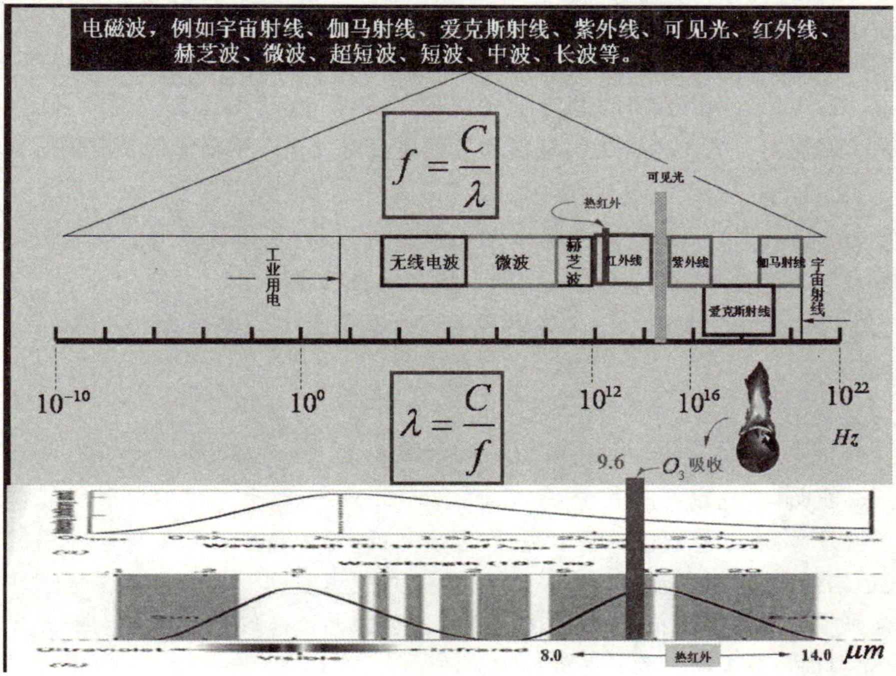

图 4－2　电磁波谱

然而恰好是这些反映在气象卫星热红外影像上的、被忽视的热红外辐射异常信息，被地震短临预测研究者注意到了，并且利用了这些“大背景”下的“小信息”异常，进行了地震短临预测。从定性到定量，完成了遥感地震短临的预报模型[3-5]。

4.3　卫星热红外遥感影像的成像机理

本节分别从传感器的波段、地面分辨率、成像周期阐述热红外辐射遥感的特点。

4.3.1　遥感传感器的热红外波段

静止气象卫星上有多种传感器，包括可见光波段（0.38～0.76 μm）、近红外波段（0.76～2.5 μm）、热红外波段（8～14 μm）、微波波段（从厘米波到分米波）等。其中的微波是测量大气垂线上的气象要素的波段。

在热红外波段中，主要避开了臭氧层的吸收（9.6 μm）而应用 10～11 μm 与 11.5～12.5 μm的波段。在 10～11 μm 波段上测量到的并不是地面的实际温度，而要根据维恩位移定律来决定绝对温度：

$$\lambda_{max}T = 2\ 897.8 \pm 0.4K \quad (4-1)$$

由式(4－1)计算 10～11 μm 的辐射温度为 263～290 K，相当于－10～17℃，因此该温度不是实际的地表温度，而称为热辐射温度，或者称为亮度温度(可见光、近红外、中红外中常用)，更准确地说是 10～11 μm 热红外辐射能量。

卫星在 10.5～12.5μm 红外波段接收的辐射是表面(地面或云面)发射的长波红外辐射(完全忽略太阳辐射)。若不考虑大气辐射和各种表面对大气向下辐射的反射辐射，则

$$L_\lambda = B_\lambda(T_s) \in_\lambda(\theta)\tau^\lambda(\theta) \quad (4-2)$$

式中，L_λ 为光谱辐射率；T_s 为表面温度；θ 为卫星的天顶角，用以确定光程的长度；B_λ 是光谱 plank 函数；$\in_\lambda$ 是表面发射率；τ^λ 为表面到卫星之间的透过率。

在 10.5 ～ 12.5 μm 谱段内，表面发射率 $\in_\lambda(\theta)$ 近似为 1，该波段为大气窗口区，且透过率 $\tau^\lambda(\theta)$ 也近似为 1。

由式(4－2) 可得

$$L_\lambda = B_\lambda(T_s) \quad (4-3)$$

式(4－3)表明，在一定条件下，卫星在 10.5～12.5 μm 通道接收的辐射仅与物体的温度有关。物质温度越高，卫星接收的辐射越大；温度越低，辐射越小。如果将这种辐射转换成图像，黑色表示辐射大；白色表示辐射小。即温度高为黑色，温度低为白色。这时红外云图上的色调分布就是物体的温度分布，根据图像色调深浅可以判读温度的高低。由于大气温度随高度递减，因而根据色调深浅可判断云的种类。

以上我们把地表面看成是黑体，且忽略了大气辐射的反射辐射，由卫星测得的辐射推算的表面温度比实际低，求出的云顶高度偏高。因此，严格地说，红外云图是一张物体的亮度温度分布图，而不是实际的温度分布图。亮温虽不是地物的真实温度，是根据普朗克公式计算出的亮温，却能反映地物热辐射能的相对强度。

4.3.2 热红外遥感的地面分辨率

地面的分辨率，在可见光波段，可以达到 0.5 km，而在热红外的波段，分辨率一般为 2～4 km。早期的分辨率比较低，现在各国的卫星分辨率都在提高，可以达到 2 km。但是星下点的 2 km，不等于所有位置都能达到的精度，远离星下点的位置，分辨率会下降，在地球“圆盘”的周遍地区，至少要乘以$\sqrt{2}$，即接近 3 km，或者更大。

4.3.3 热红外遥感成像时间间隔

成像周期一般为 20～30 min 一次，只要地面控制成像“开关”，就可以成像。然而可见光与近红外是太阳光的反射光，只能在白天成像；而热红外是地球自身的热辐射，因此可以昼夜成像。

1. 白天的热红外影像中包含了太阳光的成分

在 8～14 μm 的波段上，太阳辐射的能量是很小的，大约为 10^{-4} W/cm^2；而大地辐射的能量比较大，是随着地表温度的升高能量增加的，大约为 10^{-3}～10^{-2} W/cm^2。当地表温度达到 40℃时，能量为 10^{-2} W/cm^2，因此太阳辐射能量是地面辐射能量的 1/10 或者 1/100，有时可以完全忽略不计。但有时候，例如清晨与傍晚有 10%的太阳能量，就不能完全忽略。

2. 夜间的热红外影像中只有地球辐射的成分

夜间就完全是大地辐射的能量了，不必考虑太阳辐射的影响。

由此可见，昼夜时热红外遥感是可以获得影像的，只是遇到云雾天气时，热红外不能穿透云雾，看不清地面发生的情况，因此还不能认为是全天候的遥感。如果应用被动微波遥感，则有可能穿透云雾，成为全天候的监测。

4.4　卫星热红外遥感信息的解译原理

气象卫星热红外遥感的目的是测量云顶热辐射温度的，当然也可以测量地表的热辐射温度。

4.4.1　遥感影像的预处理

气象卫星多波段遥感影像如图 4-3 所示，图中是单波段的遥感影像，其中一张是可见光云图，一张是近红外云图，另两张是热红外云图。两张热红外云图，用肉眼看不出区别。气象卫星获得的遥感影像，必须进行一定的处理才能够应用。

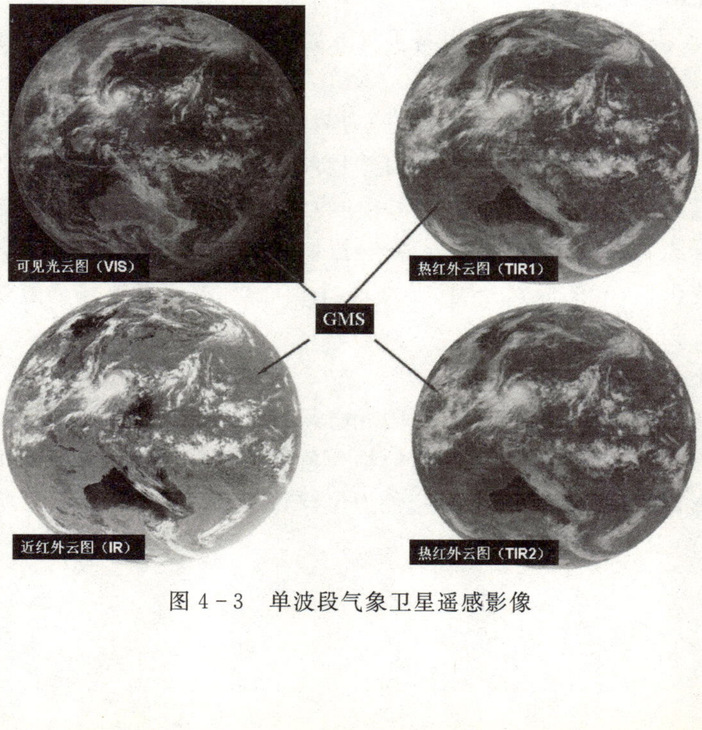

图 4-3　单波段气象卫星遥感影像

1.单波段影像的灰度分割

组成遥感影像的像元是离散的，每一个像元都有一个灰度值，该灰度值是由传感器中的探测元件测量到的电流或者电压等，将这些物理量归一化，成为 2^n 的整数值，例如 0～255。于是每一个像元就有一个整数数值，称为灰度。

对灰度进行不同等级的划分，分别给予从红色到蓝色不同深浅的颜色，称为假彩色密度分割(见图 4－4)。

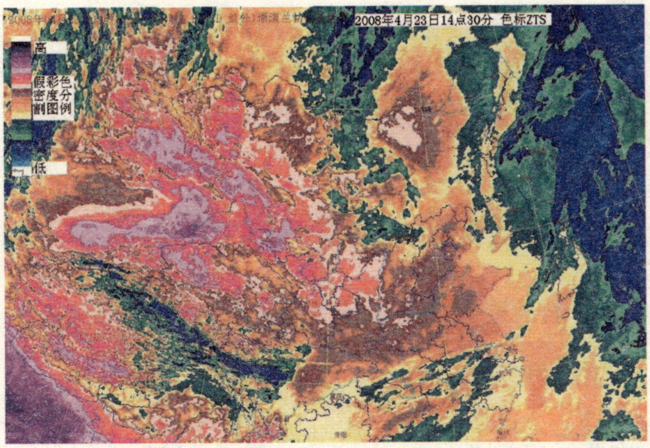

图 4－4　热红外影像单波段假彩色密度分割

2.三波段影像的彩色合成

图 4－3 是单波段的遥感影像，可以将可见光影像、近红外影像和一张热红外影像，进行假彩色合成。

合成方案，通常是给予可见光(肉眼可见)为蓝色，近红外(肉眼不可见)为绿色，热红外(肉眼不可见)为红色，这样合成的地表颜色与自然景色比较接近，绿色代表植被(因为植被在近红外波段上反射率最高)，红色代表表观温度，其他为地表颜色(见图 4－5)。

在进行彩色合成时，可见光的地面分辨率，可以提高热红外影像的分辨率，因为图像配准时，2 km 的像元被 0.5 km 的像元分割，成为 16 个像元，这样有利于热辐射温度地面分辨率的提高。

3.将影像放大并与地形图配准叠合

地球“圆盘”的遥感影像，不便于解译，因此必须将合成的影像进行放大处理。放大的过程必须与经纬度、地形图配准，这样才能知道地物现象的位置(见图 4－5)。由图可见，经过放大的气象卫星遥感影像已经很清楚。图中蓝色为海洋，白色与灰白色为云层，绿色为植被，浅黄色为土地，深黄色为山地，红色为热辐射温度。

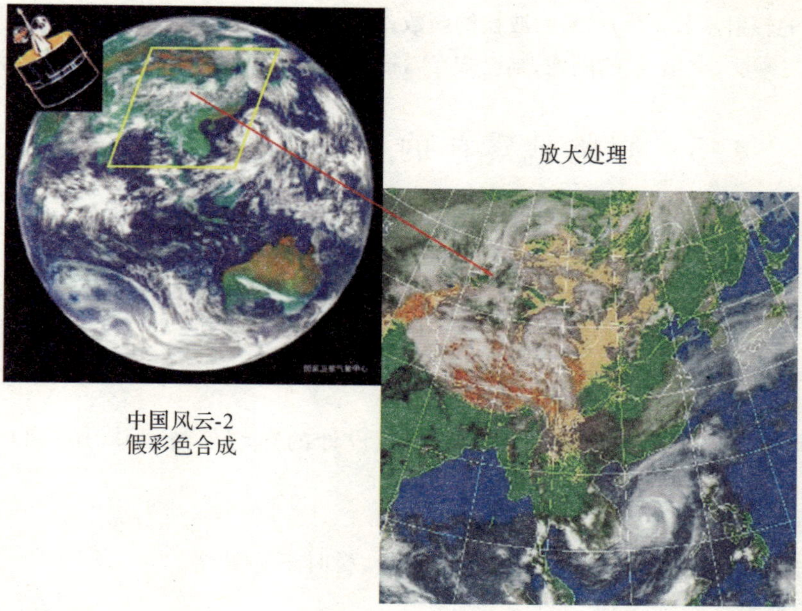

图 4－5　假彩色合成与放大

4.4.2　表观温度解译原理

对于热红外遥感影像处理的方法，无论是假彩色密度分割，还是假彩色合成，都可以看到辐射温度越高的，红色越深。根据红色的深浅，可以解译出热红外辐射温度。必须说明，热红外辐射温度是相对值，不是物理上的绝对值。原因是当形成遥感图像时，所有的物理量已经归一化为灰度值，2^n 等级(0～255)。当然，如果一定要与地面实测的温度比较，可以建立相关关系，热红外灰度值 T_g，热红外辐射温度 T_R，地面实际温度 T。

1. 灰度值与热红外辐射温度的关系

灰度值(T_g，没有单位，量纲[3])、热红外辐射温度(T_R，单位：K，量纲：$[ML^2T^{-2}]$)，它们的关系为

$$T_R = a_0 T_g^{a_1} T_{R,\mathrm{main}} \tag{4-4}$$

式中，$T_{R,\mathrm{main}}$ 为传感器中探测元件测出的平均热辐射温度。以其数值作为标准值，该数值是一个不变的数值，或者用传感器中的定标值。通过大量的 T_g 与 T_R 的数值，用最小二乘法，可以计算出 a_0，a_1，有了随空间、时间变化的 a_0，a_1 图后，根据式(4－4)随时可以计算 T_R。

2. 热红外辐射温度与地面实际温度的关系

热红外辐射温度(T_R)与地面实际温度(T，单位：℃，量纲：$[ML^2T^{-2}]$)，根据黑体辐射理论，有比较明确的关系：

$$T = a_0\varepsilon(T_R - 273) \tag{4-5}$$

式中，ε 是地物的辐射系数，$\varepsilon=f(\lambda)$，为波长的函数；a_0 为不确定系数。根据大量的 T 与 T_R 数值，同样可以用最小二乘法，求出 a_0 的图像，则已知 T_R，根据式(4-5)可以求出地表的实际温度 T。

4.5 短临地震前的异常辐射温度信息

气象卫星中国风云一2号及日本的"葵花"卫星的热红外波段主要是10～11 μm(TIR)波段，辐射温度为263～290 K，相当于－10～17℃的波段。进行假彩色密度分割后，发现辐射温度异常。首先需要区别气象辐射温度的规律，然后才能判断地震辐射温度的异常。

4.5.1 气象辐射温度规律

气象卫星本来是为了测量云顶辐射温度而设计的热红外波段1(10～11 μm)，波段2(11.5～12.5 μm)，因此主要在云层密布时应用。

1. 云顶辐射温度测量

云顶辐射温度测量与地震前兆信息关系不大，暂时不去关注。

2. 地面辐射温度测量

地面辐射温度测量，一般白天因为太阳辐射，地面增温，所以地表地温随着太阳高度角的增加而增温，主要决定于地物的热惯量(Thermal Inertial, TI，单位：$J/m^2\cdot s^{1/2}$，量纲：$[L^{-2}T^{-1/2}]$)，真实热惯量的表达式为

$$TI=\sqrt{\rho k\gamma} \tag{1-4}$$

式中，ρ(单位：kg/m^3，量纲：$[ML^2T^{-2}]$)为地物的密度；k(单位：$J/(m\cdot s\cdot K)$，量纲：$[L^{-1}T^{-1}]$)为地物的热传导系数；γ(单位：$J/kg\cdot K$，量纲：$[M^{-1}\cdot L^{-1}T^2]$)为比热容。所有的地物，其热惯量是一定的，不随环境变化而变化。

由于地物热惯量的特性，因此热惯量大的地物白天增温幅度小，速度慢，夜间降温幅度小，速度慢；而热惯量小的地物，白天增温幅度大，速度快，夜间降温幅度也大，速度也快。例如：水的热惯量最大，因此水面白天增温小，夜间降温小；相对于土质的地面，白天增温幅度大，速度快，夜间降温幅度也大，速度也快。昼夜温差，水面温差小，陆面温差大；海拔高处比海拔底处昼夜温差大，这就是气象辐射温度变化的规律。

4.5.2 地震辐射温度异常

地震热红外辐射温度异常，首先要排除气象热红外辐射的影响。例如发现夜间怀来盆地(400～500 m)的热辐射温度高于北京(50 m)的热红外辐射温度，就可以肯定不是气象现象，而是地壳自身的问题。

1. 地球自转的动力

全世界每年发生的有感地震与无感地震，大约有500万～600万次，释放出大量的能量。地球能够保持自转与公转，并不是牛顿定律所能解决的，"动者恒动，静者恒静"，使得牛顿假设

地球的自转与公转是上帝“踢了一脚”。实际上当今发射的人造卫星都安装了火箭喷嘴，地面监控系统需要不时地指令喷嘴喷气，从而保持人造卫星在一定的轨道运行(包括人造卫星的自转与公转)。因此，可以假设，地球是一个自组织的系统，发生大小不同的地震，释放能量是保持在一定的轨道上运行的条件。

2. 地球排气的现象

地壳在释放能量的过程中，实际上是一个复杂的现象，能量必定要附着在“细粒”物质上，那么最细的颗粒就是气体分子、原子中的质子等还有很多种混合性气流，计含有：H^+，H，H_2，He，(^3He，^4He)，CO，CH_4(包括各种碳氢化合物)，CO_2，N_2，H_2S，HF，HCL，SO_2，H_2O(蒸气)，Hg 及其他带电粒子流，巨震主要地核 H_2 流。因此，可以假设临震前能量已经开始溢漏，并且以气体的形式将能量带出来。可能还有更多的气体溢出，目前的研究还在不断深入。

3. 临震前的热辐射

临震前 10 多天，这种放气和能量的溢出现象明显，在热辐射遥感影像上开始有反应。

美国圣爵士大学物理学博士 F. Fruend(2002，2006 年)在试验室进行一系列压力试验之后，发现非导体岩石矿物在撞击下变成了电导体，出现了热红外辐射现象。根据就近的第四纪活动构造带和地震带，从增温面积扩大的速度与强度，大致可以预测临震地震的震级、预计发震的时间，依据热应力场和排气的特征来判定发震的地点。

4.6　建立临震地震遥感信息预报模型

根据上述定性的描述，从定性到定量，我们建立临震遥感(热红外辐射温度)信息预报模型。

4.6.1　震级(M)模型

地震的能量来自地球内部，无论是地内高压场、电磁场、放射场、应力场等，最终都将转变为热能而耗散。由释放气体，热耗散引起的温度异常，在地表上是有显示的，在热红外遥感影像上可以提取热辐射异常的信息。这种地震热异常与气候温度变化的规律是不同的，是非气候因素的热辐射温度异常。热辐射温度的量纲实际上是能量的量纲，根据震源能量的关系($E_0=\frac{\tau_0^2}{N}V$)以及震级与能量的关系($M=0.5\lg E-4$)，可见非气象热辐射异常反映了地震能量与震级的关系。地震的发震有一个过程，表现在热辐射温度的异常上为热辐射温度异常面积由小到大，异常热辐射温度由低到高，热辐射温度异常沿着应力线、带，或者向着构造带移动，具有一定的速度。因此考虑影响地震震级(M)的函数为

$$M=f(M_b,T,T_0,T_{1K},A,A_0) \tag{4-7}$$

式中，M_b 为局地背景地震震级；T 为热辐射温度，与面积 A 对应 T_0 为初始异常热辐射温度，与初始面积 A_0 对应，增温 $T_{1K}=1K$。经过量纲分析，得到：

$$M=m_0\left(\frac{T-T_0}{T_{1K}}\right)^{m_1}\left(\frac{A-A_0}{A_0}\right)^{m_2}M_b \tag{4-8}$$

式(4－8)说明震级大小与区域背景地震的震级(M_b)相关。

热辐射温度与面积共同代表了能量的大小。m_1,m_2,m_3 分别是震级的地理系数与指数,由全球的地震资料,可以求出全球的 m_0,m_1,m_2 影像。

4.6.2 临震预报预期(Δt)

地震的发震过程,实际上是地壳破裂的过程,从孕育到发震是临震预报的预期(Δt),能量要从震源传递出来,因此与区域地壳的厚度 D,增温面积移动的速度 v 有关,写成函数式为

$$\Delta t = f(D, v) \tag{4-9}$$

对式(4－9)进行量纲分析,得:

$$\Delta t = t_0 \frac{D}{v} \tag{4-10}$$

式(4－10)是一个非常明确的预期模型,其中的 v 可在图 4－6 中求得。

4.6.3 地震震中的位置

地震发震的震中并不是一个点,往往是沿着某一构造带延伸破裂线。世界的地震带,基本上分布在板块缝合线一带。由于我国大陆内地震分布并不与板块边界相吻合,大陆板内地震分布有其另外规律,强震带多与块体边界一致。因此可以在遥感影像上作图求出发震的位置(见图 4－6)。

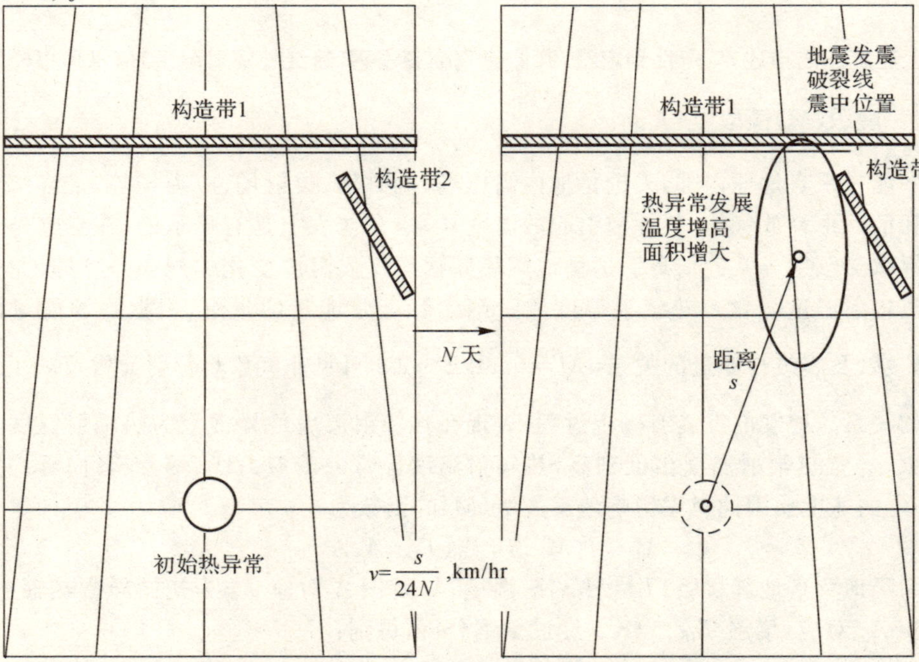

图 4－6　卫星红外影像上热异常作图预报地震震中位置

根据地质构造的分布和热辐射温度异常运动的速度，预测可能发震的位置，进行位置与预期时间的预报，根据式(4-8)的计算，同时预报震级。热辐射温度异常的运动是复杂的，并非完全是直线运动，有时候停顿，有时候后退，有时候迂回曲折，因此需要随时进行调整，尽管有模型可以计算，但是还是离不开专业人员的判断。模型计算只是减轻专业人员的工作量。

上述模型经过中国东部地区 12 个地震震例的计算，推算出地理系数与指数，并对 1997 年日本地震预报，得到了检验。

地震的震中位置，除了构造决定破裂位置外，构造地貌对震中的控制更加明显，凡是在地貌形态上具有构造断裂的部位，都是值得加强监测的。

4.7　地震短临预测成果

4.7.1　常熟东地震短临预测

1990 年 2 月 9 日 17:57(世界时，以下略)，即北京时间 2 月 10 日 01:57，在江苏省常熟东发生了 *M*5.1 地震，上海、无锡等地有感。震中位于 31.6°N，121°E，我们事先(震前 4 天)做了临震预报，预测近期(2 月 6～21 日)在南黄海及江苏北部(31°～32°N，120°～122°E)将发生 5～6 级地震。事实上这次地震三要素预报正确。这也是强祖基从事地震研究以来第 1 次预测预报地震，并获得好评。从卫星热红外亮温云图中，2 月 1 日 05:07(震前 10 天)，在北黄海青岛南海面上出现孤立增温异常(35°～36°N，120°～122°E)，异常面积达 5 万 km^2(见图 4-7)，异常区亮温温度比周围高 3～5℃，同时山东半岛陆地上及太湖区也在升温。2 月 1 日之后，黄海区的温度异常不断变化与扩展，到了 2 月 5 日 18:28，增温异常明显向西及南扩展，2 月 6 日在山东半岛增温异常区的北部有 1 条近 EW 向线云存在，苏北及北黄海呈现一大片增温区(见图4-7)，此时增温面积达 15 万 km^2[6-8]。

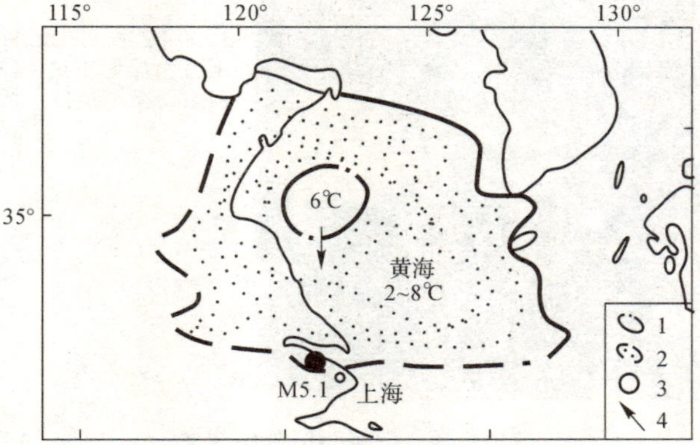

图 4-7　卫星热红外亮温分布

1—热异常范围，世界时 05:32，1990 年 2 月 1 日；　2—热异常范围，世界时 05:32，1990 年 2 月 6 日；
3—震中(*M*5.1，31.6°N，121°E，1990 年 2 月 10 日)；　4—卫星热红外增温异常移动方向

从诺阿卫星照片可以看到实况，震前 9 天 1990 年 2 月 1 日在北黄海出现孤立增温，与其相邻的山东半岛也局部升温。到了震前 5 天，2 月 6 日 05:54(世界时)，卫星热红外亮温分布图像清楚地显示增温区向南移动，向震中推进，山东半岛、苏北、长江口外及黄海出现大面积升温，在 32°N，120°E 处，升温区越过长江到达长江南岸、到达震中区。图 4－8 下方为色标，左起始温度为 260K，向右 1 格增加 1K。空心圆为震中(见图 4－8 至图 4－10)。

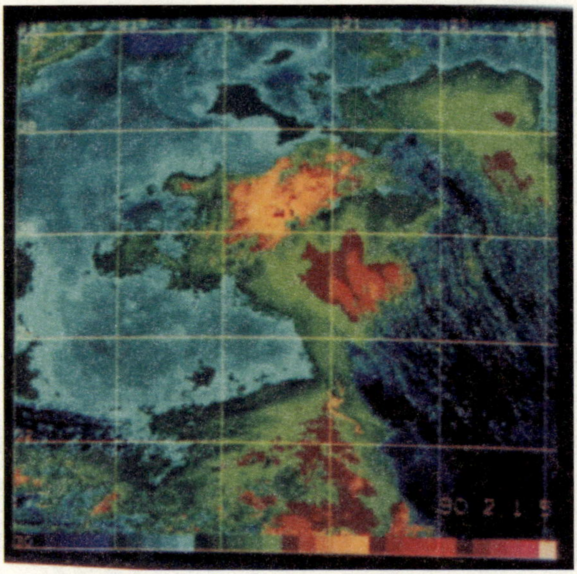

图 4－8　卫星热红外图像 1

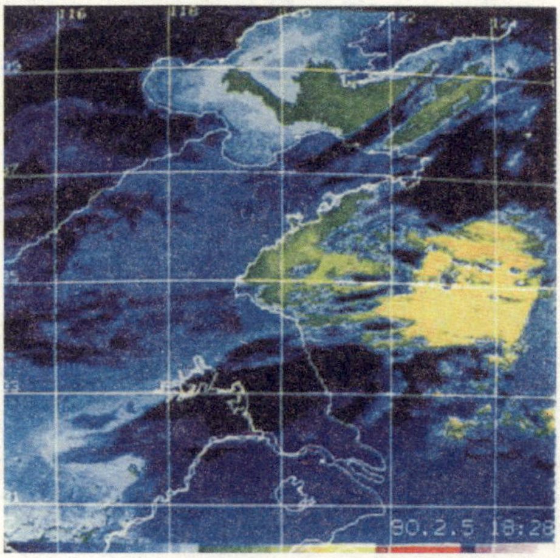

1990年2月5日,18:28(北京时)
下方色标示左起－13K
向右一格增加1K

图 4－9　卫星热红外图像 2

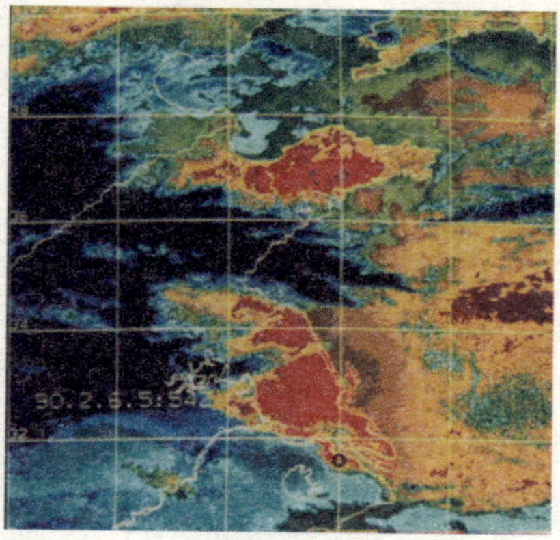

图 4-10　卫星热红外图像 3

4.7.2　青海共和 *M*7.0 级地震

1. 活动构造

1990 年 4 月 26 日发生的青海共和 *M*7.0 地震(36.1°N,100.3°E),由于事先发现了卫星热红外增温异常,于震前 9 天(4 月 17 日)做出了强震的判断,这是我们第 1 次做出强震临震预报,发震时间与震级都预测得较准确,只是地点稍差些,与震中相差 200 km,使我们增强了从事地震预测的信心。我们认为地震是可以预测预报的,尤其是临震预报。共和地震位于青藏亚板块的甘一青块体中,青藏高原的东北边缘,具体来讲共和地震位于青海南山南侧山前活动断裂上,古近纪、新近纪、第四纪松散层在南山盆地中厚达 200~800 m,现代构造运动强烈。

2. 卫星热红外亮温增温震兆特征

震前 14 天与 13 天(1990 年 4 月 12 日和 13 日),在中国西北部,4 月 12 日 22℃亮温区范围大体在 32°~44°N,95°~102°E,由于受卫星测量角度的限制,再往北是否增温不清楚。1990 年 4 月 13 日同一时间,卫星热红外云图与前 1 日相比较,升温的 22℃区明显增大了,并向西向南推进了。22℃温度由青海西宁向西推进并与柴达木盆地相连,13 日的增温范围在31°~44°N,86°~111°E,面积达 325 万 km^2。这显然是一个强震的标志(见图 4-11、图 4-12),由于我们利用卫星热红外云图第一次遇到这么大地震的震兆,没有经验,因此,震级只报到 *M*6.5~6.9,实际上发生了 7.0 级地震。在强震地点预测上,失误在于地形高度、地表岩性,覆盖物、土层差异甚大,所造成的地面气温不同,对此考虑和分析不够。

震前 15 天,1990 年 4 月 12 日 05:32(世界时),静止气象卫星热红外亮温分布图像显示,青海湖南侧呈现近 EW 向沿黄河河道的增温(粉红色 25℃),其地表温度与兰州、河西走廊一致,而共和县因处于更高的地形而呈黑褐色 21℃、黄色 10℃(见图 4-13)。更有趣的是高山区震中处的升温在热红外图像上很难与其他高山地区相区别,在高时间分辨率静止卫星(1990 年 4 月 12 日 12:34GMT)的夜间图像上可以看到离震中很近的黄河龙羊峡段明显增温(黄色)(见图 4-14)。这在研究方法上有所前进,有所提高。在大陆高山地区研究增温时,要利用夜间图像，来弥补震中地点上的判定不足。

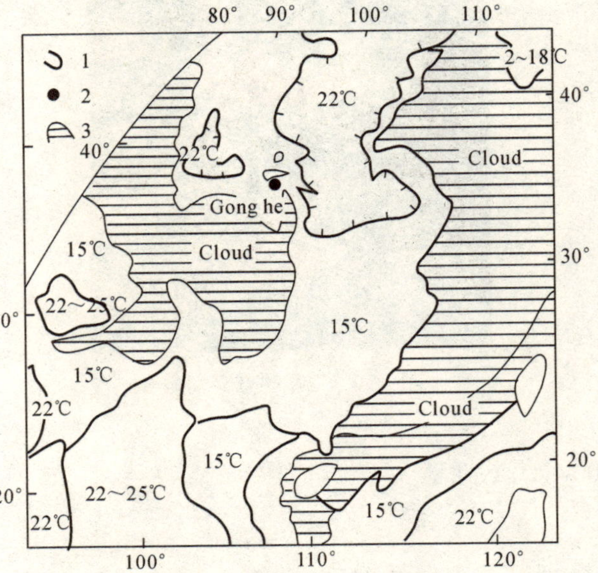

图 4－11　卫星热红亮外温分布

1—1990 年 4 月 12 日 05:55(世界时)热异常边界；

2—1990 年 4 月 26 日青海共和 M_S7.0 地震震中(36.1°N,100.3°E)；　3—云

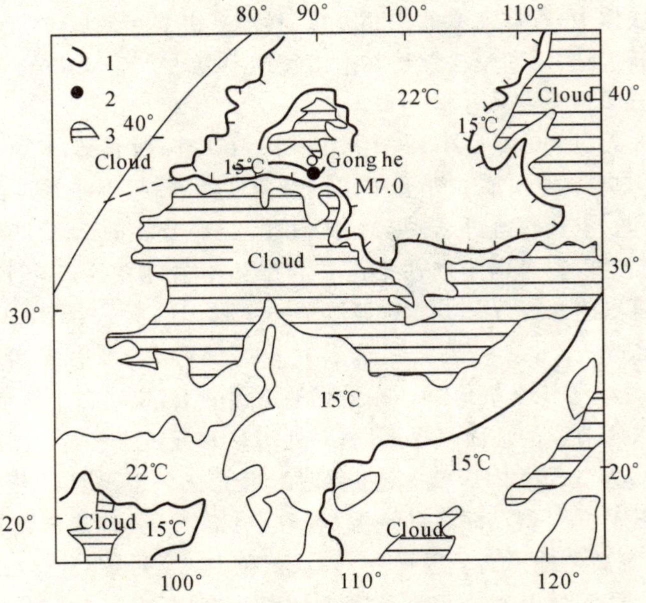

图 4－12　卫星热红外亮温分布

1—1990 年 4 月 13 日 05:55(世界时)热异常边界；

2—1990 年 4 月 26 日青海共和 M_S7.0 地震震中；　3—云

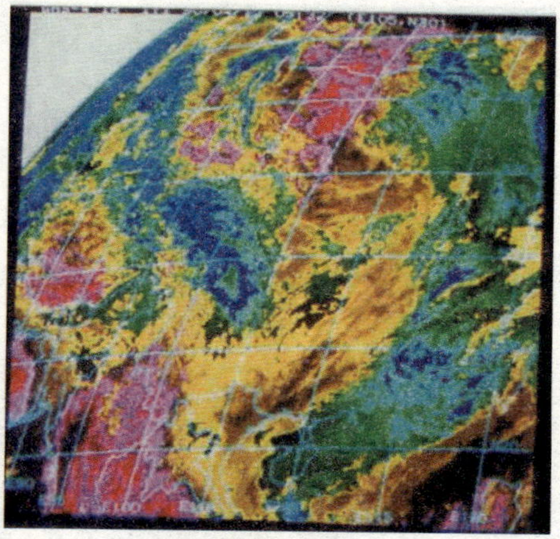

图 4 - 13 卫星热红外图像(1990 - 04 - 12T05:32,世界时)

黄、褐色 19～24℃;粉、红色 25～29℃

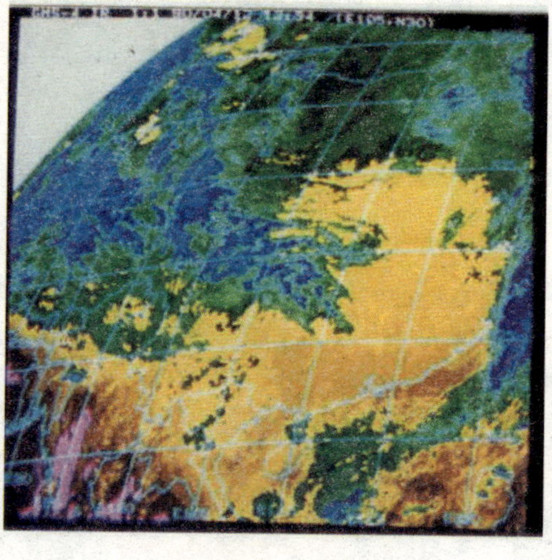

图 4 - 14 卫星热红外图像(1990 - 04 - 12T12:34GMT)

黄、褐色 19～24℃;粉、红色 25～29℃

4.7.3 四川汶川 M8.0 级地震短临预测

2008 年 4 月 30 日 20:00(世界时)卫星热红外卫片(见图 4 - 15)在 103°～120°E,25°～40° N 范围内见到黄(7～16℃)绿色(－2～6℃)增温圆,其南部出现自西向东有乌江、沅江及湘江增温黄色(10～14℃)条。向东收敛,力学性质为压扭性。增温圆为外旋右旋,内旋为左旋图。在大的黄色增温圆内有两个更高的增温区(浅咖啡色),它们的联线呈 NW 向,向西延伸交汇于大的黄色增温圆的 SW 边,此点即为未来震中。红圆点示震中。

从卫星热红外亮温图(见图 4－16)上可看到黄色增温区的 WS 端在黄河上游弯曲段被云层覆盖。

到了 5 月 6 日 1:00(世界时),北京时间早上 9 时,此时在黄河上游兰州、玛曲等地出现三小块黄色增温区,总体呈 NW 向,有向南推进趋势(见图 4－16)。再过两小时,5 月 6 日 3:00(世界时),北京时间中午 11 点,发现图像西部总体呈 NW 向黄河上游三小块黄色增温区(10～14℃)向 ES 推进、对接(见图 4－17),对接在震中处。同时从未来震中位置有 100～200 km宽的 NS 向降温条(4～6℃)展布,表示地球排气。

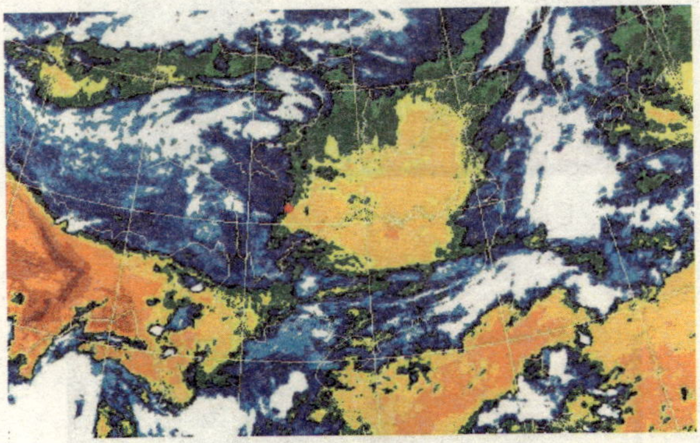

图 4－15　卫星热红外图像 4 月 30 日 15:00(世界时)

色标:天蓝－44～－34℃;浅蓝－33～18℃;蓝－17～3℃;绿－2～6℃;淡黄 7～11℃;黄 12～16℃;深黄 17～20℃

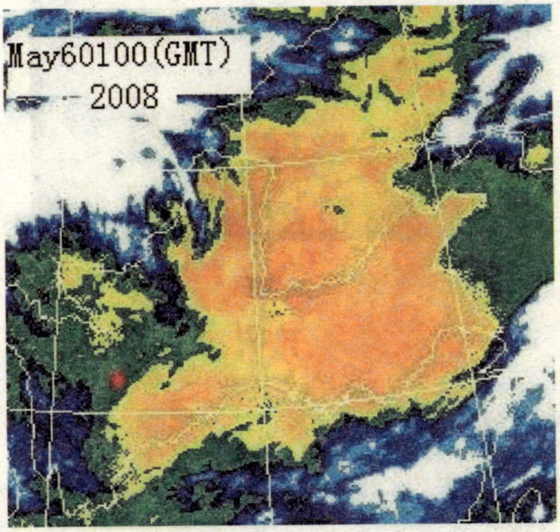

图 4－16　卫星热红外图像 5 月 6 日 01:00(世界时)

色标:天蓝－44～－34℃;浅蓝－33～18℃;蓝－17～－3℃;绿－2～6℃;淡黄 7～11℃;黄 12～16℃;深黄 17～20℃

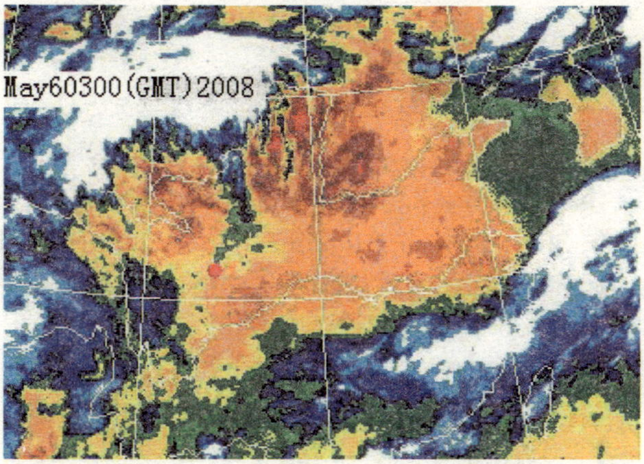

图 4－17　卫星热红外图像 5 月 6 日 03:00(世界时)

色标：天蓝－44～－34℃；浅蓝－33～18℃；蓝－17～－3℃；绿－2～6℃；淡黄 7～11℃；黄 12～16℃；深黄 17～20℃

地震预测卫星热红外技术继续被检验，一个外国人、美国国家宇航局科学家应用此项技术首次提前 7 天做了四川大地震内部预报，说明此项技术可操用性。

此外，热红外卫星地震短临预测还对 1991 年 3 月 12 日台湾岛台南 $M6.0$ 级地震，1992 年 8 月 18 日南海东沙地震和 1996 年 2 月 3 日云南丽江 $M7.0$ 地震，等进行了较准确预测[13-15]。

参 考 文 献

[1] Gorny V I, Salman A G, Tronin A A, et al, The Earth Outgoing IR Radiation as an Indicator of Seismic Activity[J]. Proceeding of the Academy of sciences of the USSR, 1988,301(1):67－69.

[2] 王纯莹. 利用时空内插及资料正规化辅助地震前热异常现象之侦测[D]. 国立台湾大学地理环境资源研究所，2005.

[3] Ma A, Qiang Z. Remote Sensing Information Models for Earthquake Forecasting [J]. Proceeding of the Twelfth International Conference, Applied Geologic Remote Sensing, 1997:17－19.

[4] 马蔼乃. 遥感信息模型[M]. 北京：北京大学出版社，1997.

[5] 马蔼乃. 动力地貌学概论[M]. 北京：高等教育出版社，2008.

[6] 强祖基，赁常恭，徐秀登. 卫星热红外异常——临震前兆[J]. 科学通报，1990，35(17)：1324－1327.

[7] 强祖基. 一种地震临震预报新方法探索[J]. 地震科技进展与动向，1992.

[8] 强祖基，孔令昌，等. 地震与卫星热红外异常一气热说[C]. 北京大学国际地质科学学术研讨会论文集. 北京：地震出版社，1998.

[9] 强祖基,赁常恭,李玲芝.等卫星热红外图像亮温异常——短临震兆[J].中国科学D辑.1998,28(6):264-273.

[10] 强祖基,赁常恭,等.地球排气与森林火灾和地震活动[J].地学前缘,2001,8(2):235-245.

[11] Qiang Z,Zhao X,Xie H Zeng Z. Satellite Thermal Infrared Stress Field and Earthquake Prediction in Short-term and Imminent S33B 1314 AGU Fall Meeting, 2007.

[12] 强祖基,姚清林,魏乐军,等.震前卫星热红外环形应力场特征[J].地球学报.2008,29(4):486-494.

[13] Qiang Zuji,Dian Changgong, et al. Satellite Thermal Infrared Temperature Increase Precursor—Short Term and Impending Earthquake Prediction. In Invironmental Assessment of Geological Hazards, Proceedings of the Space Congress,1995:53-57.

[14] Qiang Zuji,Dian Changgong,Li Linzhi, et al. Satellite Thermal Infrared Anomaly and Earthquakes Prediction in Advance and in Short—Term[J]. Dedicated to the 30th International Geological Congress,1996:186-194.

[15] 强祖基,姚庆林,魏乐军,等.从震前卫星热红外图像看中国现今构造应力场特征[J].地球学报,2009,30(6):873-884.

第5章 YRY—4型四分量钻孔应变仪地震震前观测

池顺良 池 毅 邓 涛 廖成旺 唐小林 池 亮

中国地震局地震研究所“十五”分量应变仪项目组

池顺良，1940年生于上海市，1963年同济大学毕业，同年分配到北京市规划局，1970年迁居鹤壁市，是中国地震学会观测技术委员会委员，中国科学院大地测量与地球物理研究所开放实验室客座研究员，河南省地震学会副理事长，地震学报编委，鹤壁市政协副主席，市科委副主任兼市地震局局长，河南省政协常委；1976年开始研制高精度地震前兆仪器，其研制的钻孔应变仪和钻孔倾斜仪先后获中国地震局和中国科学院科技进步二等奖；1976年开始研究地震成因，发表论文10余篇，1996年在第30届国际地质大会上发表了《海陆起源与大地构造的内波学说》，1992年获国务院政府特殊津贴。

5.1 从5·12汶川地震前后分量应变仪观测到的应变异常看建设密集应变观测网络的必要

2004年我国“数字地震观测网络工程”决定在我国布设40套YRY－4型四分量钻孔应变仪。本节介绍5·12汶川地震前后分量应变仪观测到的应变异常及根据应变异常与其他观测手段对2008年8月30日四川会理6.1级地震较准确的预测。据此，提出我国有必要加速应变密集台网建设。

关键词：分量应变仪，应变异常，密集台网，地震预报。

5.1.1 引言

地震预报目前主要依靠测震学方法。地应力、地形变、井水观测、重力、地磁及宏观异常等前兆预测方法也起到一定作用。

测震学经历了百年发展，技术成熟。对发生的地震可精确定出地点、时间、震级。从地震纪录中还能获取断层破裂信息、地层应力降、环境剪应力等参数。方法成熟，表明可挖掘的潜力已不多。地震预报的成功率单靠测震方法完善，已难以大幅提高。

研究震前各种异常现象，对未来地震进行预测的前兆方法首先注意的是异常与强震先后发生时间顺序上的逻辑关系。40年预报实践告诉我们，寻找前兆观测量与地震孕育过程间的物理联系更为重要。地应变观测期望发现强地震孕育过程与地层应变变化的关系，发现其间的联系，对地震预报从经验预报向物理预报演进有重要意义。

2003 年，美国《地球透镜计划》选中“分量钻孔应变仪”，作为地震仪、GPS 之外第三种主要的对地观测仪器。在中、日、美等国，测震和 GPS 观测网早已布设，应变网的布设则刚开始。2004 年，我国不失时机地决定布设 40 套“分量钻孔应变仪”，构成一个稀疏的观测网络。目前已取得首批观测成果。

本节介绍 5·12 汶川地震前后分量应变仪观测到的应变异常及会理 6.1 级地震较准确的预测，供读者判断以下认识的科学性和合理性：建设密集应变观测网络，可以大幅减轻地震灾难对我国的损害。

5.1.2 分量钻孔应变仪网络概况

“十五”数字地震观测网络中，分量钻孔应变仪采用 YRY－4 四分量钻孔应变仪为观测设备。该设备包括四分量应变探头、水位气压辅助观测探头、EP－Ⅲ IP 采集控制机箱、全隔离供电电源、信号输出隔离光纤等部分。仪器系统应变分辨率为 5×10^{-11}，应变探头频响为 DC－20 Hz，数采器采样率为每分钟一次。

数字地震网络工程确定采用 YRY—4 四分量钻孔应变仪为观测设备后，2005 年 10 月前，对仪器的灵敏度、分辨力、线性度、通频带、量程、标定重复性、功耗等指标进行了测试。

2006 年 3 月 24 日在上海佘山台安装了首台仪器，到 2007 年 12 月 5 日在泰安台安装最后一台仪器，投入 43 套探头，安装失败 5 套，仪器安装成功率 88%。现有 38 套仪器工作，分布在东到上海、西到格尔木、北到丰满、南到腾冲的广大地区，测项的分布密度约 25 万平方千米/台。

有 23 个台的基岩完整，环境干扰小，固体潮纪录清晰，M2 波调和分析的精度达到 0.001～0.008，为探寻潮汐因子异常提供了基础条件。

5.1.3 分量钻孔应变仪观测数据可靠性分析

分量钻孔应变仪可以记录到清晰的应变固体潮汐、应变地震波。由应变地震波记录计算震波到时、震级、距离等参数与摆式地震仪的记录结果十分一致[1]。固体潮记录调和分析的相对精度最高已达到千分之一的高精度。表明分量钻孔应变仪，周期从数秒到数天频段的记录数据是可靠的。对更长周期信号，缺少可利用的地壳本底信号供检验仪器可靠性。对此，唯一可行的办法是采用多套仪器比对。“十五”项目中没有比对试验项目。这里，利用四分量仪器的自检功能，对长周期信号可靠性进行一些分析。

地层构造应变是长周期应变信号的重要成分。GPS 测得我国大陆构造应变在 6×10^{-8}～5×10^{-9} 年变速率范围，但规范允许钻孔应变仪漂移速率为 4×10^{-6}/年，远高于构造应变速率。大幅度降低钻孔应变仪漂移速率对于可靠识别应变异常，尤其是中长期异常就显得十分重要。

分量钻孔应变测量中,漂移来自以下多项因素:

(1)测长基准杆本身长度变化造成的漂移,这项变化可达到 10^{-7}/年量级。

(2)安装探头处地层温度变化引起的漂移。0.01℃温度变化将带来 10^{-7} 应变变化。

(3)采用膨胀水泥安装探头。安装初期造成大幅度应变漂移(10^{-5}/年),在一年稳定期后,漂移速率仍可达到 10^{-7}~10^{-6}/年量级。

(4)地层打了钻孔后,在地层自身重力作用下,钻孔将产生"孔缩"。"孔缩"大小与钻孔深度、岩性、探头安装应力等诸多因素有关。

(5)电子测量电路元件参数变化引起的漂移。

(6)仪器安装地点位于陡坡边等地层不稳定地段,地层移动引起的漂移。

第(1)(2)项漂移难以消除。但分量应变仪测量数据可以分解为体应变和剪应变。体应变来自两路互相垂直的径向位移之和;剪应变则来自两路垂直径向位移之差。体应变数据无法摆脱(1)(2)项因素影响,但对于采用同一批材料制造长度基准杆的分量钻孔应变仪,剪应变数据可做到不受(1)(2)项因素影响。(3)~(6)项因素则可通过其他技术措施尽量压低。

应变仪每个分量测得的应变值 $\varepsilon(t)$ 可分解为地层"真实应变"(固体潮应变、构造应变、机井抽水产生附加应变、水泥膨胀或收缩应变)和虚假应变输出两项之和(测长基准杆自身长度变化、电子线路漂移等)。用公式表示为

$$\varepsilon_1(t)=G_1(t)+X_1(t) \tag{5-1}$$

$$\varepsilon_2(t)=G_2(t)+X_2(t) \tag{5-2}$$

$$\varepsilon_3(t)=G_3(t)+X_3(t) \tag{5-3}$$

$$\varepsilon_4(t)=G_4(t)+X_4(t) \tag{5-4}$$

式中,$G(t)$ 为地层各项"真实应变"之和;$X(t)$ 为各项"虚假应变"之和。

若仪器测量数据满足 $\varepsilon_1(t)+\varepsilon_3(t)=\varepsilon_2(t)+\varepsilon_4(t)$ 的自检条件,可得关系:

$$G_1(t)+G_3(t)+X_1(t)+X_3(t)=G_2(t)+G_4(t)+X_2(t)+X_4(t)$$

对于真实的地层应变,有自检关系:

$$G_1(t)+G_3(t)=G_2(t)+G_4(t) \tag{5-5}$$

由此,有关系:

$$X_1(t)+X_3(t)=X_2(t)+X_4(t) \tag{5-6}$$

对不定方程(5-6)

$$X_1(t)=X_3(t)=X_2(t)=X_4(t) \tag{5-7}$$

是一组合理解。对满足自检条件的测量数据,各分量的虚假应变也相等。由此,导得:

$$\varepsilon_1(t)-\varepsilon_3(t)=G_1(t)-G_3(t) \tag{5-8}$$

$$\varepsilon_2(t)-\varepsilon_4(t)=G_2(t)-G_4(t) \tag{5-9}$$

即当4路观测数据满足自检条件,两路剪应变数据中包含的"虚假应变"成分已可忽略,仪器观测值反映的是"真实应变"。

YRY—4分量钻孔应变仪,具有低漂移性能也与采用新的探头安装工艺有关。目前国际

上美、日等国钻孔应变仪大都采用靠膨胀水泥对探头施加预应力的安装工艺。但水泥膨胀是化学反应过程，持续时间长，过程难以控制。我们在仪器安装实践中，逐步发展了用无膨胀水泥配方，安装时对探头施压，探头安装完毕水泥凝固后撤除压力的新安装工艺。水泥不含膨胀成分，大大降低了仪器漂移。从格尔木台的数据可见，两路差应变在安装后 3 个月就已稳定，之后显示出年变化，2007 年全年，差应变的年变幅约 8×10^{-8}/年，基线漂移只有 1.5×10^{-8}/年，已和构造应变年变化幅度同一量级。而用膨胀水泥安装的探头，2～3 年时间也不能稳定下来。

本节后面引用的图 5-1 至图 5-6、图 5-9 至图 5-14 的数据均为原始数据，短期和长期观测值均较好地满足"1+3"="2+4"自检条件。因此，这些台站的差应变数据应该相当准确地反映了所在地块的受力状态。

最终确定仪器长周期信号的可靠性、是否记录到了构造应变，还须通过多台仪器比对、应变仪与 GPS 观测比对等一系列严格的科学试验确定。

5.1.4　5·12 汶川地震前后分量应变仪观测到的应变异常

姑咱台，离汶川 150 km，是 38 个台中离汶川最近的。该台为花岗岩地层，岩芯坚硬完整，仪器从 2006 年 10 月 28 日安装，几天后就记录到清晰连续的固体潮汐。如图 5-1 所示为仪器安装后，2007 年 2 月 1～3 日的固体潮显示。固体潮曲线光滑、规则。但从 2007 年 4 月中旬以后，原先光滑的固体潮曲线上，不时出现压性脉冲和潮汐畸变。随时间发展，压性脉冲和潮汐畸变越来越严重。一直到 5·12 汶川大地震发生，这种现象持续了 13 个月。

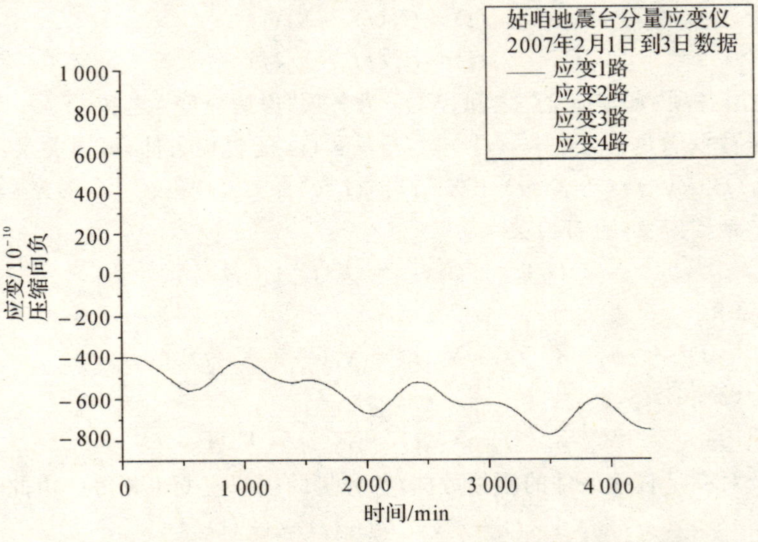

图 5-1　仪器安装稳定后，2007 年 2 月 1～3 日清晰的固体潮显示

图 5-2 所示为在固体潮曲线上连续出现"压性脉冲"和"潮汐畸变"后截取 3 天的纪录数据。

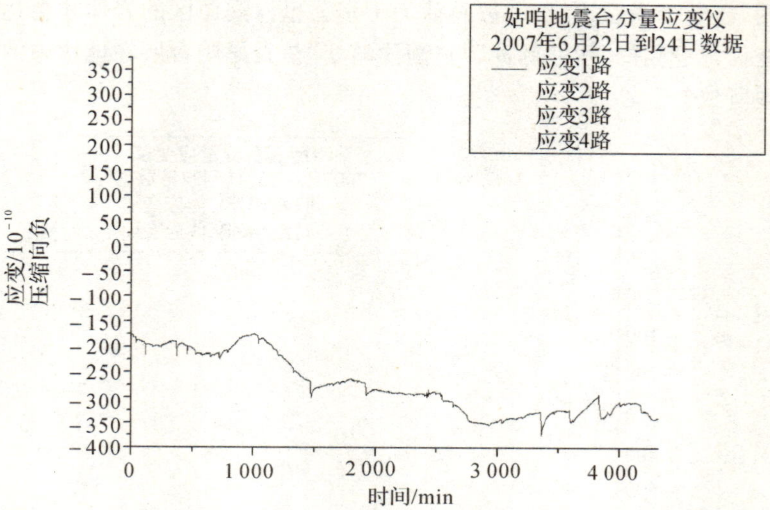

图 5-2　2007 年 6 月 22 日到 24 日，清晰的固体潮上连续出现“压性脉冲”和“潮汐畸变”

YRY—4 型分量应变仪有四个独立分量，比观测对象平面应变三分量多一路观测数据，具有检验观测数据真实性的自检功能。自检条件为

$$1\text{ 路数据}+3\text{ 路数据}\backsimeq 2\text{ 路数据}+4\text{ 路数据}$$

式中，≌为相似符号。由于“潮汐畸变”和“压性脉冲”在(1 路+3 路)和(2 路+4 路)体应变上同步出现，而可判断纪录数据是地层真实的应变变化而非仪器故障所致。

如图 5-3 所示为(1 路+3 路)和(2 路+4 路)体应变曲线图，两曲线的相关系数达到 0.99。

姑咱台处在地震频发的南北地震带上。注意到在新疆和西北地区的多次强震前其他型号分量应变仪也有“压性脉冲”“潮汐畸变”的异常应变记载[2]，这一情况在 2007 年 7 月就引起了我们的高度关注，建议在该地区增设仪器，尽快搞清异常。遗憾的是，增设仪器事未能落实。2008 年 2 月 27 日，离姑咱台 26km 远的康定发生 4.7 级地震，3 月 16 日我们赶往姑咱台现场调查，并准备安装第二套仪器，通过比对搞清异常的性质。但还未落实第二套仪器的钻孔点位、钻井费用，5·12 汶川地震就发生了。

至今我们仍不清楚这类“压性脉冲”应变异常与地震机制之间的关系。汶川地震后，姑咱台的“压性脉冲”仍未消失，但脉冲数量与汶川余震活动和周围地区地震的转移有所关联。如在汶川地震后几次强余震前，“压性脉冲”的幅度变大、数量增多。

邱泽华最新的分析认为，姑咱台钻孔应变观测在汶川地震前发现的异常变化，对今后地震预报具有重要的参考价值。①

汶川地震后现场调查发现，震中地区多处出现“粉碎性滑坡”等现象，表明近地表岩层受到

① 私人通信，文章后在《在地测量与地球动力学》杂志发表。[10]

强大地应力作用，已处于崩裂边缘（一般总认为十多公里深震源区的岩体才会达到破裂强度）。姑咱台分量应变仪纪录到的“压性脉冲”与“潮汐畸变”是否姑咱台所在地块中的地表岩体出现某种型式的破裂所致？

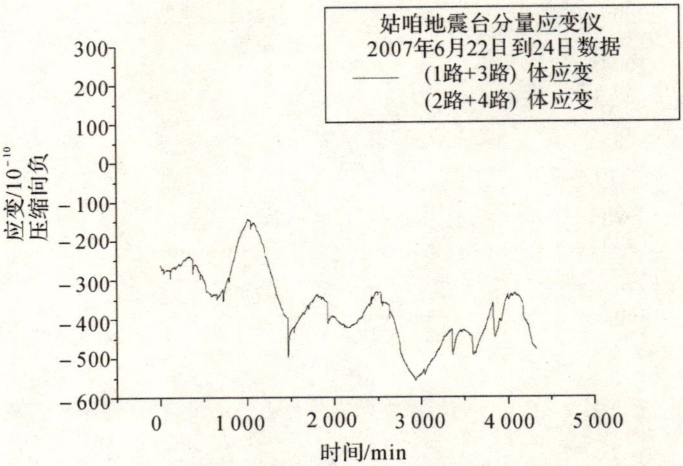

图 5-3　“压性脉冲”在（1 路＋3 路）和（2 路＋4 路）面应变上同步出现，相关系数达 0.99

5.1.5　格尔木台数据

第 2 个是格尔木台。该台位于青藏高原北缘。无论根据板块说还是中国大陆地震能量来源于青藏高原巨大重力势能的转变（该势能相当于 2 千万个 8 级地震的能量），即“高原地壳结构力源”驱动说[3,4]，监测青藏高原上的应变异常活动对于大陆强震活动都是极其重要的。

格尔木台仪器是 2006 年 9 月 21 日安装的，台站为花岗岩地层，钻孔岩芯坚硬完整，环境干扰小。如图 5-4 所示为格尔木台从 2006 年 10 月 1 日至 2008 年 7 月 31 日共 1 年 10 个月的观测数据。图中显示的差应变对水泥凝固、井温变化、钻孔孔缩、气压变化等共模干扰不敏感，从 2006 年 12 月开始，两路差应变已基本稳定，随着时间推移，出现年变，年变化幅度为 8×10^{-8}应变（见图 5-5）。我们分析，造成差应变出现年变的原因是该台地表岩石裸露，无土层及植被覆盖，地表岩体的温度应变传到探头安装处地层所致。从图可明显看出，2008 年 5 月，按年变规律两路差应变均应拉平并开始反向转折，但直到 2008 年 7 月底仍未改变应变的变化方向。偏离年变规律从 2007 年底已经开始，到 2008 年 7 月底偏离年变正常值已超过 6×10^{-7}应变。附加应变为东西压、南北张，反映了青藏高原地块从 2007 年底开始向东加快流散，对四川盆地和龙门山造成挤压。如果我们在格尔木到龙门山约 1000 多千米的广大区域中，还有其他应变台站，就能了解青藏高原是如何对东部地块施压的更多的细节。

5·12 汶川地震以后，格尔木台地块东西压、南北张的应变状态还在继续，由此推断，大陆地震活动在汶川 8 级地震后仍将持续！

按照流行的印度板块向北推挤的说法，青藏高原地块的附加应变状态应该是南北压而非南北张，下面介绍青藏高原上另一个台——玉树台——的附加应变也是东西压、南北张。格尔木台和玉树台实测的附加应变支持的是周玖的说法而非印度板块推挤的说法。这是牵涉到地球科学的重大问题，格尔木和玉树两个台的纪录资料显然是不够的。如果在高原上有更多台站，积累数据的时间更长，也许就能揭开中国大陆强震动力来源之谜。

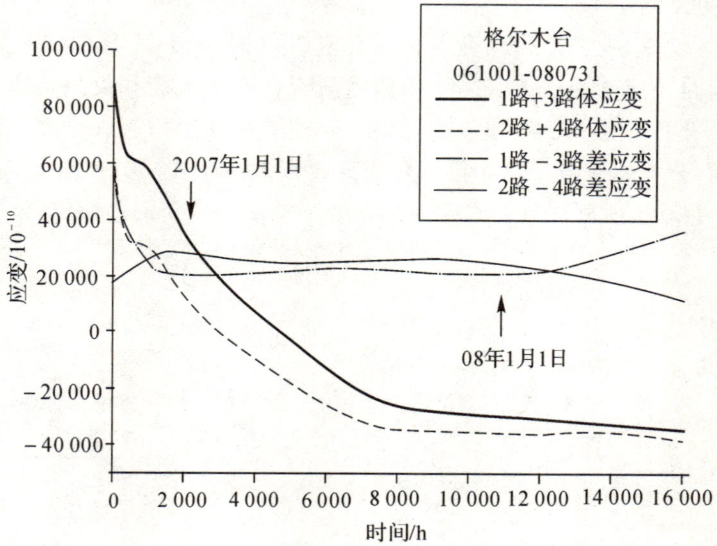

图 5－4 格尔木台 2006 年 10 月 1 日至 2008 年 7 月 31 日整点值观测数据

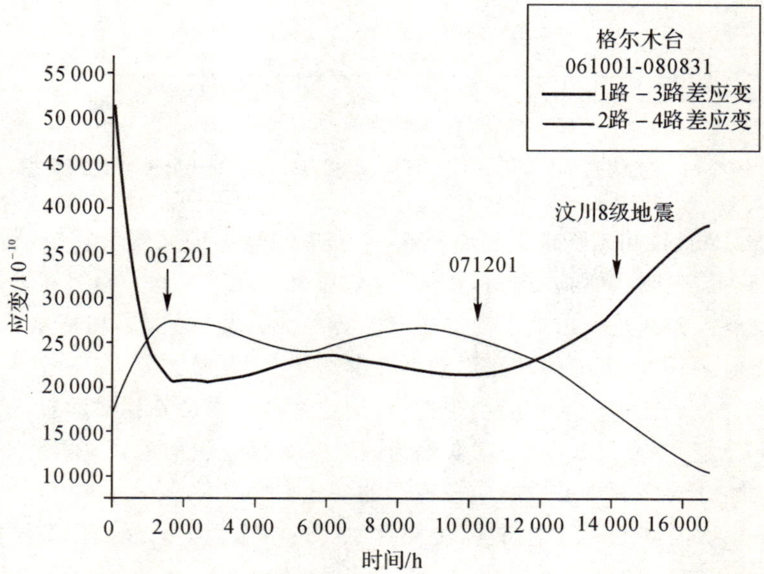

图 5－5 格尔木台 2006 年 10 月 1 日至 2008 年 7 月 31 日两路差应变整点值观测数据

5.1.6 玉树台数据

玉树台位于青藏高原中、东部，横贯高原的甘孜－玉树－治多断裂在台站附近通过，使该台对高原地震活动比较敏感。玉树台的分量应变仪是 2007 年 6 月 16 日安装的，台站钻孔岩芯坚硬完整，环境干扰小。

如图 5－6 所示为玉树台从 2007 年 8 月 5 日至 2008 年 7 月 31 日的观测数据。在 1 路－3 路和 2 路－4 路两路差应变曲线上，2 路－4 路差应变在改则地震和汶川地震前的变化比较明显。2007 年 9 月 12 日印尼 8.5 级地震后，2 路－4 路差应变经历了一个多月缓慢的应变调整后趋于稳定。稳定了 3 个月，到 2008 年 1 月 9 日改则地震前 15 天，2 路－4 路差应变方向又发生转折，半个月后发生改则地震。一个月后 2 路－4 路差应变又趋稳定，维持了约 3 个月。

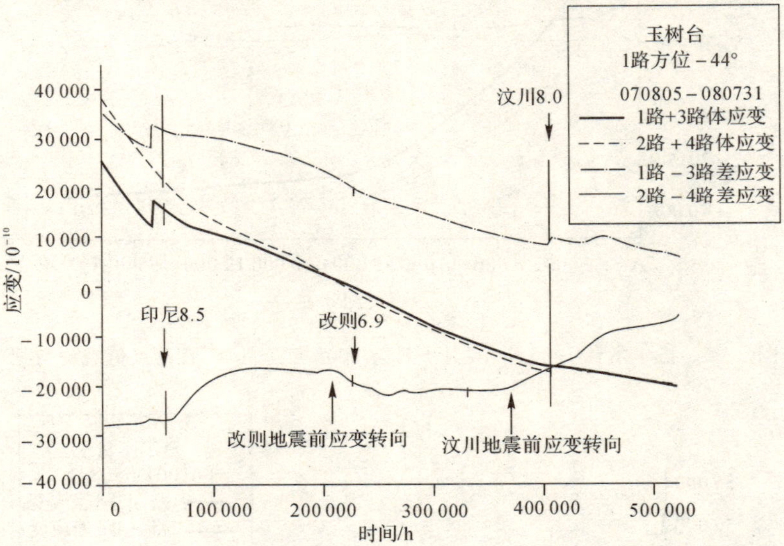

图 5－6 玉树台 2007 年 8 月 5 日至 2008 年 7 月 31 日分钟值观测数据

2008 年 5 月 12 日汶川地震前 24 天，2 路－4 路差应变方向又发生转折，附加应力方向为东西受压、南北受张，表明高原物质向东流动，对东部地块施压。此一趋势和格尔木台相同，且至今仍在继续发展。尤其是汶川地震前的应变转折并无回复的迹象，和格尔木台应变异常仍在发展的情况类似。看来，大陆的地震活动仍在继续孕育、发展。

玉树台位于甘孜－玉树－治多断裂附近，对周边地区强震活动相对敏感，造成该台潮汐方位响应玫瑰图不稳定、多变。如图 5－7 所示为改则 6.9 级地震前后，2007 年 8 月，9 月，11 月和 2008 年 1 月共 4 个月，潮汐方位响应玫瑰图的变化[5]。

由图 5－7 可见，改则 6.9 级地震前，玉树台 90°方向（东西向），震前的潮汐因子比 2007 年 8 月增大了 18％。

汶川地震是中国大陆重大的地质活动事件，玉树台位于青藏高原核心部位与东部低地带的过渡地区，如此大的地质活动事件对玉树有何影响？

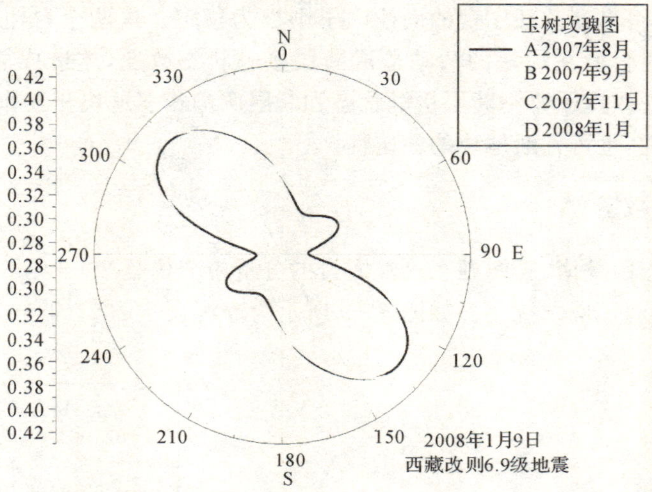

图 5－7　2008 年 1 月 9 日改则 6.9 级地震前后玉树台潮汐响应方向玫瑰图的变化

如图 5－8 所示是汶川地震前，2008 年 1～5 月，玉树台潮汐响应方向玫瑰图的变化。1～4 月期间，在 90°方位潮汐因子的变化竟达到了 27.4％！30 多年的固体潮观测还从未见过应变固体潮潮汐因子有如此大幅度的变化！位于青藏高原的玉树台，它的潮汐因子监测能否成为预测大陆强震活动的“晴雨计”？

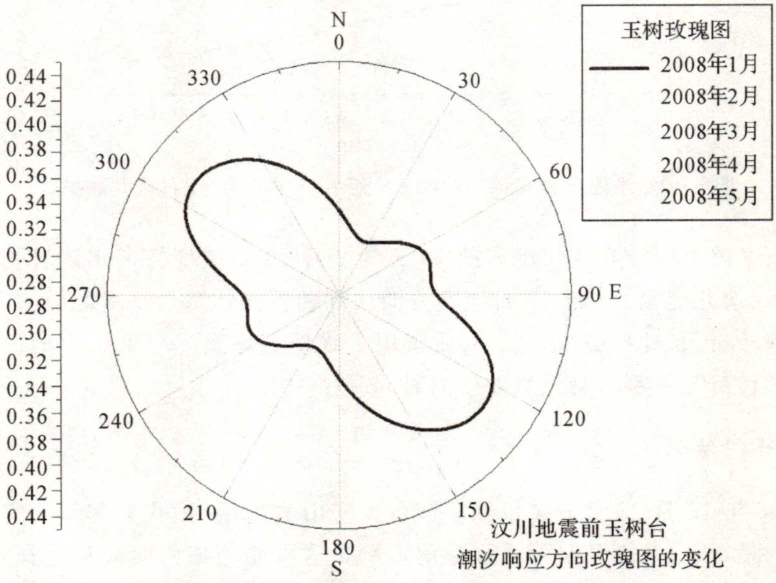

图 5－8　汶川 8 级地震前，玉树台潮汐响应方向玫瑰图的变化

如此大幅度的潮汐因子变化已不可能用岩层介质常数改变来解释。与玉树台潮汐因子大幅度变化不同,后文将讲到的江宁台的潮汐因子则极为稳定。这两个台明显处于两种不同性质的地块。正是玉树台所在地块的活动造成断层接触状态改变,才造成潮汐因子大的变化。这就提供了通过潮汐玫瑰图监测断层接触状态和断层两侧相邻地块相互作用的新方法。通过潮汐玫瑰图的稳定性,也可判断地块的稳定性。

5.1.7 湟源台数据

湟源台位于祁连山脉南、青海湖东。湟源台的分量应变仪是 2006 年 8 月 16 日安装的,台站钻孔岩芯坚硬完整,环境干扰小。如图 5-9 所示为湟源台从 2007 年 10 月 1 日至 2008 年 7 月 31 日的观测数据。

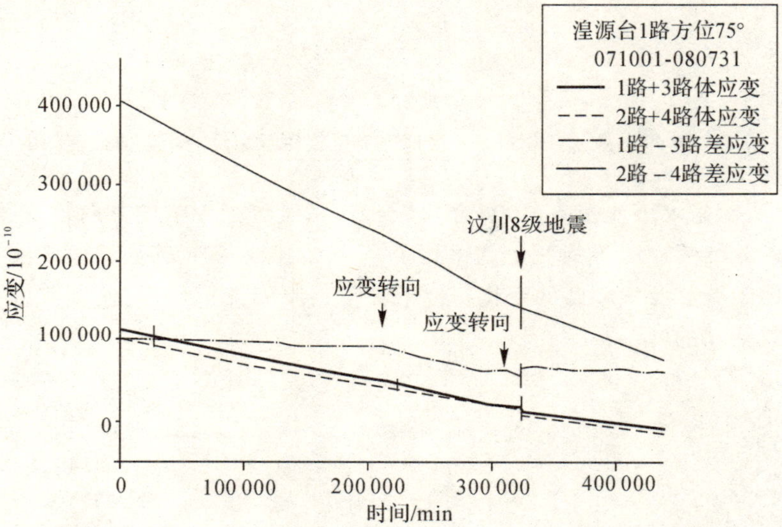

图 5-9 湟源台 2007 年 10 月 1 日到 2008 年 7 月 31 日观测数据

图中,1 路—3 路差应变在汶川地震前 79 天的 2 月 23 日应变方向出现转折,附加应力方向也是东西受压、南北受张。4 月 19 日应变方向回到转折前状态。汶川地震前 11 天,1 路—3 路差应变又出现转折,且速率更大。11 天后汶川 8 级地震爆发。与玉树台的情况相似,这里也出现了应变的转折与强震活动先后发生的时间顺序关系。

5.1.8 江宁台数据

江宁台 2006 年 12 月 23 日安装仪器。该台为安山岩地层,钻孔岩芯坚硬完整,环境干扰小。尤其可贵的是,该台数据几乎不受强降雨影响。这可能与该台四周都是长年积水的水稻田,降雨并不改变环境条件所致。

江宁台位于南京市南郊,是地震活动相对平静的地区。这也可从江宁台的潮汐方向玫瑰

图十分稳定看出。如图 5－10 所示为江宁台 2007 年 11 月至 2008 年 2 月 4 个月的潮汐玫瑰图。4 条曲线重叠在一起，与玉树台的玫瑰图比较，一个多变一个稳定，一目了然。

汶川 8 级地震后，全国应力场调整。6 月 14 日，江宁台 1 路＋3 路、2 路＋4 路体应变向受压方向转折，1 路－3 路、2 路－4 路差应变也同时发生转折。附加应力方向为北东－南西。这种应变的转折在江宁台仪器安装后的 1 年半中从未发生过。如图 5－11 所示为江宁台 2007 年 9 月 1 日至 2008 年 8 月 19 日的观测数据。

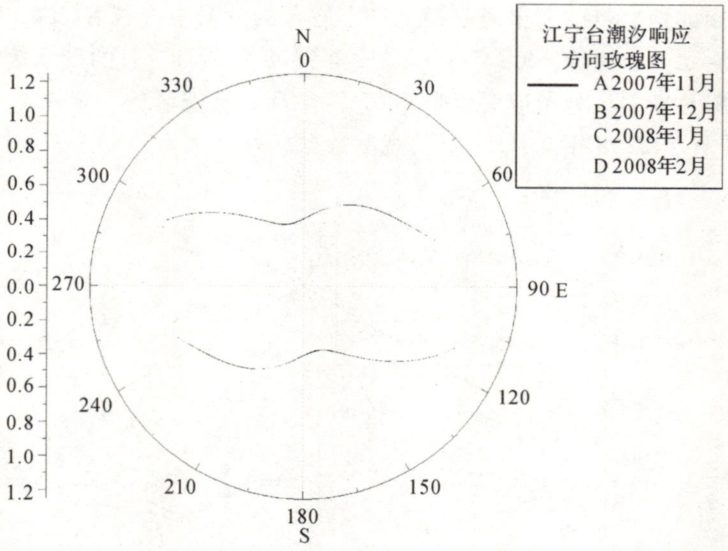

图 5－10　江宁台 2007 年 11 月至 2008 年 2 月的潮汐玫瑰图

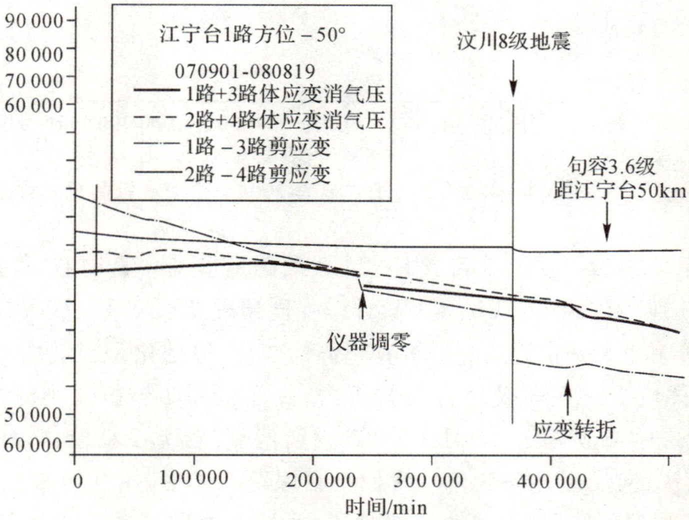

图 5－11　江宁台 2007 年 9 月 1 日至 2008 年 8 月 19 日的观测数据

我们于6月23日将江宁台的应变异常通知江苏省地震局，提请注意。7月6日18时43分，在江宁台北东约50km处的句容发生3.6级地震，南京有感。这是一次小地震，但因距离近，仪器仍有所察觉。与玉树台、湟原台的情况相似，这里出现的也是应变转折反映出来的，作用在地块上附加应力场的突变与地震活动先后发生的时间顺序关系。

5.1.9 小庙台和金河台数据

小庙台位于南北地震带的安宁河断裂上。小庙台的分量应变仪是2007年4月7日安装的。如图5-12所示为小庙台2008年1月2日至2008年9月3日的观测数据。金河台靠近南北地震带的昔格达断裂。分量应变仪是2007年4月8日安装的。如图5-13所示为金河台2008年1月1日至2008年9月16日的观测数据。

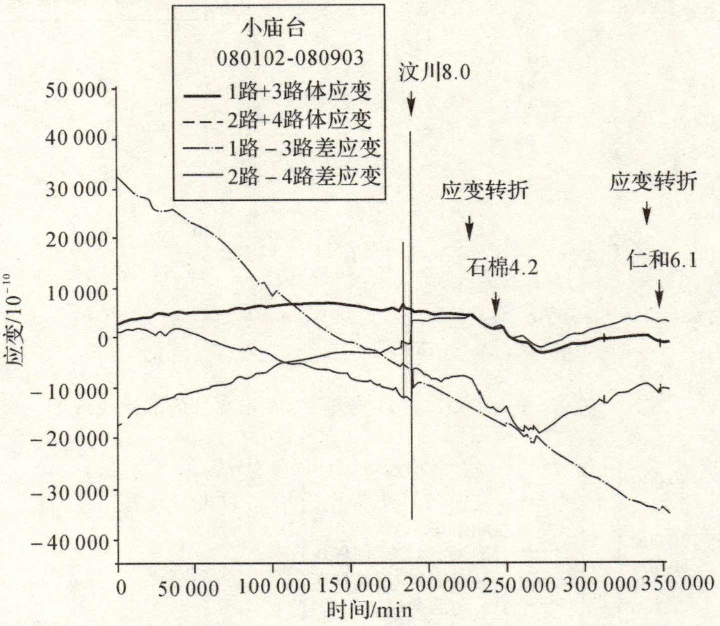

图5-12 小庙台2008年1月2日至2008年9月3日的观测数据

小庙台仪器从安装后，1路－3路、2路－4路两路差应变一直向右下方漂移，即台站地块处于北东—南西压应力作用下，一年多来累计应变已超过2×10^{-6}。从图5-12可见，汶川地震前小庙台体应变和2路－4路差应变虽有趋势性变化，但变化是平缓的。汶川8级地震后，2008年6月7日体应变出现向受压方向转折，差应变也同步转折。当时与四川局预报所联系，了解是否降雨影响造成变化。6月12日预报所回复"台上没动仪器，环境无变化，东西向已持续4天下降(注：向受压方向变化)，我们正在跟踪。"之后，压性异常变化仍在继续。6月19日，预报所短信回复说"石棉发生4.2级地震，小庙东西向异常已结束，认为是石棉地震的前兆；当然，对安宁河断裂北段要继续跟踪。"

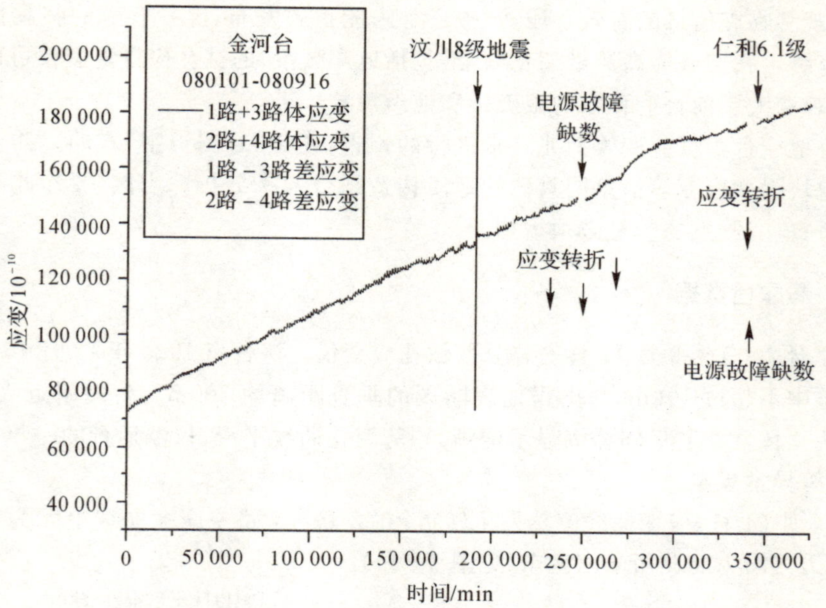

图 5 - 13 金河台 2008 年 1 月 1 日至 2008 年 9 月 16 日的观测数据

2008 年 6 月 24 日中国地震局派出多名专家到现场落实异常，当时该地正下大雨。专家认为异常由降雨引起。其实，6 月 7 日出现第一次应变转折时，当地并无降水。2007 年雨季时也无此类变化。专家离开后，西昌中心台的牟雅元又对可能的强降雨影响问题进行专题研究，专题研究报告基本排除了强降雨干扰的可能。

金河台和小庙台两台相距较近，直线距离 32km，是 40 个台中相距最近的。从图 5 - 13 可见，金河台 1 路—3 路、2 路—4 路差应变在汶川地震前虽有趋势性变化，但变化是平缓的。小庙台于 6 月 7 日出现应变转折后，金河台 2 路—4 路差应变在 6 月 10 日开始也出现明显转折。在此之后，金河台的体应变和两路差应变波动的幅度继续增大，地块的附加应力状态正处于急剧变化阶段。

石棉 4.2 级地震后，两个台的应变异常仍在发展，应变转折一个接一个。西昌中心地震台牟雅源根据小庙、金河分量应变仪、山洞应变仪及小震活动、倾斜仪等同步异常，预测 8 月 14 日至 9 月 3 日在西昌东南约 100km，半径约 60km 的区域内将发生 6.0～6.4 级地震。填写了地震三要素“地震预报卡”上报中国地震台网中心预报部，并通知了凉山州委和州政府。正当州政府准备采取防震演习的方式达到既不影响生产和群众生活，又可起到预报减灾作用的准备过程中，8 月 30 日 16:30，会理 6.1 级地震发生了。地震后，西昌市委邓显祥书记说：“这次地震前他们（指西昌中心地震台和凉山州防震减灾局）作出了较为准确的预报。州委、州政府本来正在准备搞一次州、市联动的地震演练，方案都做好了，还没来得及实施，地震就来了。”

客观地说，会理 6.1 级地震的这次预测，时间、震级、地点三要素是相当准确的。但也应看到，由于缺乏观测临震信息的有效手段，预报还是未能正式发布，寻找有效的临震信息和观测仪器已刻不容缓。我们认为高灵敏超宽频带(包括地声频段)的钻孔应变地震仪可以提供宝贵的临震信息(观测大震前普遍存在的微破裂和地声现象)[6]。

西昌中心地震台根据应变等前兆异常进行的预报，还是“看图识字”式的。并未将应变变化中包含的地块附加应变等信息同具体的地质构造结合起来分析。当然，要作此类具有动力学性质的分析，应变测点的数量必须增加。

5.1.10 海原台数据

宁夏海原台 2007 年 9 月 14 日安装分量钻孔应变仪。该台离 1920 年 12 月 16 日海原 8.5 级特大地震震中不超过 10km，与出露地表断裂的垂直距离约 500m。台站附近人烟稀少，无人为环境干扰。仪器安装后固体潮显示清晰，趋势变化曲线平滑，仪器运行的一年中未发现潮汐转折、畸变等异常现象。

2008 年 9 月 21 日，应变曲线突然发生转折，在 2 路－4 路差应变曲线上尤为明显。计算表明，附加应力方向为北北西－南南东(见图 5－14)。

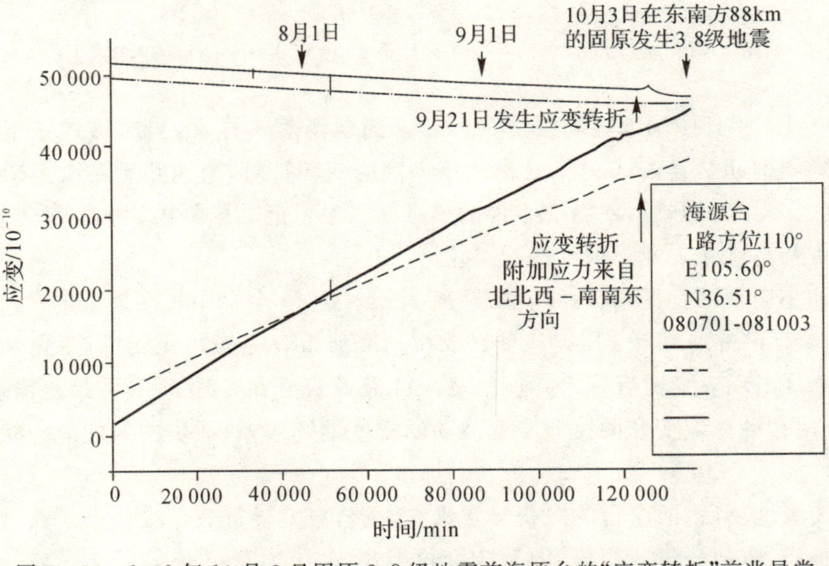

图 5－14 2008 年 10 月 3 日固原 3.8 级地震前海原台的“应变转折”前兆异常

有了上述震例经验，我们对应变转折的前兆意义有了一定认识。所谓“应变转折”实际上就是仪器所在地块，受到相邻地块活动、挤压的附加应力作用所致。“应变转折”和岩层受力之间有直接联系。

10 月 1 日我们给宁夏地震局监测中心孙主任发了“海原分量应变 9 月 21 日开始出现应变转折，仪器安装一年来第一次出现，应注意”的短信。这是仪器安装后我们第一次给宁夏地震局发此类提示信息。很快，孙主任回信“谢谢，我们会关注。”

10 月 3 日，海原台东南 88km 的固原发生 3.8 级和 3.1 级地震。从应变图上看，海原台的应变本底很平滑，震前“应变转折”异常是很清晰的。

从已有的初步经验看，地震大都在“应变转折”发生后 10～30 天发生。由于仪器测量的是“近场应变”，6 级以下地震震中与仪器所在地的距离不会超过 100～150 公里，震中位置应可较好地确定。

“十五”数字地震观测网络的应变观测实践表明：地震是有应变前兆的。

5.1.11　加速建设应变仪密集台网的必要与可能

40 多年地震预报实践，地震工作者对地震预报的困难性有了深刻的认识。地震预报要有实质性进展，很大程度上取决于理论上有所突破，“在技术上能实现对地震孕育过程有一种‘气象云图’式的展现”，已成为地震工作者的共识。

当今的地震成因理论认为：地震是地壳应力（应变）积累到一定程度，岩层断裂或滑动发生的。如果没有可靠的应力（应变）观测手段，观测到区域内应力（应变）场变化与地震孕育的关系，所谓有物理基础的地震预报是不能实现的。

在测震、GPS、钻孔应变三种对地观测系统中，只有钻孔应变可以直接观测到连续、实时与微弱的地层应变变化。

在钻孔应变台站密度很低，还不能将各台的应变变化相互联系时，我们只能就各个台的异常变化单独认识地震活动。当全国的台站密度有了很大提高，相邻台站的观测数据有了相干性时，我们就能在“区域应变活动图”上认识中国大陆地震的孕育和活动了。天气预报需要“天气图”（气压场图、云图），地震预报需要的“天气图”是一张“全国或区域的应力、应变实时变化图”。GPS 观测应变的灵敏度低，获取一张变化图的间隔时间要以年计。要取得短时间间隔的实时图件就只能靠应变仪台网了。

在全国布设了密集的应变仪观测台网，分析预报人员就能够得到实时的应变变化图，与测震、GPS 网及其他前兆观测手段结合，地震预报的成功率将会得到较大幅度提升。

应对地震灾害需要准确预测地震发生的时间、地点、强度三要素。但地震终究是小概率事件，地方政府更多地遇到的难题是要有根据、有把握地向民众“报平安”。国内发生强地震后，很多地方的地方政府会遇到群众惧怕震灾，搭防震棚过夜的事。正常的生产、生活受严重干扰。

测震仪不具备“报平安”功能。因为没有小震并不等于不来大震，有小地震也不等于一定会有更大的地震要发生。

应变仪可记录地球的“脉搏”和“心电图”——固体潮。从固体潮的形态可以判断当地地壳（或地块）的稳定度。大地震（不包括小地震）通常不会在稳定地块上发生。

第一批分量钻孔应变仪布设后，2007 年 7 月我们打给中国地震局的“项目实施情况报告”中，根据各台站固体潮的纪录，指出姑咱（汶川附近）、小庙附近可能有强震孕育，须加强监视。

同时也指出一批地区是平安的:佘山、营口、临沂、襄樊、格尔木、江宁、双阳、门源等台处于应变平稳变化阶段,视为无异常。

如果台网建立起来,积累了数年观测数据之后,判断会更深入、准确。固体潮的光滑、潮汐因子(观测值与理论值之比)的观测精度高,潮汐因子值的时间稳定性都可帮助判断当地地块的稳定性,为"报平安"提供科学的依据。此中的原因就在于应力、应变观测抓住了地震孕育过程的本质。

一种观点认为,钻孔应变密集台网应先在少数地震试验场中进行预报探索,取得成功后再行推广。陈章立在《地震预报的实践与思考》一书中指出:"以一定的科学理论为指导,在有限的区域布设密集的地震前兆观测,开展孕震物理过程的地震前兆的研究,有助于检测、发展地震预报的理论、技术和方法。但实验场的研究也有其局限性。首先,在大陆任一具体的有限的地域,不仅7级以上强震原地重复的时间间隔很长,达数百年,甚至千年以上,而且5~6级中强震也不是经常发生的……以地质构造和历史地震活动研究为主要依据的长期地震预报,同样存在不确定性,其不确定性不亚于短时间尺度的预报……这意味着如果把地震预报研究与实践的场所主要局限于小区域的地震预报实验场,对于检验、发展地震预报理论、技术、方法也有其局限性,更不利于地震预报经验的积累"。

"十五"期间四川安装了姑咱台、泸州台、小庙台、金河台、仁和台5台分量应变仪。后三个台相距较近,形成了一个三角形的小台阵,相互间平均距离约100 km,会聚在西昌附近。会理6.1级地震的较成功预测显然与西昌附近较高的仪器密度有关。从某种意义上说,钻孔应变观测的"地震实验场检验"已在会理地震的成功预测中通过。

地震仪纪录的是断层错动时发射的弹性波,波动的振幅随距离平方衰减。应变仪纪录的是地震孕育过程中震源区的近场应变,应变的幅度随距离立方衰减。在仪器分辨率相同时,应变台网密度应该比测震网更高。目前,全国地震仪数量已近2 000台,平均间距约70 km,约5 000 km^2一台地震仪。考虑到近场应变比弹性地震波衰减更快,应变台网密度应比测震网更高。全国需要布设数千个应变测站。有了高密度应变观测网,地震预报急切需要的天气图-全国应力、应变变化图就可绘出。

我国建成世界上第一个密集应变台网,我们也希望它在地球科学的基本问题,即地震与地壳运动的成因及地壳运动力源探索上取得进展。无论是地震预报、报平安还是科学认识的进步,都要求密集应变台网建成后能十年、百年地不间断工作。连续工作的时间越长,资料的价值就越高。这个台网的数据将成为中华民族的一份宝贵财产。

5.1.12 结束语

"自主创新是一个民族发展的不竭动力。"李四光为国家寻找石油,首先破除"陆相地层无油"的迷信,为国家找到了大油田。接受周恩来总理交给地震预报任务后,他很快就意识到仅靠测震仪了解已发生地震的信息难以完成地震预报任务,提出"测量地应力变化……是观测预报的关键",开创了地应力、地应变观测预报地震手段和方法。

李四光提出一种新的观测技术手段，必须解决有关理论和仪器设备问题。在理论方面，他组织有关数学、力学家，给出了由钻孔测量地层应力、应变的数学公式。这些计算式我们现仍在运用。他还亲自过问仪器研制技术方案和现场试验。这些工作都是领先于西方国家的开创性工作。

10 年后的 1985 年，四种国产钻孔应变仪通过国家鉴定，仪器设备问题基本解决。在这点上我们千万不要自己看不起自己。美国 PBO 项目中使用的 GTSM 分量钻孔应变仪美国人自己做不了，用的是澳大利亚仪器。PBO 项目建议书中就提到："在世界范围内，只有 2～3 个研究小组能提供符合大地测量标准的、满足 PBO 科学研究需要的应变仪。"我国就至少有两种型号仪器可供选择。我国的钻孔应变观测从一开始就强调四分量的重要性。这在国际上也是开创性的。这种四分量观测的最大优点是可以进行自检，为说明观测的可靠性提供了简单易行的评估方法，具有关键意义。同美国 PBO 项目采用无法自检的三分量仪器相比，我国在这方面仍然是世界领先的。

李四光去世后，地应力观测地震预报科学思路被冷落。预报急需的地应力、地应变观测仪器通过了国家鉴定，却没有在全国布网。直到 2003 年美国人开始重视钻孔应变观测技术，我们才对钻孔应变观测再次重视，但已丧失了 20 年宝贵时间。

地震灾害对中国人民造成的伤害太大了。随着中国大陆地震活动进入新活跃期，加速建设全国应变观测网已经迫在眉睫。

1920—2008 年，我国发生死亡人数 3 000 人以上的强地震 13 次，平均 7 年一次。1976 年唐山大地震到 2008 年汶川大地震，我们有 32 年的"和平时期"。2008 年后但愿还能给我们较长的"备战时间"。

汶川地震 8 万生命遇难，财产损失上万亿，损失之巨不亚于一场局部战争！

5.2　从汶川地震应变前兆看大地震预测审慎乐观前景

中国地震学会地震观测技术专业委员会委员　池顺良

5.2.1　引言

准确地预测出未来大地震的地点、时间和强度，可以拯救成千上万人生命，减少地震造成的经济损失，保障社会稳定与和谐发展。这一目标的实现，有赖于寻找到"确定性的地震前兆"，即可以在大地震之前被无一例外地观测到，并且一旦出现必将发生大地震的异常变化。世界各国为寻找这种前兆，设计、布置了多处地震预报试验场。美国 Parkfield 地震预报试验场中，安置了大量先进的观测仪器，之后发生了一个 6 级地震，科学家没有捕捉到任何明显的前兆信号。全世界多个地震预报试验场数十年"守株待兔"至今未取得突破性进展，没有发现"确定性的地震前兆"，但地震科学仍未放弃这种努力。

5.2.2 我国建设分量钻孔应变仪台网寻找大地震应变前兆

为继续寻找地震前兆，地震界推出新型地震前兆观测仪器——多分量钻孔应变仪。2003年，美国“地球透镜”计划决定在西海岸地区布设175台三分量钻孔应变仪，探索地质构造运动和地震孕育过程。2004年，我国“数字地震观测网络”工程决定在全国布设分量钻孔应变仪。到2007年底，40套国产四分量钻孔应变仪在全国布设完成。观测点设备包括四分量应变探头、水位气压辅助观测探头、采集控制机箱、网络传输电路、全隔离供电电源、信号输出隔离光纤等。实现了全自动无人值守、网络传输数据、台网中心自动调集全国数据等新技术。数据采样率为每分钟一次。如图5-15所示是分量应变观测台站分布图。

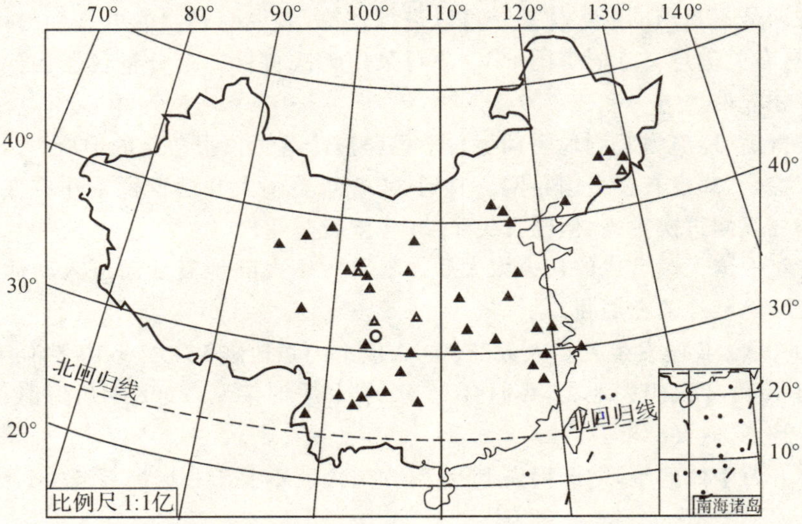

▲ “十五”计划已经布设YRY-4分量钻孔应变的台站
○ 2008.5.12汶川8.0大地震震中
△ 因钻孔岩性太软等原因未能安装YRY—4四分量钻孔应变仪的台站

图5-15　分量应变观测台站全国分布图

5.2.3 汶川地震前后分量钻孔应变仪记录到的应变异常

分量钻孔应变仪就是李四光倡导的地应力仪。1985年，我国四种钻孔应变仪通过国家鉴定。钻孔应变观测技术，我国具有充分的自主知识产权，技术上处于前沿水平。

埋设在数十至数百米深，与岩层黏结为一体的钻孔应变仪，可以感应地层极微弱的伸长、压缩及扭切变形——相当于1 000 km地面伸缩0.1 mm即可发现！深埋于地下，避开地表各种干扰，使得这种仪器能够探测到地球的“脉搏”和“心电图”——固体潮。地震活动性弱、地壳稳定地区，固体潮曲线光滑、规则，潮汐调和分析精度高。如图5-16所示是上海佘山台连续3天的固体潮记录，展示了一天一次大潮、一次小潮光滑而规则的固体潮曲线及远处传来的地震波，如果曲线长期光滑规则，表明这里地层稳定。但在地震活动性较强的地区，固体潮曲线上会出现一些不规则变化，出现“潮汐畸变”现象。

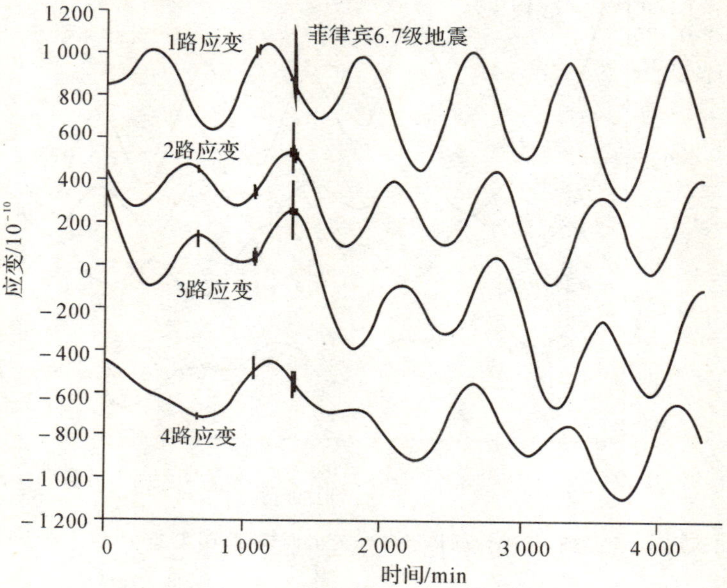

图 5－16 上海佘山台 2008 年 3 月 3～5 日连续 3 天的固体潮记录图

在四川汶川发生 8.0 级特大地震前后，离汶川最近的姑咱台分量钻孔应变仪就记录到延续三年多的“潮汐畸变”“压性脉冲”应变异常。

姑咱台处于北西向的鲜水河断裂带、北东向的龙门山断裂带和北南向的安宁河断裂带复合部位靠北的地段，座落于姑咱镇西面鸡心梁子山背斜的核部。

姑咱台离汶川 140 km(见图 5－15)。仪器 2006 年 10 月 28 日安装，几天后就记录到清晰连续的固体潮汐。如图 5－17 所示是截取 2007 年 2 月 1～3 日，连续 3 天光滑，规则的固体潮曲线。

从 2007 年 4 月中旬以后，原先光滑的固体潮曲线上，不时出现“压性脉冲”和“潮汐畸变”。随后，压性脉冲越来越严重。一直到 5·12 汶川大地震发生，几乎每一天的固体潮曲线都有“压性脉冲”和“潮汐畸变”。这种现象持续了 13 个月。如图 5－18 所示是 2007 年 6 月 22～24 日连续 3 天的纪录。

通常情况下，记录数据出现不规则变化我们首先判断是否仪器故障。但四分量应变仪具有检验观测数据真实性的自检功能。自检条件为

1 路数据＋3 路数据＝2 路数据＋4 路数据＋任意常数＝面积应变

上式满足时，表明 4 路观测数据反映了地层真实的应变变化。

图 5－19 是从图 5－18 数据计算的(1 路＋3 路)和(2 路＋4 路)两条面应变曲线图，两曲线的相关系数达到 0.996，据此判断异常应变记录并非仪器故障确实是地层真实的应变变化。

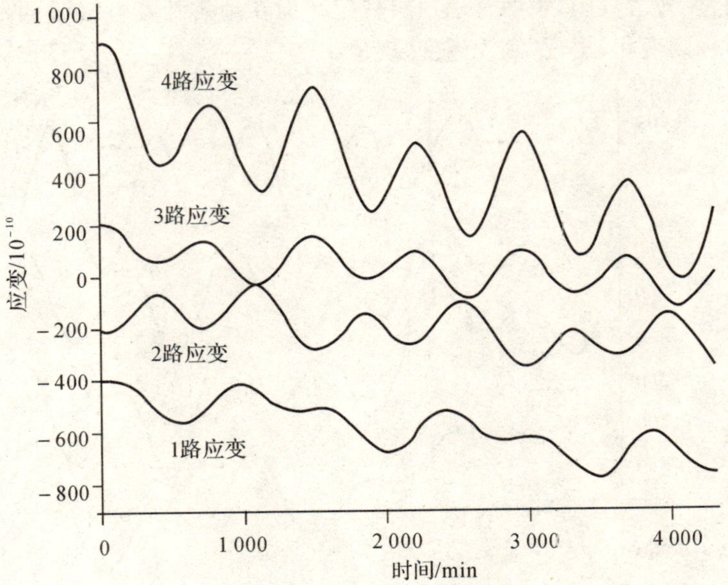

图 5-17　汶川地震 15 个月前，姑咱台固体潮曲线光滑而规则，图为 2007 年 2 月 1 日到 3 日的记录

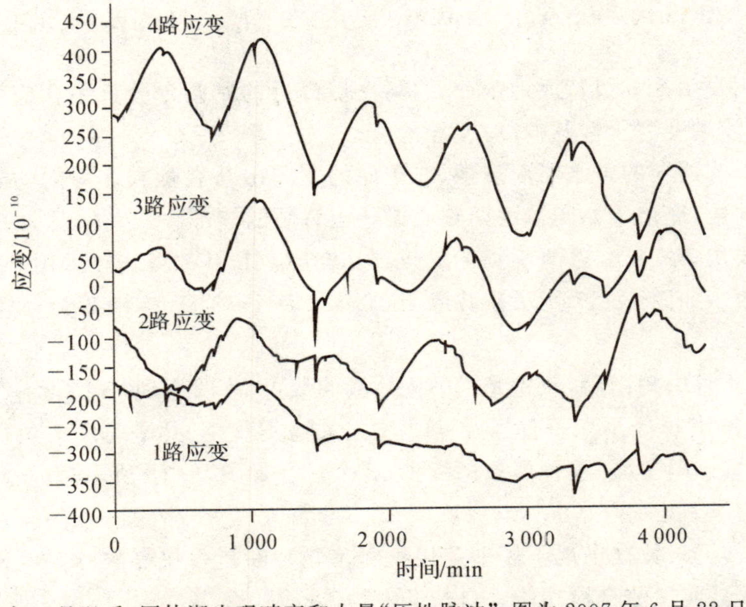

图 5-18　2007 年 4 月以后，固体潮出现畸变和大量“压性脉冲”，图为 2007 年 6 月 22 日到 24 日的纪录

随着 5·12 临近，固体潮曲线畸变和“压性脉冲”越来越频繁，幅度越来越大。直到 5 月 12 日 8.0 级大地震发生。图 5-20 是震前三个月时，2008 年 2 月 14～18 日 5 天的连续记录。

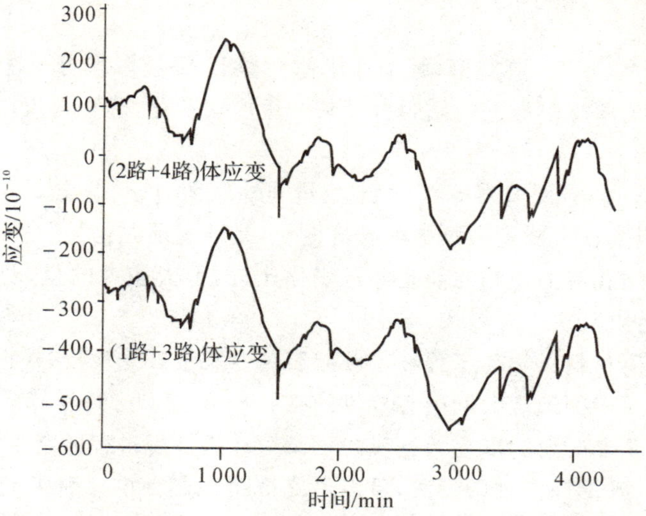

图5-19 "压性脉冲"和"潮汐畸变"在(1路+3路)和(2路+4路)体应变同步,相关系数达0.996

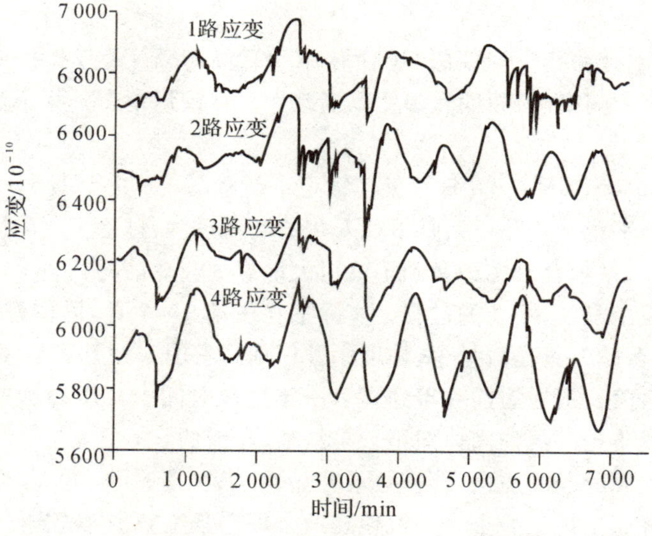

图5-20 临近汶川地震,姑咱台2008年2月14日到18日5天的连续记录

尽管在5·12之前13个月,就发现了姑咱的"压性脉冲"和"潮汐畸变"应变异常,但要肯定是地震前兆,单台仪器的记录终存在各种悬疑。分析人员对姑咱台的应变异常是否是地震前兆也有不同看法,如是否仪器性能变化或某种未知的干扰源所致?曾经怀疑应变异常是由地下水位变化所致,但分析同步的水位记录,两者变化完全不相关。对周围环境条件的调查,也未发现可能的干扰源。如何判断姑咱台钻孔应变仪观测到的"压性脉冲"和"潮汐畸变"异常,只有再在附近增设仪器比对观测来进一步分析。但还未落实钻孔地点,汶川大地震就发

生了。

2008年底，邱泽华、唐磊、周龙寿、阚宝祥用他们提出的“超限率分析法”，对钻孔应变仪的数据进行分析。“发现离震中最近的姑咱台资料的短周期变化，确实与汶川地震有相当明显的相关性”。

2009年10月，邱泽华、周龙寿等在《大地测量与地球动力学》杂志上发表文章，“确认汶川地震前姑咱台钻孔应变仪观测到的频繁的脉冲变化，是地震前兆信号”。文章还将姑咱的前兆异常“与唐山地震前钻孔应力观测的前兆异常变化比较，引人注意的是，两者都是以周期比较短的频繁的脉冲为特点”。

汶川地震后，我国材料科学与工程技术领域著名专家金日光教授，根据地壳断裂流变动力学和群子统计力学，对中国地震台网中心提供的钻孔应变、重力、倾斜等观测数据进行了细致的分析处理，也得出了姑咱台的应变数据反映了汶川地震孕震过程的结论。

现在仍然没有一种演绎推理的方法，可以最终证明地震前的某种变化是地震前兆。在姑咱台记录到应变异常，之后地震发生，已有一些研究指出两者间有密切的相关性。若地震后，这些异常又逐渐消失，固体潮又能逐渐恢复光滑，那么就有更大的把握可以下“这就是汶川地震应变前兆”的论断。

地震发生后，姑咱台钻孔应变仪的“压性脉冲”和“潮汐畸变”仍未消失，但随着时间的流逝，“压性脉冲”和“潮汐畸变”的频度和幅度逐渐减少。在汶川地震一年半后，固体潮曲线果然又慢慢开始恢复光滑了。

图5-21是2009年10月6～8日三天连续记录。将图5-17至图5-21整个过程联系起来，历时三年多，经历平稳—紊乱—恢复平稳变化的渐变过程，排除了气象因素等干扰的可能。这些事实使我们相信，姑咱台确实记录到了汶川大地震的应变前兆！

大地震的孕育是个漫长、渐变的过程。实际上在震前16个月，固体潮曲线上已经出现了“压性脉冲”和“压性台阶”，只是数量少、幅度小。仔细观察图5-17，可以发现2月3日有一个不易察觉的压性小台阶。但在震前一年到震后一年这段时间中，“压性脉冲”和“压性台阶”数量多、幅度大，几乎找不到一天的固体潮记录是清晰、光滑的。

大地震后，“压性脉冲”和“压性台阶”数量开始减少，幅度减小。一年半后，较为清晰的固体潮记录图形逐渐开始出现。一个8级大地震的余震会延续数十年，要恢复到非常光滑、规则的固体潮记录，怕要若干年后了。

地震前后3年多，姑咱台共有1 200多天记录数据，数据完整率接近100%，难以全部展示。我们将2006年11月到2010年1月共39个月，每个月取前五天，共190天的第一分量消除趋势变化后的记录图形，展示在图5-22至图5-25中。

从图5-22至图5-25，我们可大致了解应变异常的变化过程。

我国分量钻孔应变观测台网第一次在一个观测点上捕捉到了一次8级特大地震近场应变经历平稳—紊乱—恢复平稳变化的完整过程。这在国际上也是第一次。

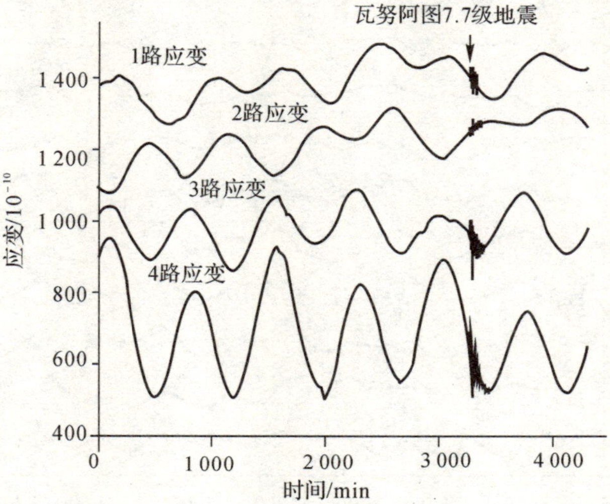

图 5－21　姑咱台 2009 年 10 月 6 日到 8 日的记录曲线，固体潮曲线已大体恢复正常

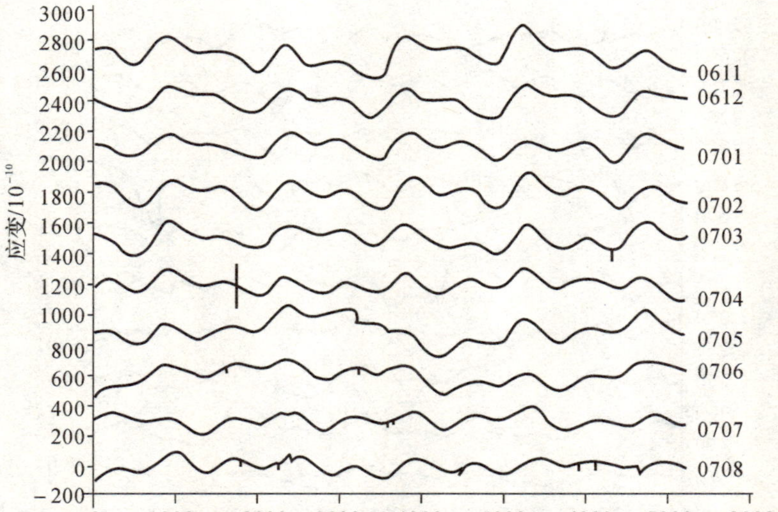

图 5－22　2006 年 11 月至 2007 年 8 月，每月前 5 天记录曲线

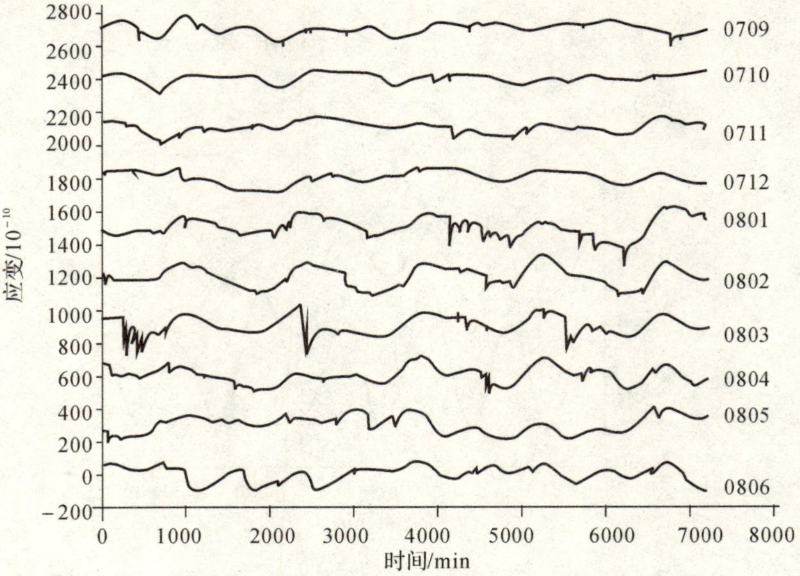

图 5-23　2007 年 9 月至 2008 年 6 月,每月前 5 天记录曲线

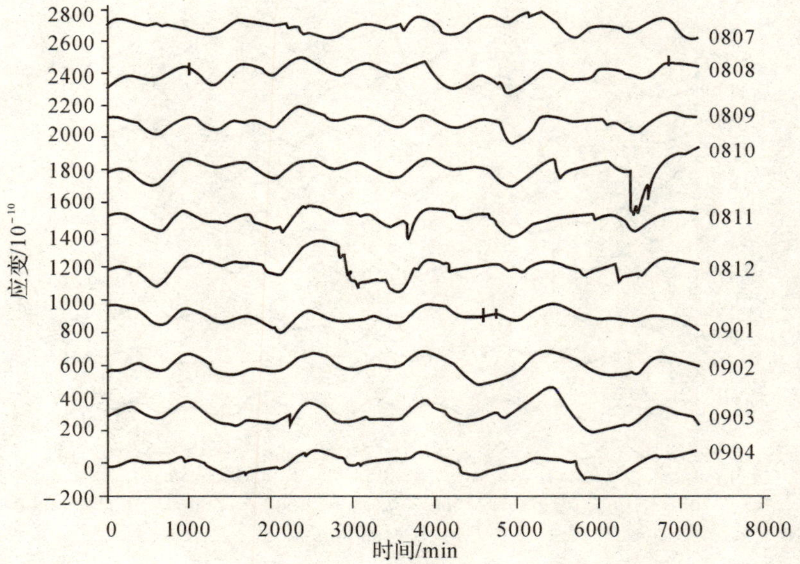

图 5-24　2008 年 7 月至 2009 年 4 月,每月前 5 天记录曲线

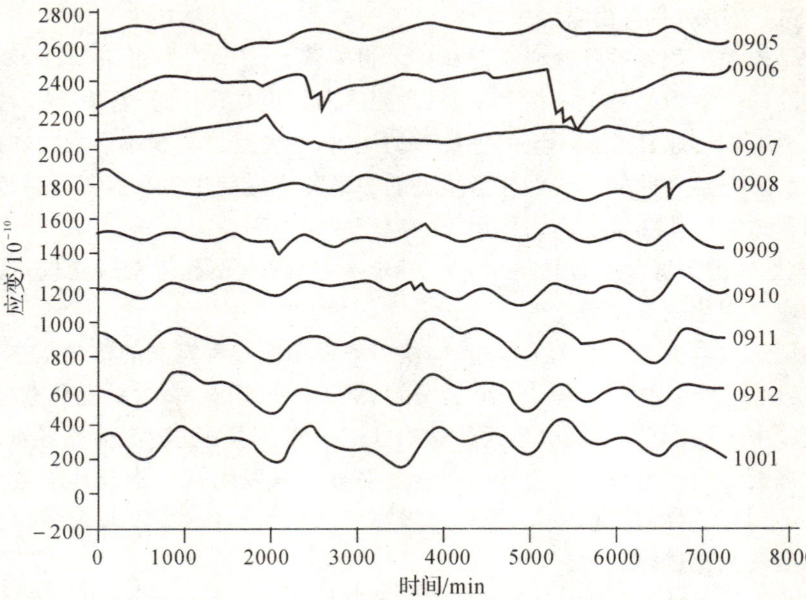

图 5-25　2009 年 5 月至 2010 年 1 月，每月前 5 天记录曲线

5.2.4　关于强震近区应变前兆的普遍性

姑咱台记录到的这种应变前兆只是个“个例”。有没有普遍性，或者说，这种应变前兆是否“确定性地震前兆”。从统计学观点，如果想回答这个问题，就要经历相当多次大地震的检验，才能从统计上得出结论。经历了唐山、汶川惨剧，我们不能再听任破坏性大地震施虐，靠一次次的惨剧来扩大统计样本。必须充分利用 40 年宝贵的实践资料及数据，对地震过程的科学认识，用科学分析来解答这一问题。

1976 年唐山 7.8 级地震发生的时候，震中区有赵各庄、陡河两个压磁钻孔地应力观测点。震前 200 多天两个台的曲线就开始异常抖动，越临近地震跳动得越厉害。当时仪器灵敏度低，采用人工读数每 4 小时记录一次数据，采样密度小。但震中区异常幅度大，震前的应变异常还是被测出来了。两个台可以互相佐证的观测资料保证了它们的可靠性。

1985 年 8 月 23 日新疆乌恰 7.1 级地震。距震中 30～40 km 喀什台的“土层应力仪”，地震前两个多月就出现异常变化。喀什台的土层应力仪有连续的纸带模拟记录。1984 年全年和 1985 年 6 月前的观测记录还相当光滑，而 7 月的曲线却出现了向下的受压变化及很多毛刺。到了 8 月，地震发生前，毛刺已经变成了剧烈的波动。地震后波动逐渐衰减，之后恢复平缓。这种地震前兆变化与唐山地震前的现象非常类似。

唐山和乌恰地震，地应力仪的灵敏低，但仪器离震中很近，仍记录到了强震孕育可信的应变异常。姑咱台离强震震中较远，但由于仪器的高灵敏度，强震孕育时微弱的应变异常仍被记录到了。大地震终究是小概率事件，位于震中附近的仪器数量极少，有这样几次事件重复出现，说明强震近区应变前兆有相当的普遍性。

地震本质是地层中积累的弹性应变能释放。根据弹性力学中圣维南局部影响原理，震源体处引发地震的构造应力是一个平衡力系，只会使震源区近处产生显著的应力应变，而远处的应力应变随距离增加迅速衰减。不论何种类型的地震，只要是应力积累引发的地震，岩层必然经历从线弹性变形向破裂前的非线性变形迫近的一系列应变变化。在震源及临近地区布设应变仪就能监测到地层介质在构造应力作用下的应变变化过程。

因此，在大地震的震源及临近地区（约 100 km 半径）设有钻孔应变观测仪器，发现大地震孕震过程中的应变变化就有其必然性。

姑咱台的记录数据中包含了大量信息，与汶川地震孕震过程有关的信息正在被逐步认识。

我国“数字地震观测网络”工程，有 40 台分量钻孔应变仪、60 多台钻孔体应变仪。在 100 多台钻孔应变仪中，只有离汶川震中最近的姑咱台记录到了明显的应变前兆异常，表明大地震应变前兆确实有近距性或定域性。明显的强震前兆异常只发生在震中及其附近地区，稍远处的仪器就记录不到应变异常。反之，只要在强震震源或临近地区，布设有观测仪器，就能观测到强震孕育的应变变化过程。

单台仪器监测的区域面积小，全国就要布设大量仪器。这看似缺点，其实是个优点。前兆观测方法若是对数千公里远处发生的大地震有反映，全球每年发生约 20 次 7 级以上地震，长程响应仪器就会经常处于异常状态，缺乏正常背景，全国许多地区会经常处于紧张状态。而定域性的前兆仪器则只对有异常的局部地区发出警示信号，无异常时，还能对本地区“报平安”。

姑咱台汶川地震应变前兆在震前 13 个月就出现，表明大地震应变前兆具有相当长时间提前量，就有较长的应急处理时间。

现有应变观测网密度很稀，汶川大地震只有姑咱一个台接收到应变前兆信号。在一个密度较高的台网中，就会有多套仪器同时接收到同步的应变变化，就能圈出震源区以确定地点和震级。

姑咱台探测到了汶川大地震清晰的、长时间的应变前兆，为大地震的预测提供了新思路和新方法。这一认识的得来是付出了血的代价的！

从唐山到汶川，虽然地震预测又一次遭遇挫折，但这 30 多年来，地震预测观测技术取得了巨大进展。我们正是在观测技术巨大进展的基础上，发现了汶川地震的应变前兆。

加紧在全国布设钻孔应变密集观测网络，处于困境中的大地震预测难题将逐渐得以破解。大地震预测审慎乐观的前景已展现在我们面前。

让我们尽快把应变监测网建起来，充分发挥测震、GPS、应变监测网及其他前兆观测手段的监测预报能力，做好准备，迎接挑战！

参考文献

[1] 池顺良. 一种浅孔安装的 YRY－2 型钻孔应变仪在中国华北地区 8 个台站试验观测的

结果 [J]. 地震学报，1993，15(2)：224 - 231.

[2] 尹亮，李兴坚，陈兰新，等. 昆仑山口西 M_S8.1 地震前高台钻孔应变异常 [J]. 大地测量与地球动力学，2002，22(4)：89 - 91.

[3] 周玖，黄修武. 青藏高原地壳的地球动力学特征[J]. 地震科学研究，1981，2.

[4] 马杏垣主编. 重力作用与构造运动[M]. 北京：地震出版社，1989.

[5] 池顺良，武红岭，骆鸣津. 钻孔应变观测中潮汐因子离散性与各向异性原因探讨[J]. 地球物理学进展，2007，22(6)：1146 - 1753.

[6] 池顺良. 深井宽频钻孔应变地震仪与高频地震学——地震预测观测技术的发展方向，实现地震预报的希望[J]. 地球物理学进展，2007，22(4)：1164 - 1170.

[7] 孙加林. 对中国地震预报现状与未来的思考[J]. 国际地震动态，2003，4：4 - 12.

[8] 陈章立. 地震预报的实践与思考[M]. 北京：地震出版社，2007.

[9] 李四光. 论地震[M]. 北京：地质出版社，1977.

[10] 邱译华，周龙寿. 用超限率分析法研究汶川地震的前兆应变变化[J]. 大地测量与地球动力学，2009，29(4)：1 - 9.

第 6 章　大地震前地电阻率异常现象

关华平

关华平，男，1943 年 10 月出生，毕业于北京大学地球物理系，中国地震局地震预测研究所研究员，主要从事地电地震预测分析和方法研究工作。

6.1　地电阻率观测的基本原理

我国地震地电阻率观测研究始于 1967 年河北河间 6.3 级地震后，原中国科学院兰州地球物理研究所在 1966 年邢台震区架设了第一个地电观测台站，将地球物理电法勘测方法应用到地震监测预报。常规地电阻率观测均使用对称四极法，即使用两个供电电极和两个测量电极对称分布的方式，供电电极向地下输入直流电，通过测量两个测量电极之间的电位差计算地下视电阻率的变化。电阻率是介质物性的表征，是一个相对稳定的标量值。考虑到构造及地下介质的横向差异，一般在台站布设 SN 和 EW(或者是 NE 和 NW 向)正交的两个测向，测量不同方向的视电阻率。观测电极埋设在地下 2 m 左右，电极使用铅电极，以保持长期观测的稳定性。由于受到地面降雨、水位变化等的影响，一般台站均存在相对规则的电阻率年变化。

地电阻率测量原理示意图，如图 6-1 所示。

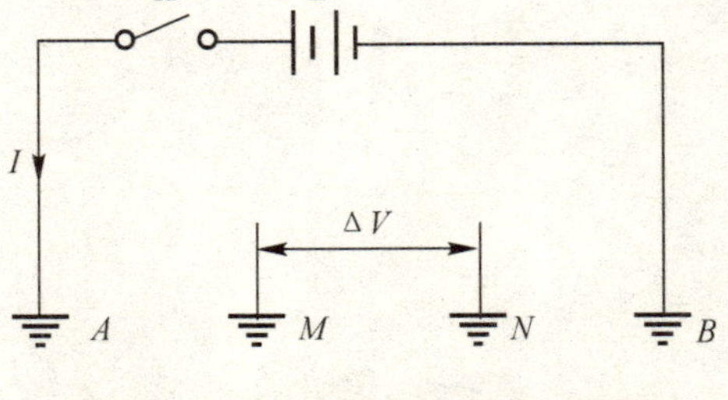

图 6-1　地电阻率测量原理示意图

E—供电电源；　K—开关；　A,B—供电电极；　M,N—测量电极

地电阻率 ρ_s 的计算公式为

$$\rho_s = K\frac{\Delta V}{I} \tag{6-1}$$

式中，I 是经过 A，B 两电极向地下提供的电流强度；ΔV 是由于供电电流 I 流入地下在 M，N 两极间产生的电位差，又称人工电位差；K 为具有长度量纲的装置系数，其大小取决于 A，B，M，N 4 个电极的相对位置，K 的计算公式为

$$K = \frac{2\pi}{\frac{1}{AM} - \frac{1}{AN} + \frac{1}{BN} - \frac{1}{BN}} \tag{6-2}$$

式中，AM，AN，BN，BM 为相应电极间的距离，单位为 m；ΔV 的单位为 V，I 的单位为 A；ρ_s 的单位为 Ω·m。

6.2　远近震中台站的划分

根据大塚道南（Otsuke，1965）地震断层与震级的关系：

$$\lg L = 3.2 + 0.5M \tag{6-3}$$

式中，L 为给定震级的断层长度的上限，cm，求出：

$M = 7.0$ 时

$$\lg L = 3.2 + 0.5 \times 7.0, \quad L = 50\ \text{km}$$

$M = 8.0$ 时

$$\lg L = 3.2 + 0.5 \times 8.0, \quad L = 158\ \text{km}$$

考虑到地震断层影响范围为其长度的 2～3 倍，表 6-1 给出 7.0～8.0 级间的断层影响的尺度，选取 2.5 倍作为影响范围。因此选定：距震中 2.5L 范围的台站为近震中台站，超出这个范围至其 2 倍距离之间的台站则为远离震中台站。

表 6-1　$\lg L = 3.2 + 0.5M$

震级	7.0	7.1	7.2	7.3	7.4	7.5	7.6	7.7	7.8	7.9	8.0
L	50	56	63	71	79	89	100	112	125	141	158
2.5L	125	150	157	177	198	222	250	280	312	352	395

6.3　汶川 8.0 级地震地电阻率异常变化

南北地震带一直是我国地震活动比较活跃的地区，因此相对前兆台站分布比较多（见图 6-2），在汶川地震中，震中区 200 km 范围内只有 1 个地电观测台，即四川郫县台，200～500 km 范围内有 8 个台站，500～1 000 km 范围内有 12 个台站。

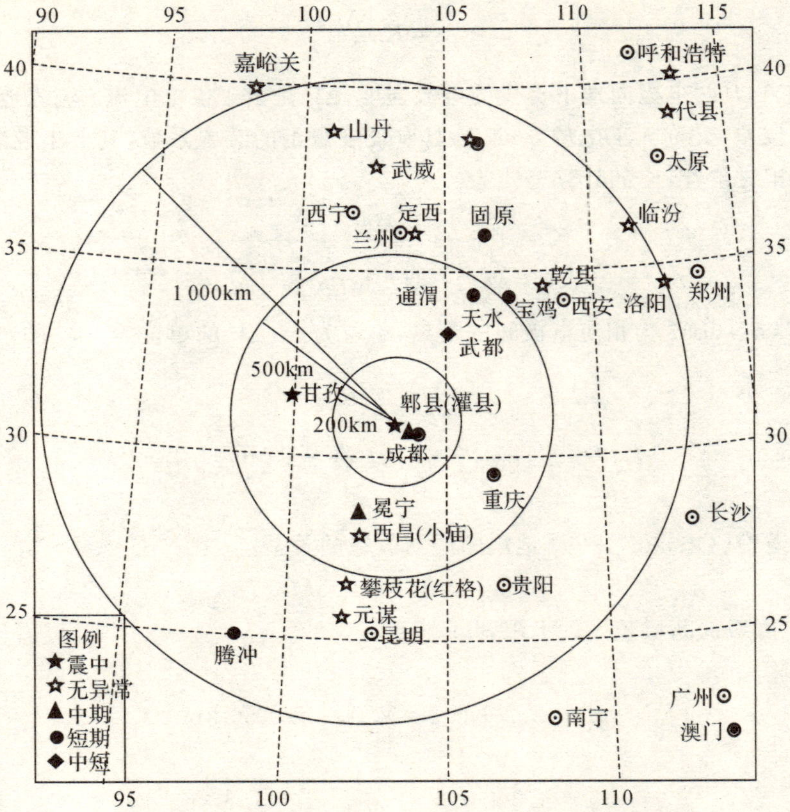

图 6-2　四川及其周围省市地电阻率台站分布图

6.3.1　长中期地电阻率异常

在上述地电阻率观测台站中，四川省有 5 个。最靠近汶川震中的郫县台，距震中仅为 36 km。从图 6-3 中可以明显看到，郫县台两个测向都存在规则的年变化，NE 向变化相对更为稳定，而 NW 向地电阻率在雨季经常出现快速上升和突降的变化。2000—2008 年，NE 向可以分为三个变化阶段，2000—2003 年初，地电阻率年变幅度相当，平均形态没有明显的上升或下降。2003 年台站改造使用数字化观测仪器，两个测向都有一个明显的抬升，地电阻率整体增加，但一直到 2005 年底，年变形态没有大的改变。最后一个阶段，从 2006 年开始，在年变高值没有恢复的情况下加速下降，2007 年年变消失，2008 年 1 月底达到最小值，然后开始转折回升，5 月 12 日汶川地震发生在曲线的恢复过程中。整个异常在 NE 向非常明显，2006 年以来的下降幅度达到 7.2%，NW 向没有类似的现象出现。

位于鲜水河断裂带附近的四川西部的甘孜台(震中距 330 km)也观测到趋势下降异常，异常同样起始于 2006 年，持续了 2 年多的时间，EW 向下降幅度为 4.5%，SN 向下降幅度为 3.3%，但该台年变规律没有被打破，是叠加在年变上的趋势下降。距震中 310 km 的四川冕宁台 EW 向，自 2007 年 5 月初开始下降，至震前下降幅度达 22%，但该台背景变化不是很稳定，阶变时有发生，因此如此大幅度的下降异常可能并不完全与汶川地震有关。位于甘肃的武都台，距汶川震中 290 km，NW 向 2006 年 8 月开始，至地震前出现趋势上升，上升幅度为 2.5%（见图 6-3）。

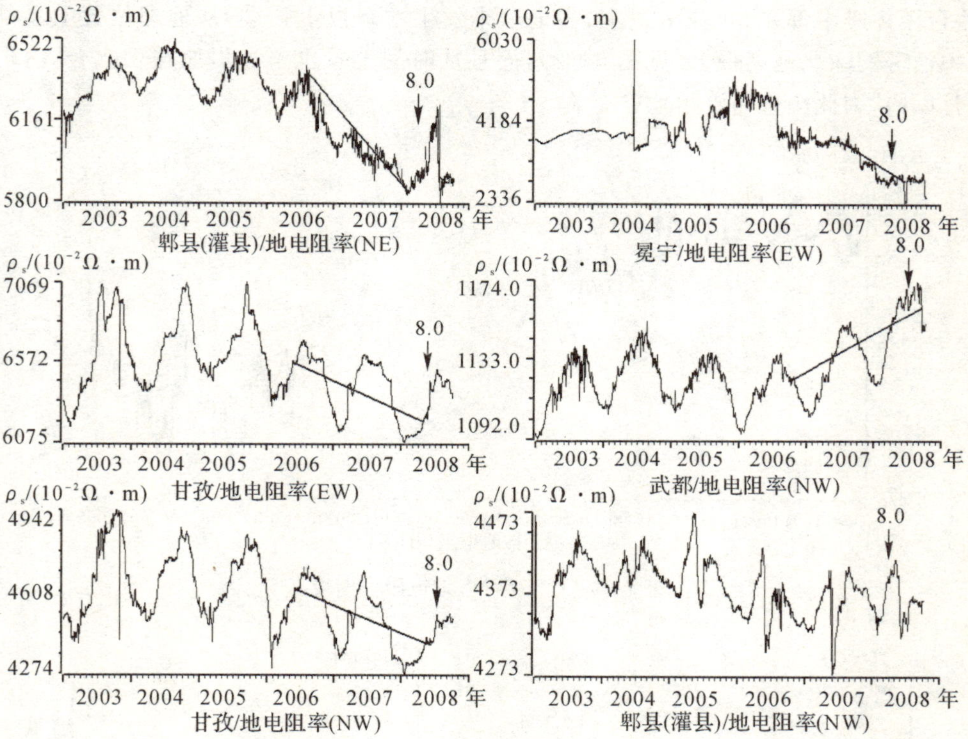

图 6-3　地电阻率中长期趋势异常

图 6-4 为冕宁台 1990—2008 年 NS 向地电阻率曲线，将 150 km 范围 5.0 级以上，200 km范围 6.0 级以上，300 km 范围 6.5 级以上地震标在图上，该台有明显的年变化规律，在 6.5 级以上地震前，年变形态消失。在 5.0～6.0 级地震前曲线会出现加速变化和畸变。该测项自 1996 年丽江 7.0 级地震后，异常一直未恢复，2002—2004 年继续加速下降，但自 2007 年初开始，曲线明显表现出快速回升，汶川地震前已恢复了 8.4%，到 7 月份已恢复了 11%。

6.3.2　短期及临震异常现象

除了长趋势的显著异常变化，汶川地震前地电阻率还在 3 个台站显示了明显短临变化特征。其中固原台距离震中 620 km（见图 6-2），该台布设 3 个测向，其中 NE 和 EW 向在 2008 年 3 月 23 日突然出现快速的上升（见图 6-5），其中 NE 向上升幅度达到 18.5%，EW 向上升幅度为 1.0%，SN 向没有相似异常。距离震中 450 km 的天水台，2008 年 3 月 30 日在 SN 测向地电阻率呈现快速上升，上升幅度为1.5%，震前转折下降。位于震中南部820 km的腾冲台SN向在2008年4月28日出现快速下降，幅度为−10%，震前异常基本恢复到原来水平。这些短期异常幅度都非常大，超过其年变水平的几倍以上，是非常突出的异常现象。另外，武都、宝鸡等在震前2个月内也出现快速上升或下降异常，但幅度均在1.5%以下。综合分析认为，这些台距离震中都在300 km以上，当地也未发生5级以上强震，从地理位置上看都分布在中国中西部的南北地震带上（见图6-2），而且从时间上看也与汶川地震相吻合，出现在震前2个月以内，因此应该与汶川地震有关。

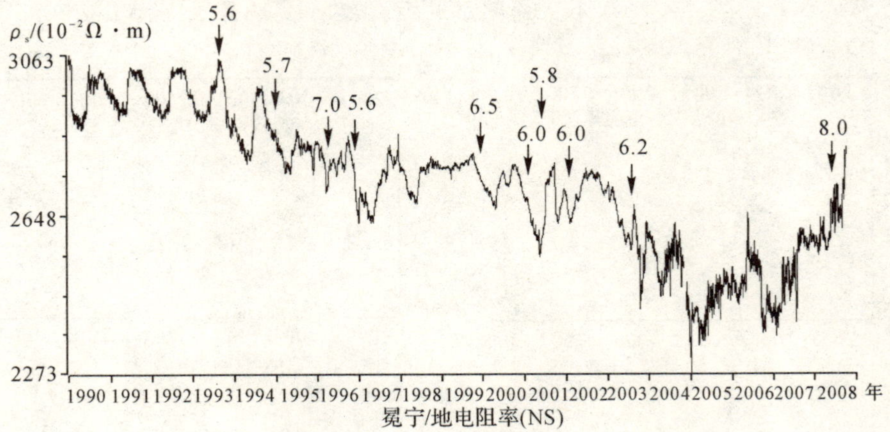

图6-4　冕宁台NS地电阻率曲线

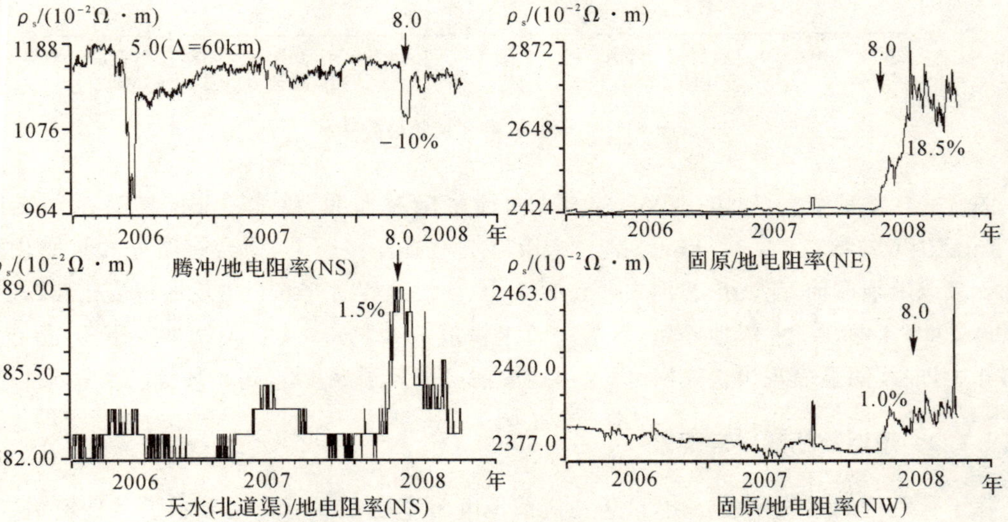

图6-5　地电阻率短期异常现象

6.4 唐山 7.8 级及其他 7.0 级以上地震地电阻率异常变化

6.4.1 唐山 7.8 级地震

1976 年 7 月 28 日，在河北省唐山市发生 M_S7.8 级大地震，同日下午，距震中北东 60 km 的滦县又发生了 M_S7.1 级地震。在震中距 200 km 范围内有 14 个地电台站，其中 10 个台站在震前 2～3 年内记录到明显的地电阻率长趋势下降异常，它们围绕震中形成一个北东东方向，长约 300 km，宽约 80 km 的下降异常区(见图 6-6)。表 6-2 给出了京津唐地区地电阻率台地电阻率标准偏差及异常幅度，图 6-7 为震中周围 6 个台站地电阻率曲线。可见，大约在地震前 2～3 年，即 1973—1975 年开始，有 10 个台先后出现了地电阻率异常变化，地震发生在曲线低值附近，异常幅度 2%～17.6%，超过平时观测标准偏差 5～30 倍。

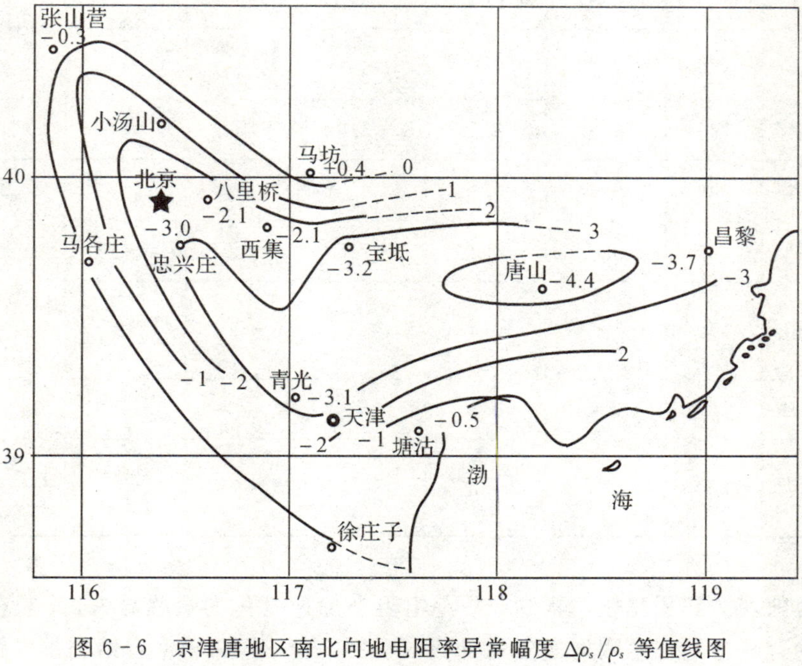

图 6-6 京津唐地区南北向地电阻率异常幅度 $\Delta\rho_s/\rho_s$ 等值线图

图 6-8 给出唐山 M_S7.8 级地震前后，宝坻台的地电阻率原始变化曲线 1973 年 12 月开始下降，1976 年 7 月 28 日地震前达最低值，下降幅度达 -3.8%，在此期间，除下降外，另一明显特征是年变形态消失，这一特征持续到 1977 年唐山发生 6.5 级地震后。1978 年变形态才恢复正常，其趋势下降直到 1982 年在唐山强余震减弱后才恢复到原值附近。

表 6－2　京津唐地电阻率台正常场时段 ρ_s 月均值标准偏差及异常幅度比较表(钱复业等,1981 年)

代号与台站编号	台站名称	震中距离/km	标准偏差/(%)		ρ_s 异常幅度/(%)		异常超出标准偏差的倍数	备注 与台站经纬度坐标	
			南北道	东西道	南北道	东西道			
TS 1	唐山	0	0.3	0.2	－6	－3	15～20	39°37′	118°10′
CL 2	昌黎	70	0.2	0.3	－6.4	－6	20～30	39°43′	119°03′
BD 3	宝坻	80	0.4	0.1	－3.0	－2.8	7～28	39°43′	117°17′
QG 4	青光	110	0.6	0.5	－3.1	－2.7	5	39°12′	117°01′
MF 5	马坊	110	0.1	0.1	不明显			40°03′	117°00′
ZXZ 6	忠兴庄	150	北东 0.4	北西 0.5	－5.5	－5.5	10～14	39°47′	116°24′
MJG 7	马家沟	5	北东 1.4	北西 1.4	北东－17	北西－15	10	39°39′	118°13′
BLQ 8	八里桥	140	0.8	0.6	－4.7	有干扰 不明显	6	39°53′	116°35′
XJ 9	西集	120	0.5	0.3	－3.0	不明显	6	39°49′	116°53′
TG 10	塘沽	80	0.4	0.4	不明显			39°07′	117°35′
XZ 11	徐庄子	140	0.2	0.4	＋2.5	＋2	5～12	38°30′	117°12′
XTS 13	小汤山	170	1.2	0.4		－5	12	误差系根据 1976 年 10 月 40°10′	116°15′
MGZ 14	马各庄	180	0.4	0.3	不明显			39°43′	115°58′
ZSY 15	张山营	220		0.2	不明显			震后上升 2% 40°35′	115°50′

唐山地震前观测到了比较丰富的地震地电阻率加速变化的短临异常,其形态特征是在趋势异常变化的背景上呈现急剧加速变化(见图 6－9),表 6－3 为异常台站的震中距和异常提前天数,时间分布一般在震前数天至数十天不等,在时间进程上外围地区出现早,震中区相对较晚,有由外围向未来震中区逐渐逼近的特点。在空间分布上,要比中期异常范围广,远至山东菏泽(Δ＝520 km)、河南郑州(Δ＝650 km)等台也出现了异常,且主要集中在阴山－燕山南缘活动构造和华北平原活动构造带附近。如此之大范围的地电阻率短临异常变化,可能与强震活动过程中区域构造带上的多应变能量释放“点”有关。

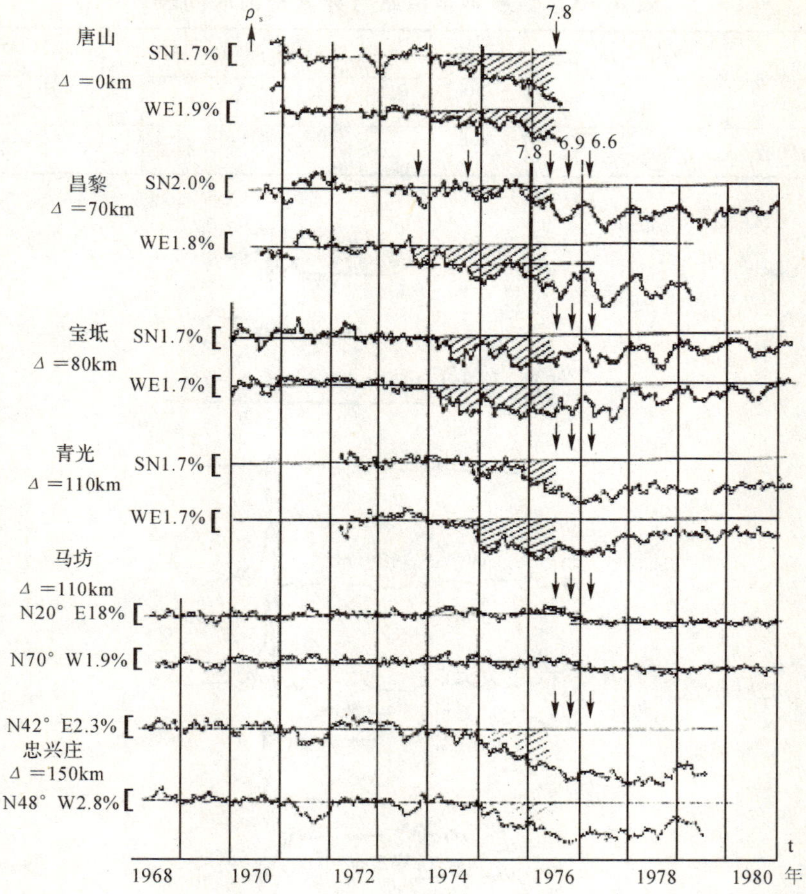

图 6－7　唐山 7.8 级地震前后 13 年(1968—1981 年)过程中震中周围有代表性的 6 个台 ρ_s 月均值图(钱复业等)

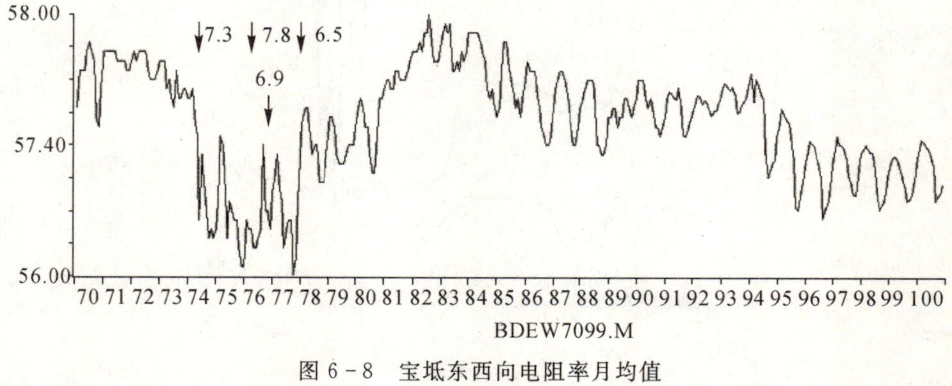

图 6－8　宝坻东西向电阻率月均值

表 6-3　临震异常台站与异常提前时间表

台站	唐山	马家沟	昌黎	两集	徐庄子	小汤山	大圩河	菏泽	郑州
震中距/km	0	10	70	120	140	180	320	520	650
临震异常提前时间数/天	3	4	8	5	4	4	15	10	22

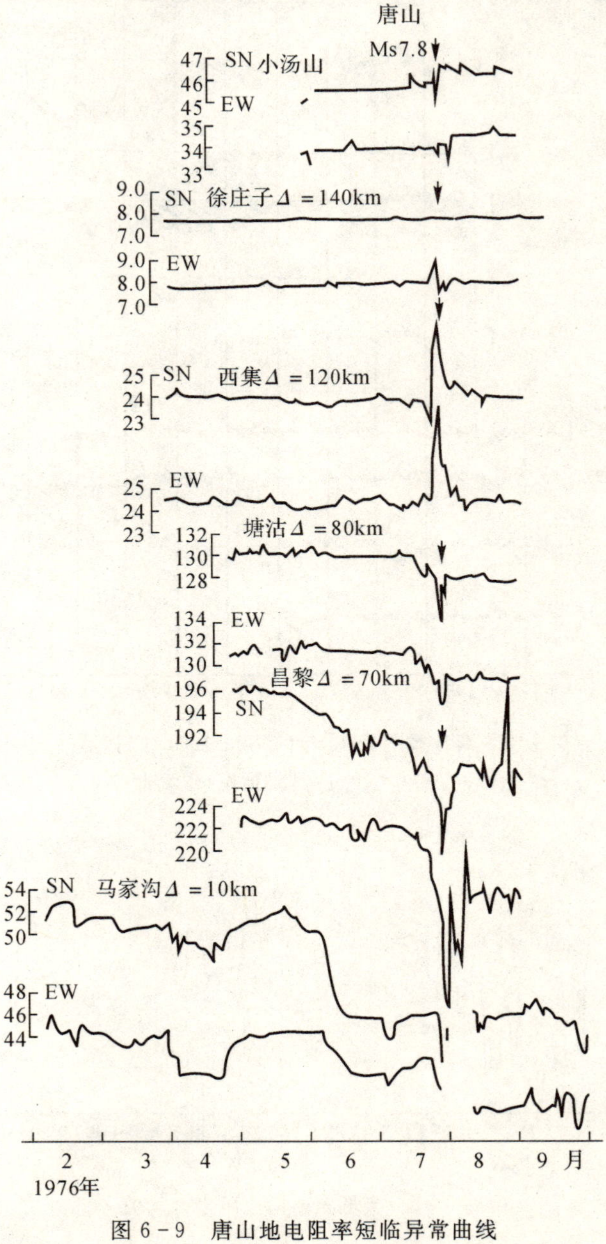

图 6-9　唐山地电阻率短临异常曲线

6.4.2　澜沧一耿马 7.6,7.2 级地震

1988 年 11 月 6 日 21 时 03 分，云南省澜沧县西北(22.9°N,99.8°E)发生 7.6 级地震。当夜 21 时 16 分又在耿马东南(23.1°N,99.4°E)发生 7.2 级地震。在距澜沧一耿马地震震中 310 km 范围内有腾冲(Δ=300 km)、通海(Δ=290 km)、楚雄(Δ=290 km)、3 个地电台站。在震区东北部主要断裂带有鲜水河—安宁河—小江断裂带和红河断裂带，澜沧一耿马地震发生在红河断裂带的西南部。地电台站主要分布在红河断裂带以东的鲜水河一安宁河一小江断裂带上，而红河断裂带以西只有一个腾冲台。

腾冲台有 SN,EW 两条测线，1986 年下半年年变现象减小或消失，SN 方向年变明显减小，且变化形态规则稳定。EW 向测值年变不仅消失，而且自 1987 年初起地电阻率月均值曲线呈现较大幅度的趋势性下降，到 1988 年 9 月异常达到极大值，幅度为−5.0%，9 月 16 日地电阻率转折回升，到 11 月 6 日大震发生时，地电阻率值回升到正常值，异常时间为 22 个月(见图 6-10)。通海台距澜沧一耿马地震震中 290 km，该台设有 NS,EW 两条测线，NS 向地电阻率值在 1985 年底以前，呈有规律的冬高夏低年变化。从 1986 年初起地电阻率值打破正常年变，出现大幅度下降，1988 年 1 月转折回升，之后又继续下降，直至震前下降到极值，最大幅度达−9.0%；EW 方向地电阻率值没有明显的趋势变化，但 1986 年以来年变形态畸变，而且 1988 年 2 月地电阻率值达到最低值后转回升。与通海台震中距离相同的楚雄等台无明显的趋势变化。

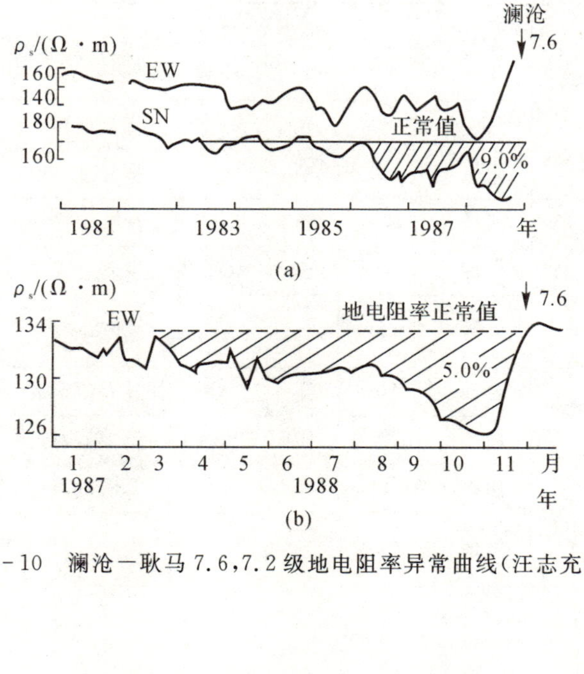

图 6-10　澜沧一耿马 7.6,7.2 级地电阻率异常曲线(汪志充等)

6.5 大地震远近场异常特征

引起大地震的地电阻率异常的原因，可表现为两种形式，一种主要由震源区作用引起的近震中台站异常变化，另一种则为大范围区域应力场与震源区共同作用引起的较远区域的台站异常变化，并且随着离震源区的距离增加而震源区的影响减小。由于作用原因不同，因而异常表现形式也不相同。

(1)在7～8级大地震前，125～400 km范围内的近震中地电台站大部分观测到了震前地电阻率1～2.5年左右的趋势性下降变化（个别台站为上升），异常台站形成的异常区的范围相当于震源范围的的2.5倍。异常的变化幅度从百分之几到百分十几。地震往往发生在异常极值点附近，表6-4中8次大地震中13个台站为近震中台站，其中12个台站在极值点附近发生地震，其中10次为极小值，2次为极大值，仅汶川地震的郫县台在极小值转折后恢复过程中发生地震。

在大地震前250～600 km范围内的远震中地电台站只有部分台站观测到了地电阻率异常，异常时间也为1～2.5年左右，地震一般发生在异常转折恢复过程中或异常恢复后发生。表6-4的8次大地震中，13个台站为远离震中台站，其中10个台站为异常恢复过程中或恢复后发生地震，仅有3个台在极值附近发生地震。

表6-4 7级以上大震地电阻率异常特征

地震日期	震中地点	震级	台名	震中距 km	异常性质	远近场性质	地震异常形态	持续时间 月	异常幅度/(%)
1969.07.18	渤海	7.4	大柏舍	380	负	远	恢复过程中	12	SN:1.5
			牛桥	380	负	远	恢复过程中	12	SN:1.5
1974.05.11	永善—大关	7.1	西昌	170	负	远	恢复过程中	13	SN:5.2
			会理	240	正	远	恢复过程中	13	EW:2.9
			朱易	230	负	远	恢复过程中	12	SN:2.5，EW:2.5
1975.02.04	海城	7.3	台安	90	正	近	极大值附近	17	NW:5.2
			昌黎	310	负	远	极小值附近	17	EW:3.0
			唐山	410	负	远	恢复后	15	EW:3.0
			宝坻	450	负	远	恢复过程中	15	SN:2.0，EW:3.0

续表

地震日期	震中地点	震级	台名	震中距 km	异常性质	远近场性质	地震异常形态	持续时间 月	异常幅度/(%)
1976.07.28	唐山	7.8	唐山	0	负	近	极小值附近	31	SN:4.5,EW3.3
			马家沟	10	负	近	极小值附近		NE:12.0,NW24.0
			昌黎	70	负	近	极小值附近	31	SN:5.9,EW:5.6
			宝抵	80	负	近	极小值附近	30	SN:3.0,EW3.8
			青光	110	负	近	极小值附近	20	SN:2.7,EW:2.7
			忠兴庄	150	负	近	极小值附近	31	NE:3.9,NW:5.5
1976.05.29	龙陵	7.3	楚雄	270	正	远*	极大值附近	12	NE:7.5
		7.4	康定	300	负	远*	极小值附近	12	SN:2.3
1976.08.16	松潘—平武	7.2 7.2	武都	100	负	近	极小值附近	14	NW1:3.0,NW2:6.5
			松潘	70	负	近	极小值附近	13	NE:2.0,NW2:3.8
			通渭	280	负	远*	极小值附近	14	SN:1.4
1988.11.06	澜沧—耿马	7.6	腾冲	300	负	远	恢复后	22	EW:5.0
			通海	290	负	远	恢复后	22	SN:9.0
2008.05.12	汶川	8.0	郫县	36	负	近	恢复过程中	34	NE:−7.2
			冕宁	300	负	近	极小值附近	36	EW:−2.2
			武都	310	正	近	极小值附近	22	NW:2.5
			甘孜	330	负	近	极小值附近	24	SN:−3.3,EW−4.5

(2)可观测到中期、短期和短临异常的各个阶段变化。异常中期起始阶段地电阻率开始较明显地下降。异常中短期持续阶段地电阻率在下降基础上的平稳发展。异常短临加速阶段地电阻率的进一步加速下降，这一阶段往往出现在大震前2～3个月内。这种加速转折变化往往是异常由中期进入短期阶段的标志(见图6-9)。震中附近台站除趋势下降外，年变形态消失是重要特征，这一特点在唐山7.8级和汶川8.0级特大地震表现明显。

中期，短期和短临震异常，仅在少数台站上能同时观测到，如唐山7.8级地震的昌黎台，松潘7.2级地震的武都台；大部分台站不能同时观测到全过程，有的台站能观测到中期和短期的趋势加速转折变化，记录不到短临震突变异常，如宝坻台；而另外有的台记录不到趋势变化，却记录到临震突变，如唐山地震的西集、徐庄子、小汤山等台。

(3)短临异常形态。在大震前几天至2个月内往往观测到地电阻率的突跳异常。无论与中期还是与短期阶段相比,短临异常具有大幅度变化和突跳特点。短临异常范围比中期异常范围大,如唐山地震前中期异常仅分布在震中周围200 km左右范围内,而临震异常远在菏泽台(550 km)、郑州台(650 km)上观测到。在异常时间上、演化上表现为从远处向震中的发展过程。

(4)在大地震发生后,多数台站观测值表现出较快的回升(少数下降回复),但一般不会很快恢复到原有正常水平,经过一段较长时间,有的台站地电阻率值恢复,有的则不能恢复。但存在年变化形态的台站,则年变形态恢复正常(见图6-8)。

(5)台址条件相似的台站,在不同地震前记录到形态相近的异常变化。1976年7月28日唐山7.8级地震的昌黎台和1976年8月16日松潘7.2级地震的武都台,两台相距1300余km,地震发生时间前后相差19.5天,但它们变化的形态相似(见图6-11)。究其原因,可能是台址条件相似:昌黎台测区附近,有地下水矿化度较高的热水存在,而武都台测区内有黄铁矿存在,两台都有易导电的物质存在,这可能是两个台站上短临变化相似的原因。

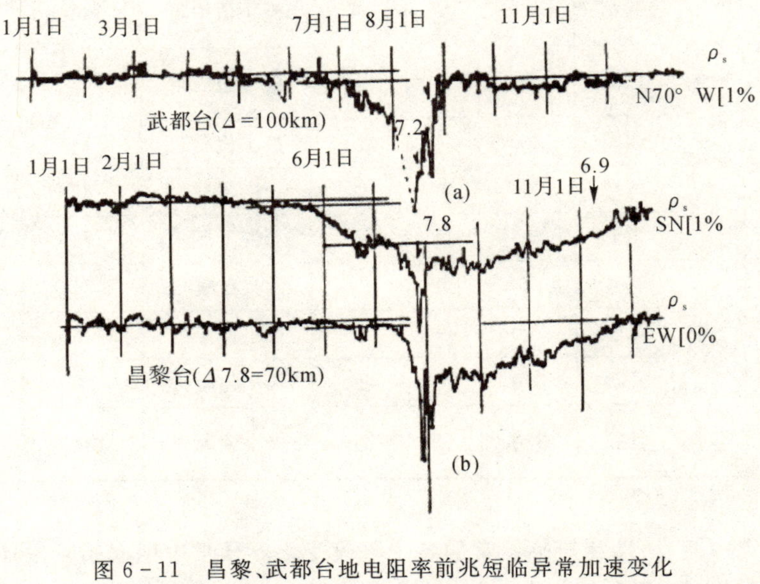

图6-11 昌黎、武都台地电阻率前兆短临异常加速变化

参考文献

[1] 笠原庆一. 地震力学[M]. 赵仲和,等,译. 北京:地震出版社,1984.

[2] 钱复业. 唐山7.8级强震前震中周围形变电阻率的下降异常[J]. 地球物理学报,1978,21(3):181-190.

[3] 国家地震局预测预防司. 电磁学分析预报法[M]. 北京:地震出版社,1998.

[4]　中国地震局监测预报司. 中国大陆地震短期异常特征和综合预测方法研究[M]. 北京：地震出版社，2005.
[5]　汪志亮，等. 地震地电阻率前兆异常现象[M]. 北京：地震出版社，2002.
[6]　关华平，等. 唐山地震前地电阻率临震异常的可能原因[J]. 地震科学研究，1983(1).
[7]　张学民，等. 汶川 8.0 级地震前的地电阻率异常分析[J]. 地震，2009，29(1)：108－115.
[8]　桂燮泰，等. 唐山松潘地震前视电阻率短临异常图像重现性[J]. 西北地震学报，1989，11(4)：72－75.

第7章 地下流体的异常动态是地震预测的有力武器

汪成民

汪成民，男，1935年生于上海，原籍浙江宁波，研究员，国家有特殊贡献的专家；1960年毕业于苏联第聂波尔彼得洛夫斯克矿业学院地质系，先后在中科院地质研究所、中央地办、国家地震局和中国地震局预测研究所工作；前后任地下流体前兆、地震综合预报组组长、国家地震局京津震情分析组组长等；在第一时间到过30余次地震现场，任现场震情判定负责人，是我国到地震现场最多的科学家，与辽宁省地震局一起预报了1975年海城地震，取得人类第一次破坏性地震准确预报成功的实例；1976年唐山地震前，曾经三次赴唐山现场考察，与少数专家一起对唐山地震作出正确预报，但是遭到反对，仍然取得青龙县大地震预报的成功；共出版专著6本，论文近100篇；获得国家进步奖2次，部委级科技进步一等奖3次。

7.1 我国地震预测能力有很大的提高空间

地震预测是一项世界性科学难题，迄今尚未找到能准确预测未来地震发生的地点、时间、强度的完全可靠的技术与方法，这是众所周知的事实。但另一方面，经过长期观测、研究，已发现大量可能与地震发生有一定联系的自然界变异现象，通过对它们的综合分析，在地震前“打一个招呼”取得防震减灾实效的成功实例，也是屡见不鲜、无容置疑的事实。

多年以前，在周恩来总理亲切关怀下，中央地震工作小组已摸索出一套在地震预测没有过关，无法进行科学的精确预测情况下，适应中国国情与科学发展现状的防震减灾的的正确道路，取得了行之有效的技术方法，连续取得多次地震的预测成功，将中国地震预测水平提高到居世界领先地位。

但近年来中国地震局已基本摒弃了曾取得海城、龙陵、松潘等地地震预报成功的“土洋结合、专群结合、多路探索、多兵种联合作战”等一系列宝贵经验，而盲目追求所谓的现代化与西方全面接轨，使极具活力、富有创新精神的中国地震预报事业，陷入西方“地震不能预报”的误区，使我国地震预测成功率日益下降。据统计目前我国地震预测的成功率很低；趋势预测成功率约25%，短临预测成功率约10%，7级以上地震的短临预测成功率仅5%左右。由此可见，当前我国对大震的预测能力极低，而且震害越重，预测能力越低。这一情况远达不到国家与人民的要求，急须改进。

我们是否具备迅速提高这种能力的可能性？答案是肯定的。

一批解放初期从事地震预测的老专家，接受海城等地震预测成功的经验，从中国传统的整体思维入手，综合研究多种震兆信息的相互关系，独辟蹊径，利用许多非常规、自主创新的技术方法，屡屡取得比常规方法明显高的成功率。

通过 1992—2003 年国家 863 项目“地震预测智能决策系统”课题长达 10 年的中间运行实验，结果十分理想，比采用常规预测方法预测地震的成功率提高 2～4 倍，见表 7－1。

表 7－1　国家 863 项目“地震预测智能决策系统”课题 3 期成果应用效果对比表

时间	发生较大地震次数	取得较成功预测次数	成功率
1996—1998 年	13 次	4 次	30％
1998—2001 年	11 次	6 次	54％
2001—2003 年	12 次	8 次	66％

7.2　地下流体异常动态是地震预测的有力武器

取得多次成功预测的有力武器之一是充分利用了我国在地震发生前后所观察到的丰富、可靠的地下流体变化的资料。当前预测地震主要依靠经验方法。即从以往大量地震前震中及其附近地区曾出现过的异常现象中寻找、筛选出可能的地震前兆。经过在地震预测中的反复实践检验，挑选出重复性好、对应率高、规律性强的异常现象，再加以理论解释、建立成因模式，进一步把“可能前兆”提升为“可靠前兆”。

地震发生前，震中及附近地区地下流体的异常变化自古至今的记录十分丰富、已为广大群众所熟知。地下流体异常变化大体分为地下水物理性质异常变化（包括水位、水压、流量以及水温、水色、浑浊度，等），地下水化学成分异常变化（包括常量组分、微量组分以及水味、水嗅、pH 值、导电性等），地下气异常变化（包括吸附气、溶解气、游离气等）。若在石油、天然气蕴藏地区发生地震，经常可观测到地震前石油、天然气的动态的异常变化。因此，地下流体震例资料是每次震例总结中记载历史最悠久、内容最丰富、对应效果较好的重要的组成部分。

以唐山 7.8 级地震地下流体异常为例：

1976 年唐山地震发生在我国观测台网最密集、仪器配置最先进、科技力量最雄厚的地区，故而震例的内容较丰富、全面。就地下流体而言，在地震前距震中 300 km 范围内就有地下水位观测井泉 460 口、地下水化学观测点 105 个之多，其观测密度据全国首位。但另一方面京、津、唐地区地质构造与水文地质条件复杂，人口稠密、经济发达，干扰因素众多，提取地震信息难度大。通过反复调查核实，在地震发生前曾出现过丰富多采的异常变化，主要可归纳为以下几方面：

7.2.1　地下水位异常方面

多数地下水位井的水位，自 1972 年前后开始出现明显下降。1976 年 4～5 月加速下降，临震前 1～2 天急剧反弹回升。异常的范围以唐山市区为中心，扩展到整个唐山菱形块体乃至华北拗陷带北端，沿沧东断裂、昌黎—宁河断裂呈北东方向展布。由于华北北部此时期连年大旱，抽水量剧增，因此，起初对趋势下降异常是否与地震有关难以确认。经过反复的调查核实，理论、实验研究，最终达成共识。一致认为自 1972 年以来的地下水位下降是天旱抽水与地震信息两者叠加的结果。

主要依据是：第一，地区不一致，因干旱抽水的降落漏斗的中心在天津以南，而实际观测到的下降中心在唐山市区。第二，层位不匹配，抗旱主要抽用淡水含水层的水，而从不抽用的盐咸水、矿坑涌水地震前下降异常最为剧烈。第三，时间不吻合，抗旱抽水主要开始于 1972 年秋季以后，1973 年最剧，而观测到的异常开始于 1972 年初。第四，地震发生后用水量大增，抽水更为强烈，而地下水位不降反升。第五，地下水位异常与地下水化、地电等异常相互有较好时空的同步性（见图 7－1）。

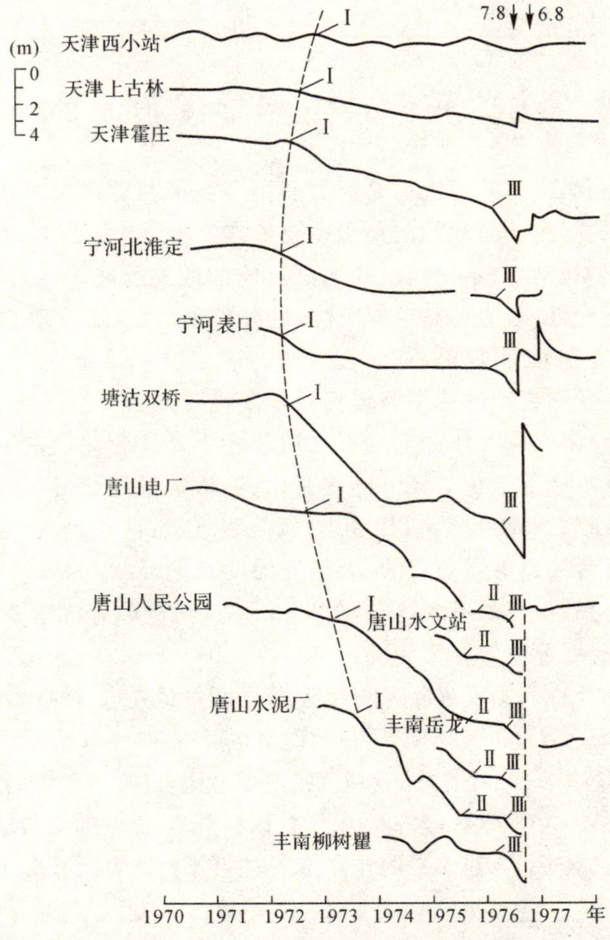

图 7－1　唐山地震前后京、津、唐地区地下水位异常动态

除趋势性下降异常外，还有十分丰富的短临异常，如临震前的丰南岳 42 井、宁河俵口井、开滦矿涌水量临震回跳、遵化东陵泉、迁西冰沟泉流量剧变。青龙冷泉的水温剧变等均为较可靠的资料作为佐证，可认为是唐山地震较可信的临震前兆(见图 7-2)。

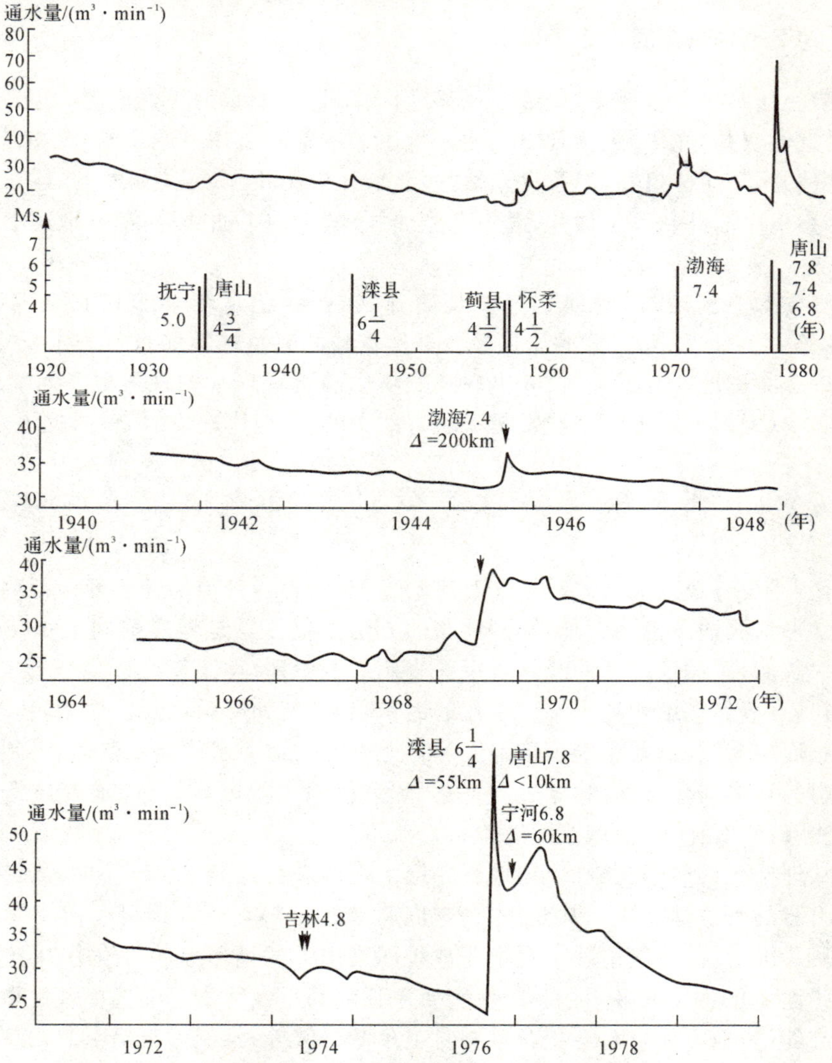

图 7-2　唐山、滦县等多次地震前后唐山开滦矿涌水量的异常动态

(当湧水量降到低谷时常发生地震，震后湧水量迅速回升)

7.2.2　地下水化异常方面

地下水化异常与地下水位异常一致，趋势性异常变化起始于 1972—1973 年，也分布在唐山菱形块体与华北拗陷带北端，主要表现为水中氡含量逐年增高，以北京管庄井与滦县安各庄

井最为典型。1976年4～5月出现加速(或同步转折),其变化幅度十分剧烈。临震的突跳异常比地下水位异常出现得早、分布较散,大约于1976年7月中旬以后陆续出现在震中外围地区,离震中较近的井如唐山电厂、天津张道口、武清、廊坊等地异常出现较晚。

7.2.3 地下气异常方面

唐山地震的征兆异常中最突出、最直观、最引人瞩目的要数地下气异常,包括深井水中溶解气(例如北京棉四井、光华井、天津2号井、张道口井等)、浅井中逸出气(例如丰南岳42号井、丰润杨官林井、宁河俵口井、昌黎火车站井、北京万泉庄井、海淀菜站井等)或石油天然气动态(例如青县小牛庄油井、旺11油井、渤中2号油井、滨南101油井等)都在地震前后出现过强烈的可信异常。

由于观测技术原因,我国对地下气体观测开展较晚,记录较早的如北京棉四井起始于1974年初,多数井在1975年初才开始记录。虽然资料的完整性不如水位与水化观测,但唐山地震发生前后京津唐地区有近40口井出现强烈喷气的宏观异常的现象以及对多次强余震预测成功的事实,有力地证明地下水异常是一项有潜力的、对应率高、操作性强的地震预测方法。

7.3 利用地下流体异常动态预测地震的方法

迄今为止,还没有找到能与地震一一对应的确定性前兆,目前仍处于经验预测阶段。利用地下水位异常来预测地震也不例外,预测地震的方法主要依据是地震前地下水位发生各种异常变化的多次震例,单凭预测者的经验与以往震例进行识别、类比与决策。

众所周知,自然界能影响地下水位变化的因素很多,例如降雨、灌溉、抽水、注水、蒸发乃至气压、固体潮、地层荷载等,要识别由于地震孕育而引起的地下水位异常变化,必须首先应将非地震因素引起的异常变化排除掉,地震界把它称为“排除干扰因素,识别地震异常”,主要采用方法是排他法、时空对比法、信息匹配法等。

排他法从理论上讲似乎比较简单,地震界把由于地震引起的水位动态叫异常变化,把由于非地震因素引起的水位动态叫正常变化,把它们两者区分辨别开来即可。但实际操作起来却很难。首先从量级上看,一般情况下由于非地震因素引起的地下水位变化往往比由于地震因素引起的前兆性变化要大得多。地震工作者要在强大的干扰背景下筛选提炼出微弱的地震信息。更为困难的是,地震信息与干扰背景有时很难截然区分开,例如干旱引起水位下降一般情况下按干扰背景处理,但有些干旱并非主要由于气象因素所致,而是地震孕育的反映,一旦当干旱本身就是地震征兆时,那么地下水位变化就成为地震前兆的次生反映。同样在气压、固体潮、地层荷载与地下水位关系的认识上,也存在类似的问题。

时空对比法、信息匹配法一般运用在群井多项观测,资料比较多时才能进行预测的方法。

7.3.1 单井单项异常预测法

每一口观测井由于它所处的地质构造条件、气象水文环境、井孔(泉)结构不同,其地下水位动态特点差异很大。要在复杂、多变的正常动态中(非地震因素引起的地下水位动态)筛选、识别出由于地震因素引起异常动态,首先要对这口井(泉)在无地震发生时的正常变化进行深入细致的分析,力争取得对每一项影响因素的定量相关性指标。

例如对受气象、水文、人为抽水、注水影响明显的井(泉),必须要对降雨渗入、地表水渗入、人为注水、人为开采、蒸发等影响因素的强度、持续时间、速率等进行定性乃至定量计算,取得比较可信的相关性指标。通过这些指标才能对实际观测数据进行校正,有效地排除干扰因素,从强大的噪声背景里筛选、识别出地震的信息。

需要提醒的是,这些相关性指标绝不可能是永远恒定的,它们随着地层、含水层的变化(例如大地震发生前与大地震发生后),随着土壤、地层的含水状态的环境变化(例如持续干旱背景与持续湿涝背景)会有较大的差异。

同样,对受固体潮、气压、各种载荷影响明显的井,也要分别计算出该井的固体潮响应系数、气压响应系数、地层荷载响应系数、记震能力(对地震波的响应系数)、震后阶跃(对应力调整的响应状况),一旦此井与以往多年无地震时的正常表现有强烈反常时,则可考虑地层岩体的应力应变的改变影响井孔一含水层系统的固有特性,可作为可能的地震异常处理。若这种强烈反常后,恰有地震发生,这种异常预测地震就有一定信度。随着对应地震的实例越多,根据此异常预测地震的信度越高。

这就是单井异常预测地震的基本原则与方法,但由于地震的孕育、发生是极复杂的地壳变化巨大系统的一个有机环节,依靠一口井泉的异常变化来预测地震发生时间、地点、强度是十分困难的,尤其对预测地点困难更大。但在我国 40 多年地震预测实践中也不乏根据一、两个观测井(泉)正确预测了地震的实例。如图 7-3 所示为四川理塘毛垭温泉水温异常动态与地震对应图。

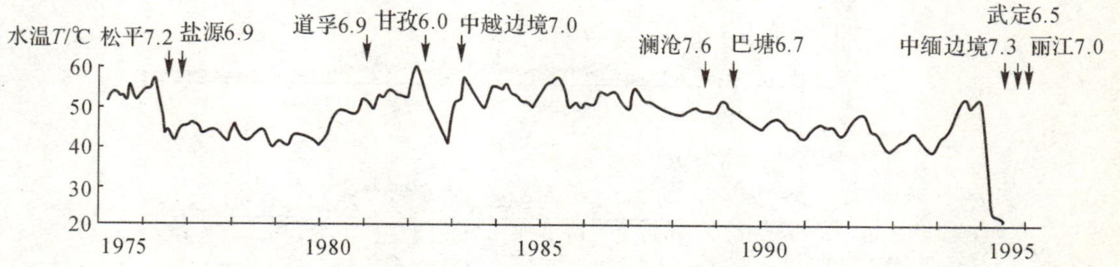

图 7-3　四川理塘毛垭温泉水温异常动态与地震对应图

(水温月变化幅度超过 10℃后,多数情况下半年内附近常有 6 级以上强震发生)

7.3.2　群井多项异常预测法

群井多项异常预测法区别于单井单项异常预测法指观测的参数与观测的地点不是“一孔之见”单打一的,因此提供了在较大的时、空范围内开展综合分析的条件。信息更加多样、全面,预测方法更深入、科学,因而对应地震的效果也优于单井单项预测法。

单井单项异常预测法是群井多项异常预测的前提与基础。首先要对每口井(泉)、每项观测参数进行数据处理,排除干扰因素提取、识别地震异常,接着开展综合分析。综合分析归纳起来大体可分为时空对比法、信息匹配法两类。

时空对比法指把不同地区的井泉,不同的观测参量开展时间上的同步性与空间上的有序性分析。假若群井多项动态异常是由于一次大地震引起的,它们必然受控于这一重大因素。

正确的综合预测不是简单的叠加拼盘,要分析这些异常的起始点、加速点、恢复点是否存在某些同步性、规律性。以北京地区为例(见图 7-4),附近的地下水位、地下水化、地电等异常的大体同步随周围地震活动、天文因素变化而起伏。与降雨、地表水补给、人为抽水、灌溉关系不明显。通过群井多项异常的综合分析,说明这些变化是由于地震活动引起的,并非随机因素所致。

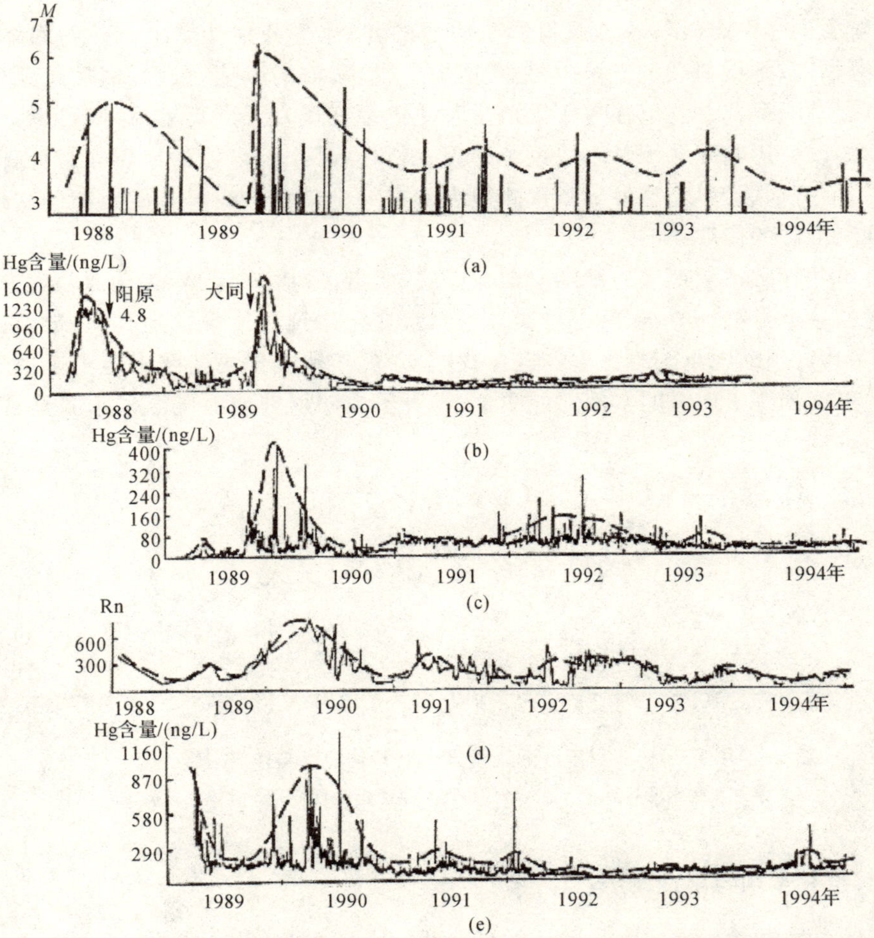

图 7-4 北京地区地下水氡含量、汞含量变化动态与附近小地震活动动态对比

(a)首都圈地震活动图; (b)五里营井水 Hg 含量变化曲线; (c)松山泉 Hg 含量变化曲线;

(d)八宝山断层气 Rn 含量变化曲线; (e)宝坻王$_4$井 Hg 含量变化曲线

空间有序性分析，常把观测到异常动态的井泉的空间展布是否较集中，是否与地质构造特点，断层延伸方向相符，是否有向某处迁移、聚集的现象等问题作为研究重点。以唐山地震为例，主要异常井孔分布在唐山菱形块体与华北拗陷带北端，沿沧东断裂、昌黎一宁河断裂展布，在震中区唐山一宁河一线趋势异常变化最剧、起始最早，由震中逐步向外扩展。短临异常由外围向震中聚集，有明显的时空迁移现象。如图 7－5 所示为松潘、海城、唐山等地震前短临异常时空迁移示意图。

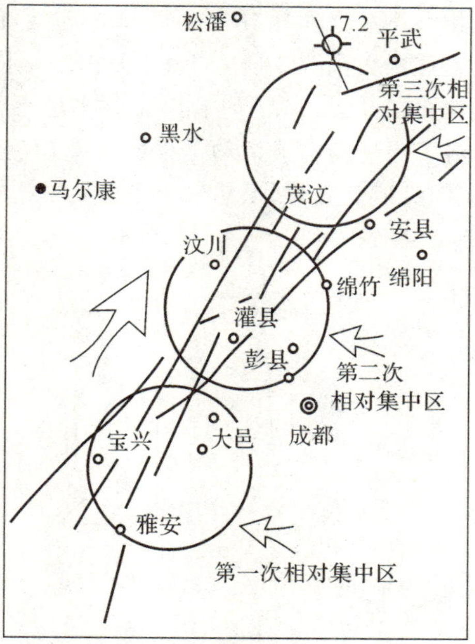

图 7－5　松潘地震前短临异常时空迁移示意图

7.3.3　异常追踪预测法

我国取得多次成功预测地震的主要经验在于“专群结合、土洋结合、多兵种联合作战”，主要的战术方针是“由面到点、寻踪追踪、逐步逼近”的方法。根据战略、战术需要，一旦发现可能有大震的蛛丝马迹，立即组织力量顺藤摸瓜进行追踪。

许多震例表明，地下流体异常出现的先后次序有一定的规律可循，趋势异常一般最早出现在震中地区，随后逐步扩展到周边地区，而短临突变异常经常先在外围出现，逐步向震中地区聚拢。海城地震、唐山地震、松潘地震等多次大震临震前丰富的宏观、微观资料证明，水位脉冲式突跳、流量瞬息剧变、水温忽高忽低等。震中地区的突变异常往往出现的最迟，表现的最为剧烈。其中最典型的如海城地震前辽阳水氡突跳、汤岗子泉流量与水温突变，唐山地震前丰南岳 42 井、宁河俵口井、开滦矿涌水量临震回跳、丰润杨官林喷气，松潘地震前地下流体等宏观异常由成都平原沿龙门山断裂向震中方向迁移聚集的事实。

因此，根据地下水突变异常时空变化的动态，追踪演化的趋向与聚集的集中地区、迁移的终结点，再结合在大震发生前小地震活动的迁移、围空现象以及地电、地形变化等观测资料出现的异常的先后次序，就可能在大震发生前根据异常追踪预测法锁定可能的震中位置，解决地震预测三要素中难度最大的预测地点问题。

最典型的案例是通过 1985 年 3 月 29 日四川自贡 5.1 级地震追踪成功预测了 1985 年 4 月 13 日云南禄劝 6.1 级地震。自贡地震发生后，震中以北 44 km 的川 12 井出现水位阶降 16 cm，震中以南 24 km 的晨光井出现水位阶升 18 cm。2.5 小时后在震中以南 68 km 的雷山井水位阶升 4.5 cm，18 小时后在震中以南 346 km 的滇 1 井出现水位阶升 2.5 cm。震后效应随震中向外传播逐渐减弱是正常的。但是 26 小时后滇 1 井水位不仅没减弱，反而猛升 41 cm，显示出受自贡地震的影响激活了当地的构造活动。根据追踪预测的判断，近期在滇 1 井附近可能有一次最大地震活动，立即赴滇北守候，果然发生了禄劝 6.1 级强震(见图 7－6)。

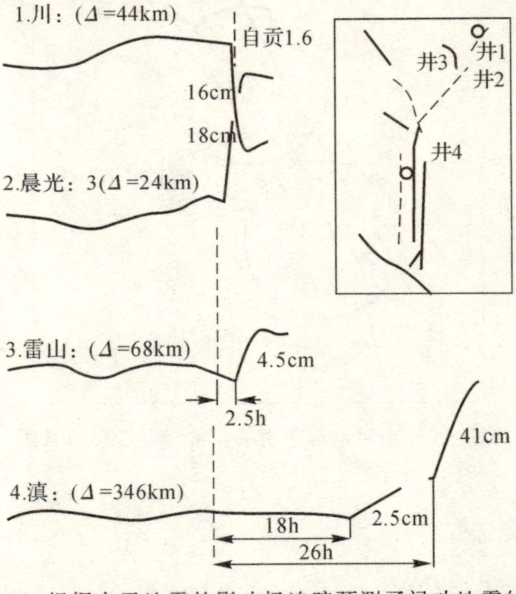

图 7－6　根据自贡地震的影响场追踪预测了禄劝地震的实例

7.3.4　后效异常预测法

迄今为止多数地震学家都把地震的孕育过程看成是一次孤立事件，他们研究地震预测方法着眼于剖析每个震源体的特点与结构，对震源体形成过程与机理进行模拟，而忽视了大震之间的相互关系。实际上地震作为地球运动的一种形式，它不是孤立事件，是能量聚集、传递、释放的系列动态链中的一个环节，大地震之间是相互有影响、有关联的事件，那么当地震串发时，是否可以从前次地震对后继地震的影响入手来进行预测呢？

我们通过对地震发生以后的大范围地下水影响场进行分析发现，一般情况下地下流体受地震的影响随着震中距的增大而衰弱,假若在外围某地区发现强烈后效异常区的话,这可能是上一次地震应力调整产生的新载荷区,为下一次地震发生创造了条件。

1966 年邢台地震后产生两个后效异常区,一个在井径、获鹿一带,另一个在沧州、兴济一带引起当地油井强烈喷发。对前一个异常区经过研究,认为是由于邢台地震的地震波被太行山基层面反射、放大形成的。对后一个异常区始终设找到合理解释,一年后在异常区附近发生河间 6.3 级地震。

1969 年发生渤海 7.4 级地震后,经过大范围空中普查发现外围地区有两个后效异常区(见图 7-7)。一个在熊岳附近,另一个在丰南附近,中央地震工作小组办公室组织两个科考队赴两地调查落实。1975 年在熊岳异常区附近的海城发生了 7.3 级地震,而渤海地震所显示的第二个异常区暂无动静。

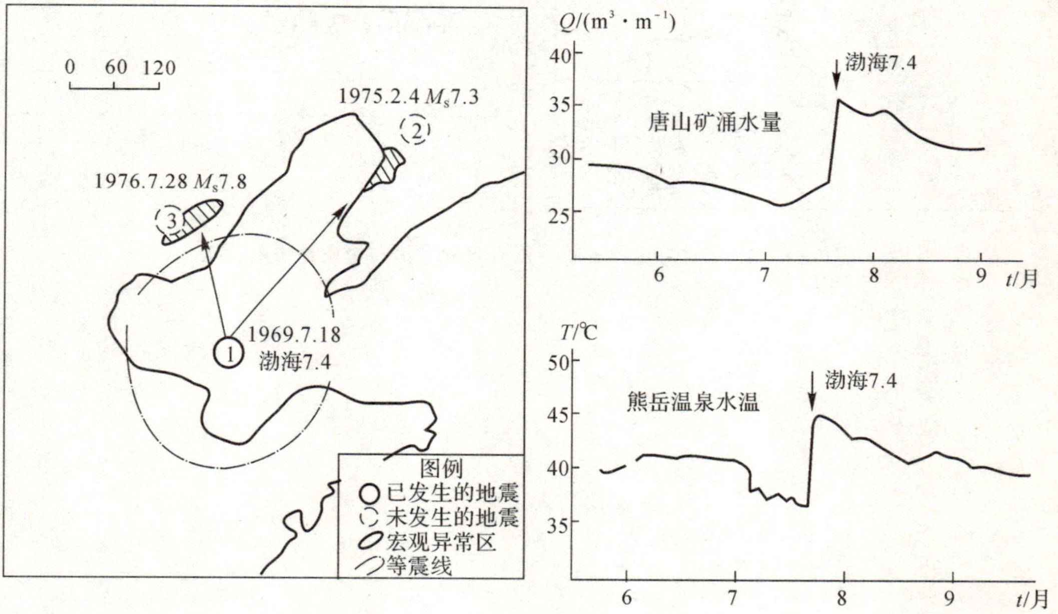

图 7-7　1969 年渤海地震的外围后效异常区与海城、唐山地震的关系

1975 年海城地震后,利用后效异常预测法分析结果明确指出,海城地震外围的最突出的后效异常区是唐山一滦县一带(见图 7-8),1976 年果然在渤海地震、海城地震两次反复提醒应注意的危险区内发生了唐山 7.8 级大震。这是利用后效异常预测能力的生动实例。

唐山地震后,根据后效影响场的异常区预测下次地震的成功实例已公告在《中国九大地震》一书中。书中指出唐山地震外围的后效异常有山东菏泽地区、江苏扬州地区与吉林舒兰地区,结果在该书成文付印以后,发生了 1983 年山东菏泽 5.9 级地震、1979 年江苏溧阳 6.0 级地震(离扬州很近),这是唐山大震后我国东部最强的两次地震。书中指出的三个危险区中两个危险区附近发生了地震,再次说明此预测方法有一定的价值。可惜的是这种方法主要应用于地震串发时期预测地点与强度有一定对应率，对预测时间效果较差。

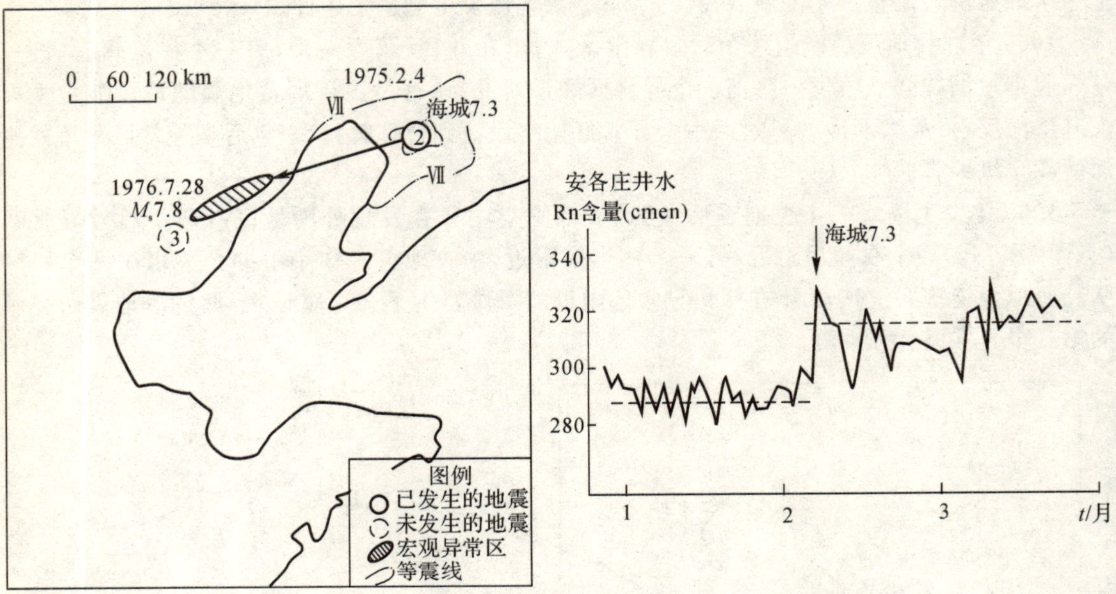

图 7-8　1975 年海城地震的外围后效异常区与唐山地震的关系

第8章 全球定位系统(GPS)高采样率单历元解观测与地震临震前地壳运动前兆

顾国华

顾国华,男,1944年生,中国地震局地震预测研究所研究员,中国科学院研究生院地球科学学院兼职教授;1968年毕业于武汉测绘学院(现已合并到武汉大学)天文大地测量专业,1968年9月至1997年11月(天津)在中国地震局第一监测中心工作;1983年、1984年在美国加州Menlo Park美国地质调查局(USGS)进修,1990年10月至1991年9月到瑞士伯尔尼大学天文研究所进修,为公派高级访问学者,进修GPS数据处理软件技术;1997年12月至今(北京)在中国地震局地震预测研究所工作。他长期从事地壳运动与地震预报研究,主要研究大地测量、空间大地测量(GPS)数据处理方法与软件及其在地震预报中的应用;从1994年起,参加首都圈GPS地形变监测网建设,为主要技术骨干,1996—2001年初参加“九五”国家重大科学工程“中国地壳运动观测网络”工程立项、设计与建设,主持基准站设计,主持并完成该网络(GPS)数据中心建设工作,为数据中心负责人。此外,他还协助年轻人开展卫星重力测量结果的分析及利用GPS观测获取电离层TEC信息、探索地震预测;利用GPS观测获得汶川8.0级大地震和东日本9.0级大地震前后的地壳运动研究成果;多次获中国地震局科技进步二等奖及防震减灾优秀成果奖二等奖;在国内外杂志上发表论文80多篇。

8.1 汶川大地震前GPS观测到的震区临震地壳运动

顾国华 孟国杰 方 颖

中国地震局地震预测研究所

北京 100036

摘要:本节利用BERNESE软件的单历元观测值双差定位功能,获取接近2008年5月12日汶川8.0级大地震震中5个GPS观测站PIXI,CHDU,JYAN,NEIJ和LUZH站震前的短临位移过程。通过拟合和对比分析,讨论单历元解的精度。计算结果表明,以YNAC站为固定站,LUZH站震前5月9日N(南北向)E(东西向)U(垂直向)三个分量日变化明显异常;而近震中的PIXI,JYAN和NEIJ震前1小时内垂直位移非常显著,特别是离震中36 km的

PIXI站在震前不到1小时的时间内垂直位移变化达300 mm以上。这些变化均显著大于单历元解的误差水平。尽管目前的GPS数据处理尚不能实时获取单历元解,所得到的结果为观测研究大地震近震中临震前的地壳运动提供依据。

关键词:GPS;地壳运动;单历元解;汶川大地震;垂直位移

8.1.1. 引言

某些大地震震前的GPS观测结果表明,大地震如2008年5月12日汶川大地震,可能有大范围、较长周期的前兆。地震预报研究一直期望能得到时空密度尽可能高的地壳运动观测结果,探寻尽可能接近震中的短临前兆。随着GPS观测与数据处理技术的不断发展,地壳运动观测空间范围早已扩展到了全球,观测点不断加密,接收机的观测数据的采样率可达到每秒10~50次,每日解算结果水平分量精度达1~2 mm、垂直分量精度达3~5 mm高精度。目前已从获得每周、每日解,发展到以可得到数秒或每秒一个甚至数个解(即所谓的单历元解),而其精度可达厘米甚至亚厘米量级。全球已有100多个数据采样率为1Hz,且近实时传输观测数据的GPS地面连续观测站,可获得近实时观测结果。在大地震的震中附近有GPS连续观测站时,高采样率的观测数据经后处理(Post Processing)已获得了这些地震较长周期的地震波。单历元观测数据快速、实时解算是GPS数据处理软件发展趋势。美国JPL(喷气推进实验室)的GIPSY软件具有用精密单点定位(PPP)获取单历元解的功能;美国MIT(麻省理工学院)的GAMIT软件具有用双差定位(DD)获取单历元解的功能;而瑞士伯尔尼大学天文研究所的BERNESE软件同时具有用精密单点定位和双差定位获取单历元解的功能,且其中的双差解精度较高。

本节试图采用汶川大地震前后的GPS观测数据,通过BERNESE软件处理得到单历元解,了解此次大地震可能的短临地壳运动前兆现象。

8.1.2 GPS观测数据及其处理

同一般GPS观测数据的后处理相比,利用BERNESE软件处理得到单历元解,须有与所用的观测数据采样率一致的GPS卫星钟差文件。从IGS分析中心网站可获得IGS(国际GPS服务)的30s采样率的GPS卫星钟差文件,而从其CODE(欧洲定轨中心)分析中心已可得到5s采样率的GPS卫星钟差文件。在BERNESE软件数据处理中,必须先作精密单点定位(PPP)处理获取近似的单历元解,然后通过双差(DD)处理获取最后的单历元解。同一般的后处理一样,在数据处理中采用无电离层延迟影响的双频观测组合值观测值,作接收机天线相位中心改正、对流层延迟改正和估计、地球潮理论位移改正、海洋负荷位移改正,采用精密星历,而在双差处理中用准无电离层影响(QIF)的方法解算整周模糊值等。

汶川地震的发生时间是北京时间2008年5月12日14时28分4秒。本节主要处理处理分析了中国地壳运动观测网络(下称网络)的4个基准站YANC(盐池)、WUHN(武汉)、BJFS

(北京房山)和最接近震中的 LUZH(泸州)站 2008 年 4 月 6 日至 5 月 17 日的观测数据,汶川大地震震中附近四川地震局设立的 PIXI(郫县)、JYAN(简阳)和 NEIJ(内江)等 3 个 GPS 连续观测站地震当天北京时间 8 时至震后 14 时 29 分、CHDU(成都)站 8 时至震后 14 时 28 分 30 s,观测数据采样率均为 30 s,即此 4 站至少获得了震后 1～2 个历元的观测数据。由于获取资料所限,未能计算这 4 个站早些天的单历元解,且可惜的是当天地震 1 分多钟后由于断电无观测数据。计算中取远离震中,且震前、震时和震后位移均较小的 YANC,WUHN 和 BJFS 站为固定站,获得了 PIXI,CHDU,JYAN,NEIJ 和 LUZH 站汶川地震前后的单历元解。尽管除 LUZH 站外其他站有 1s 采样率的观测值,可处理 5 s 采样率的观测数据,但数据处理结果表明,仅 30s 采样率的处理结果是可靠的。表 8－1 为这些 GPS 观测站的震中距,图 8－1 为汶川地震震中与 GPS 连续观测站分布,右图为左图虚线方框的放大图。

表 8－1　GPS 观测站及其震中距

观测站	震中距/km	观测站	震中距/km
PIXI	36	LUZH	305
CHDU	75	YANC	838
JYAN	129	WUHN	1049
NEIJ	225	BJFS	1478

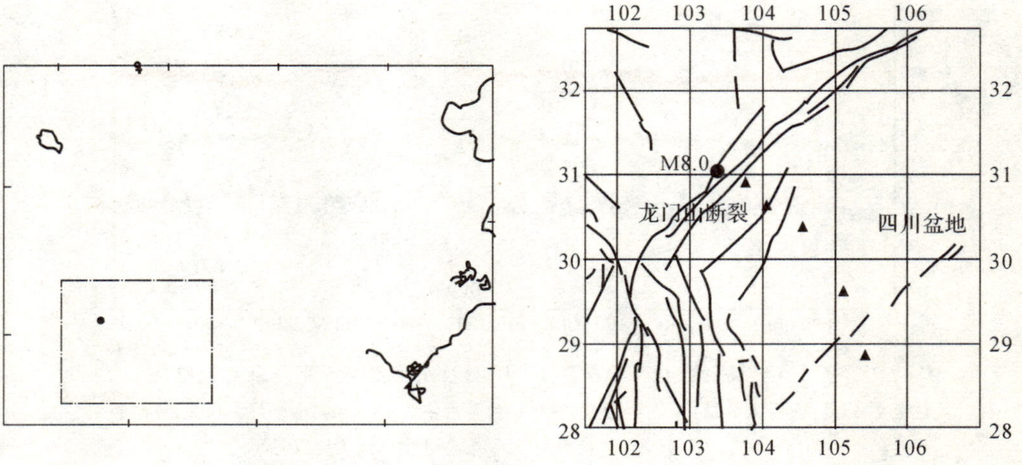

图 8－1　GPS 观测站和汶川地震,右图为左图虚线方框的放大图

在用双差处理求单历元解时,可用单一基线求解,其中一个站(如近震中的 LUZH 站)为须获得单历元解的动态站,另一站(如远离震中的 YANC 站)为固定站;也可用多基线求解,一个站(LUZH 站)为须获得单历元解的动态站,多个站(如 YANC,WUHN 和 BJFS 等 3 个站)同时作为固定站。所得到的结果是动态站相对固定站的位移。显然,相对于动态站而言,选取

的固定站越稳定越好。对自开始观测以来基准站的位移时间分析表明，汶川地震前 YANC，WUHN 和 BJFS 站是相当稳定的，且由于远离震中，地震前后的位移也较小。数据处理中，取 LUZH 站作为动态站，在单基线法中分别采用 YANC，WUHN 和 BJFS 站作为固定站，而在多基线法中同时取 YANC，WUHN 和 BJFS 作为固定站。YANC，WUHN 和 BJFS 至 LUZH 的距离分别为 1 005 km，884 km 和 1 527 km。数据处理结果对比分析表明，单一基线法求解，获得的单历元解数目多、位移变化平稳，且分别以 YANC，WUHN 和 BJFS 站为固定站的获得的三组位移解基本一致。多基线法求解，获得的单历元解数目少。其原因是多基线法中采用的固定站较多，对不同站采用的约束条件相同，但各站实际所处条件不同，变化因素增多，影响增大，删除的观测数据较多。因此，本节采用单一基线法的计算结果。

对 2008 年 5 月 4～8 日 LUZH 至 YANC 站单历元解作线性拟合的精度统计表明，N 和 E 分量的中误差约为 10 mm，U 分量的中误差约 30 mm。由于单历元观测值数据量大，因各种复杂因素随机影响，少数数据处理结果出现突变，偏差明显较大，幅度可达数 10 cm，但持续时间仅几分钟，本节不考虑这些结果。

8.1.3 汶川大地震震中附近 GPS 观测站的短临位移和震后位移

对网络基准站位移周解时间序列的分析表明，LUZH 站是中国大陆东部稳定的 GPS 观测站之一，汶川大地震前无明显的趋势异常，而同震位移仅为 4 mm，震后的变化依然不明显。

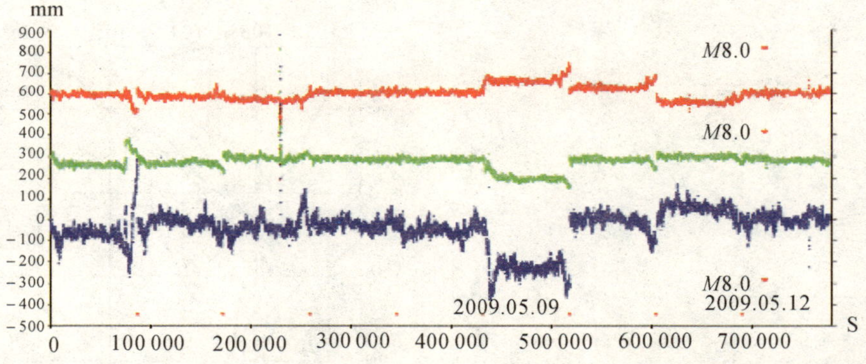

图 8－2 LUZH 站 2008 年 5 月 4～12 日汶川地震前水平与垂直位移(m)

红色 N 分量，绿色 E 分量，蓝色 U 分量，纵坐标位移每格为 100 mm，横坐标为历元，单位为 s，下方相邻 2 个红点表示为一天，右侧 3 个红点为地震时间

以 YNAC 站为固定站，LUZH 站临震前变化特点为，5 月 9 日 N(南北向)E(东西向)U(垂直向)三个分量日变化明显异常(见图 8－2)。同一天震中周围的站还显示有电离层异常。但在其他有电离层异常的日子未见此现象。目前还无法说明两者之间是否有关。

同样以 YNAC 站为固定站，得到更接近震中的 4 个站(PIXI，CHDU，JYAN 和 NEIJ)震前 1 小时内的垂直位移(见图 8－3)。在震前不到 1 小时的时间内离震中 36 km 的 PIXI 站的垂直位移变化达 300 mm 以上，且几乎是直线变化(见图 8－4)，JYAN 和 NEIJ 站的异常同样显著。而 CHDU 站临震前的垂直位移不显著。图 8－4 同时给出了 PIXI 站的水平位移分量的变化，通过对比进一步表明计算结果的可靠性。

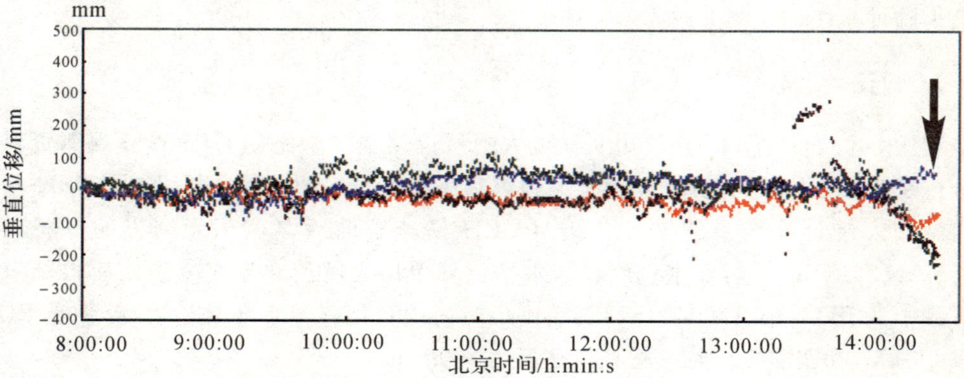

图 8－3　四个站 2008 年 5 月 12 日汶川地震临震前垂直位移

绿色为 PIXI，棕色为 NEIJ，蓝色为 CHDU，红色为 JYAN。横坐标为北京时间，纵坐标为位移，单位为 mm

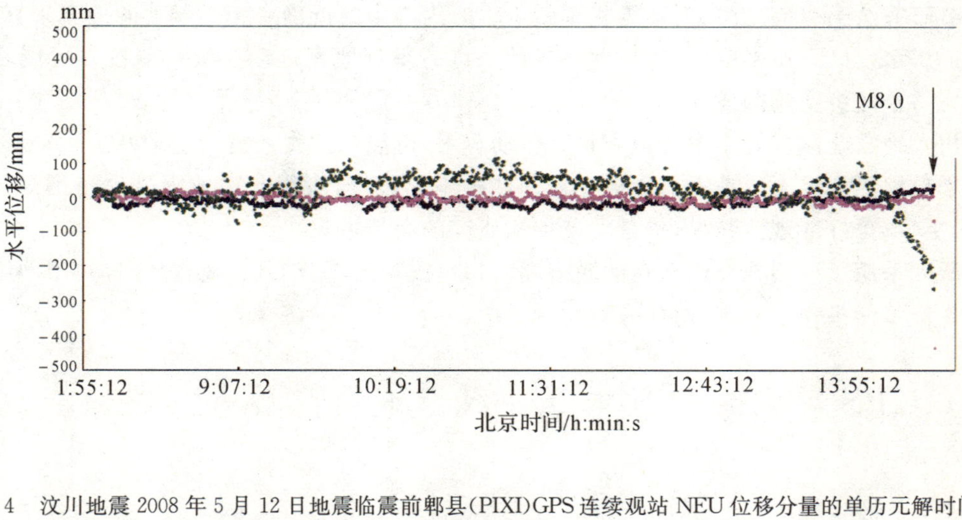

图 8－4　汶川地震 2008 年 5 月 12 日地震临震前郫县(PIXI)GPS 连续观站 NEU 位移分量的单历元解时间序列，最后 2 历元为同震位移，PIXI 站临震前垂直位移极为显著

30 s 单历元计算结果均未发现临震前此 4 站及 LUZH 站的水平位移有显著的变化，表明震前垂直位移和水平位移无明显相关性。

由于未能得到 PIXI，CHDU，JYAN 和 NEIJ 这 4 个站的原始 GPS 观测值，不能计算地震前较长时间的单历元解。但获得的自 2008 年 1 月 1 日起 4 个站的每日解 3 个位移分量 NEU 时间序列表明，2008 年 5 月 12 日前均无明显变化，PIXI 的垂直位移最大变化为 19 mm，而震前1周内的变化仅10 mm。

图8-2至图8-4中非异常变化部分的离散度与所述的精度统计是一致的。地震前后的地壳运动远大于观测精度，且震后的单历元解与高精度的同震位移非常接近，也充分说明单历元计算结果的可靠性。

8.1.4 讨论

本节利用2008年5月12日汶川8.0级大地震近震中5个站的GPS连续观测资料计算了时间分辨率为30s的单历元解，获得了该地震临震前地壳运动结果。通过对LUZH站用不同的固定站作大量计算结果的统计分析、LUZH站地震前后多个历元结果的分析，PIXI，CHDU，JYAN和NEIJ站震前垂直位移和水平位移单历元解的对比充分说明所得结果的可靠性。近震中的PIXI，JYAN和NEIJ震前1小时内垂直位移异常非常显著，特别是PIXI站离震中仅36 km，临震前1小时内垂直位移量达300 mm以上。

无疑，对观测研究大地震前后地壳运动，高采样率的单历元解非常有意义。然而，必须指出，目前GPS数据处理还不可能实时获得30s甚至更高采样率的单历元解。因此，在相当一段时间还不能将此方法用于短临预报，更不必说还有不少有待研究的问题。

本节研究结果表明，汶川大地震临震前1小时内震中附近确有相当显著的地壳垂直运动。在一些地震多发区布设密度较高、精度相对低一点的垂直地壳运动连续观测仪器可能是观测短临前兆一条经济实用的途径。

汶川大地震临震前震中附近地壳垂直运动显著，可能与此次地震为逆冲断层运动有关，但震后水平位移更为显著。地震前后地壳运动2种不同表现，表明此次地震过程相当复杂。显然，积累更多、更好的观测结果，仍是地震预测研究的必然过程。

本研究采用了中国地壳运动观测网络和四川地震局的部分GPS观测数据，并用网络数据中心少量计算结果作了处理，对此表示谢意。

8.2 GPS观测到的日本9.0级大地震前后大范围地壳运动

顾国华　王武星

中国地震局地震预测研究所

摘要：2011年3月11日日本9.0级地震是在全球GPS连续观测站最密集的观测网附近发生的巨大地震。对中国大陆及其周边GPS连续观测站位移时间序列和同震位移的分析表明，在日本、韩国和中国大陆北部及中亚非常广大的范围内，不仅观测到东日本9.0级地震同震水平位移，也观测到其同震垂直位移。汶川地震后的此次巨大地震又一次显示，水平同震位移是震前一段时间位移的弹性回跳。尽管本节无法获得日本GPS网的资料，所用资料有限，但研究表明,东日本大地震前在非常大的范围内确有异常水平地壳运动,同震水平位移进一步证明这种异常是前兆地壳运动。

关键词:东日本大地震,地壳运动,GPS,地震预测

8.2.1　引言

基于地震成因是地壳运动的结果,监测地壳运动早就是日本开展地震预报的重点。为此,日本最早建立了站数达 1 230 多,世界上最密集的 GPS 连续观测站,站间的平均距离达 25～30 km。我国为了开展地震预报,在“九五”期间建立了以 GPS 观测技术为主,以地震预报为主要目的的“中国地壳运动观测网络”(下称网络),但仅有 25 个 GPS 连续观测基准站和 2～3 年观测一次的 1 000 个区域站。“十一五”期间网络 2 期工程称为“中国大陆构造环境监测网络”,建立 260 个 GPS 连续观测站,其中有的站建在周边国家,还新建 1 000 个区域站。2008 年 5 月 12 日汶川 8.0 级大地震恰好发生在区域网内,震前已作了 4 次观测,且震中区观测站密集。东日本 9.0 级特大地震发生在海底,其能量是汶川大地震的 32 倍,离 GPS 观测网最近处仅 100km 左右。同中国汶川 8.0 级大地震一样,2011 年 3 月 11 日东日本 9.0 级大地震预报遭遇了失败。这 2 次特大地震预报失败的事实似乎为“地震不可预报论”和“GPS 无用论”,提供了最有力的证据。

汶川地震前后对 GPS 观测结果的研究表明,GPS 观测到了此次地震前的异常地壳运动(包括水平和垂直运动)或异常和电离层异常,其中区域网观测得到的水平应变异常最为突出[1-7]。可见,汶川地震预报的失败并不是 GPS 不能观测到地震的前兆异常。据日本新闻网 2011 年 5 月 6 日报道,日本政府的一个地震专家委员会在 2 月就已经预测到宫崎县和福岛县附近沿海将发生大地震,并警告说:“地震将会伴随有巨大海啸”。据报道,这一份预测报告曾经递交给了日本政府内阁,但是未能引起足够的重视。东日本大地震再次为利用 GPS 观测研究地震前后的地壳运动和地震预测提供了难得的极好机会。尽管无法获得日本 GPS 观测网的资料,但本节利用中国大陆及其周边地区的 GPS 连续观测结果研究东日本大地震前后大范围的地壳运动,再次试图证明大地震地壳运动前兆的存在和地震预报的可能性。

8.2.2　东日本大地震前后大范围的地壳运动

东日本大地震后不久,日本国土地理院(http://www.gsi.go.jp/)和中国地震局地质研究所(http://www.eq-igl.ac.cn/)在网站上公布了此次大地震的同震水平和垂直位移。

日本国土地理院获得了初步的快速解,先后公布了东日本大地震日本本土 GPS 站的 2 个同震位移解,后一个解离震中约 100km 左右的站,相对日本国内的一个参考点(950388)最大的同震水平和垂直位移分别为向东南移动 5.3 m 和下沉 1.2 m。同汶川地震相比,在相同的

距离上，东日本地震的同震位移则大得多。

中国地震局地质研究所公布了此次大地震全球框架下同震水平和垂直位移。中国大陆最大的同震水平和垂直位移分别为JLCB(吉林长白山)站向东南移动36 mm，和URUM(乌鲁木齐)站下沉6.7 mm。SUIY站(黑龙江绥阳)向东南移动32.9 mm。日本TSKB站向东水平位移量为578.5 mm，垂直位移为下沉86.4 mm，USUD站向东偏北水平位移量为234.9 mm，垂直位移为上升9.2 mm。

本节采用网络数据中心用GAMIT/GLOBK软件得到的GPS数据处理结果作了进一步处理和分析。不同时期的GPS观测数据处理，曾先后采用了不同时期的全球坐标参考框架，如IGS05和IGS08等参考框架，而通过相似变换可由全球框架的结果得到区域参考框架下的水平位移和垂直位移。本节采用的区域参考框架位于中国大陆东部稳定地区，其核心站为BJSH，BJFS，JIXN，YANC，WUHN和LUZH等站。GPS连续观测站到东日本大地震震中的距离见表8-2。

表8-2　GPS连续观测站到东日本大地震震中的距离　　单位：km

站名	距离	站名	距离	站名	距离	站名	距离
TSKB	314.4	JIXN	2162.4	XIAM	2746.8	KMIN	3945.3
USUD	435.2	HLAR	2197.1	XIAA	3011.3	XIAG	4124.2
SUIY	1202	TAIN	2253.8	YANC	3043.2	URUM	4490.4
YSSK	991	BJSH	2271.1	LUZH	3531.2	LHAS	4683.1
DAEJ	1359.8	BJFS	2303.2	XNIN	3545.3	WUSH	5176.2
SUWN	1370	TWTF	2477.6	DXIN	3574.9	TASH	5588.1
CHUN	1568.9	WUHN	2698.8	QION	3750.6		
SHAO	2095.3	GUAM	2704.1	DLHA	3884.9		

表8-3　东日本大地震GPS连续观测站的同震水平位移　　单位：mm

站名	E	N	L	站名	E	N	L	站名	E	N	L
TSKB	597.3	46.7	599.1	URUM	−6.1	−8.4	10.4	XIAM	1	2.4	2.6
USUD	229.2	59.9	236.9	CHUN	9.7	−2.9	10.1	KMIN	−2	−1.7	2.6
SUIY	20	−10.9	22.8	LHAS	−1.7	−7	7.2	WUHN	−0.5	2.5	2.5
SUWN	18.3	6.4	19.4	DXIN	−5	−4.1	6.5	JIXN	2.1	0.8	2.2
DAEJ	16.7	8.3	18.6	DLHA	−3.7	−4.4	5.7	LUZH	−1.2	−1.8	2.2

续表

KIT3	−4.6	−14.3	15	YYSK	−7.2	7.7	10.5	QION	1.8	−0.1	1.8
POL2	−4.2	−12.9	13.6	KUNM	−3.7	−2.7	4.6	XIAA	−1.2	−1	1.6
GUAM	2.7	12.6	12.9	XNIN	−3.2	−3	4.4	BJSH	1.5	−0.2	1.5
TASH	−4.5	−11.3	12.2	XIAG	0	−3.9	3.9	BJFS	1.1	0.2	1.1
WUSH	−4.9	−9.9	11	YANC	−2.6	−2	3.3	GUAN	0.2	0.1	0.2
SELE	−1.9	−10.4	10.6	TAIN	1.3	2.5	2.8				

注:E 和 N 分别为 E 和 N 位移分量,L 为位移向量长度,单位均为 mm。

表 8－4　东日本大地震 GPS 连续观测站的同震垂直位移　　单位:mm

站名	U	站名	U	站名	U	站名	U
TSKB	−87.8	DLHA	−7.7	TAIN	−2.2	XIAM	0.3
LHAS	−10	LUZH	−7.2	DAEJ	−2	BJSH	1.7
POL2	−9.8	WUHN	−6.9	SUWN	−1.8	ULAB	4.9
XIAG	−9.6	DXIN	−5.1	YANC	−1.8	GUAM	6.4
KMIN	−8.6	XNIN	−5	CHUN	−1.4	USUD	12.9
KUNM	−8.6	GUAN	−4.3	JIXN	−1.3	YSSK	−2.3
SELE	−8.6	URUM	−3.4	BJFS	−1.3		
KIT3	−8.2	XIAA	−2.9	WUSH	−0.9		
TASH	−8	QION	−2.7	SUIY	−0.3		

注:U 为垂直位移分量,单位为 mm。

本节利用东日本大地震前后各一个每周解,得到表 8－2 中 GPS 观测站区域参考框架下的同震水平和垂直位移(见表 8－3、表 8－4、图 8－5、图 8－6)。中国大陆最大的同震水平和垂直位移分别为 SUIY(黑龙江绥阳)站向东偏南移动 22.8 mm 和 LHAS(拉萨)站下沉 10.0 mm。日本 TSKB 站向东北同震水平位移量为 599.1 mm,同震垂直位移为下沉 87.8 mm,USUD 站向东北同震水平位移量为 236.9 mm,同震垂直位移为上升 12.9 mm。除了解算方法和软件不同外,不同结果的差别还由于位移参考框架不同所致,可通过相似变换得到较为一致的结果。

即使远离地震震中,GPS 观测得到的同震位移同样具有突变性、与地震及多站的同步性和变化的显著性,是有普遍共识的确凿的地壳运动,是地震孕育过程中大范围弹性应变能量积累,然后随地震发生,能量瞬间释放的表现。然而,对地震是否有前兆地壳运动意见不一,有人甚至根本否定其存在。对汶川大地震的研究表明，同震水平位移和震前缓慢积累的异常位移的方向相反，是弹性回跳，是地震前兆地壳运动存在的有力证据。汶川 8.0 级大地震后不到 3 年发生的东日本 9.0 级大地震，是一次难得机会，验证从汶川 8.0 级大地震得到的这一认识的。

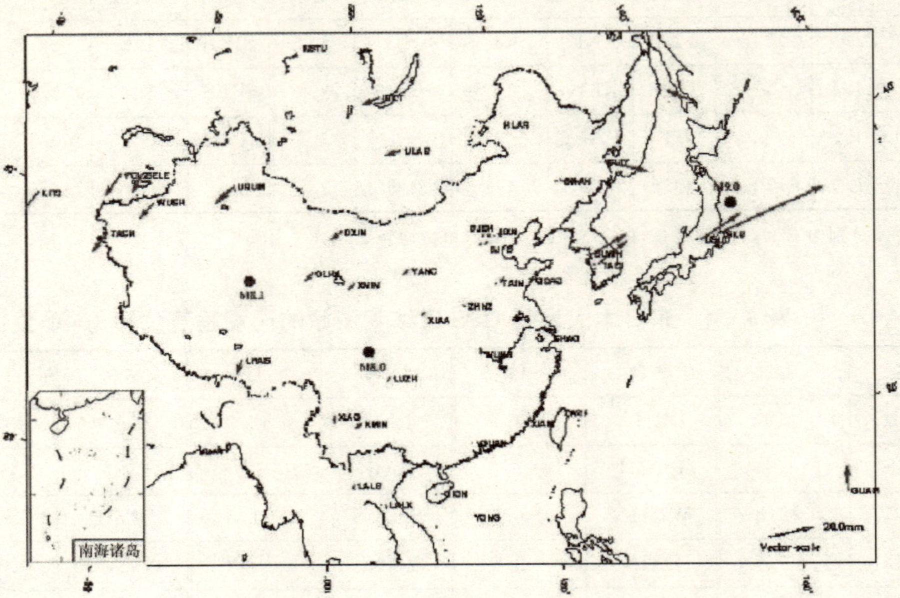

图 8－5　中国大陆及其周边 GPS 观测站得到的东日本大地震同震水平位移

图中日本 2 个站的水平位移的比例比其他站缩小 10 倍，位移向量比例见图的右下角

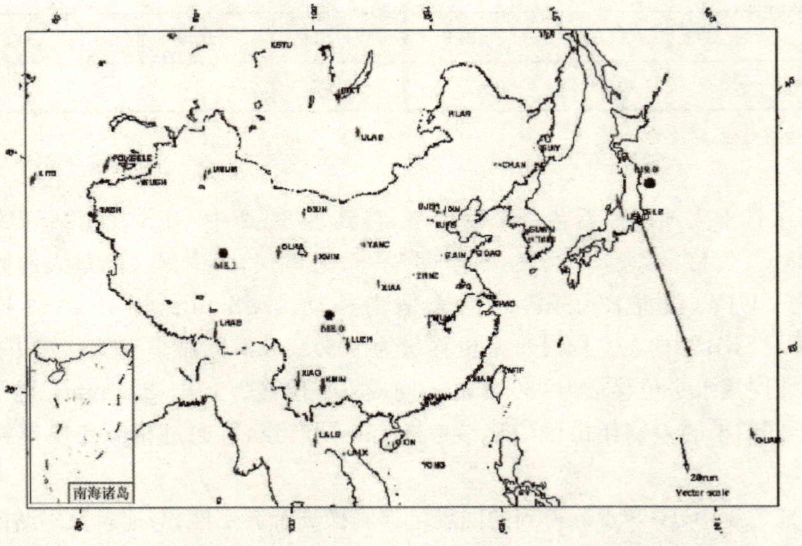

图 8－6　中国大陆及其周边 GPS 观测站得到的东日本大地震同震垂直位移

垂直位移比例见图的右下角

除了同震位移外，目前还未见日本研究人员关于东日本大地震前 GPS 观测结果的研究报告。但对中国大陆 GPS 连续观测基准站、韩国、日本和中亚的 IGS(国际 GNSS 服务)站 1999 年 3 月至 2011 年 4 月中旬水平位移时间序列(见图 8-7 至 8-11)和同震水平位移分析，表明震前地壳运动有异常，同震位移是震前异常位移的弹性回跳。对比汶川地震的研究结果，证明东日本 9.0 级大地震同样存在前兆地壳运动。图 8-7 至 8-10 中竖直红虚线为多次大地震时间，包括 2001 年 11 月 14 日昆仑山口西 8.1 级、2003 年 2 月 24 日新疆巴楚 6.8 级、2004 年 12 月 26 日印尼 9.3 级、2005 年 10 月 8 日巴基斯坦 7.8 级、2008 年 3 月 22 日新疆于田 7.3 级、2008 年 5 月 12 日汶川 8.0 级、2010 年 4 月 14 日玉树 7.3 级和 2011 年 3 月 11 日东日本 9.0 级地震。图 8-7 至 8-10 中少数站部分数据缺失，但不影响本节的分析。

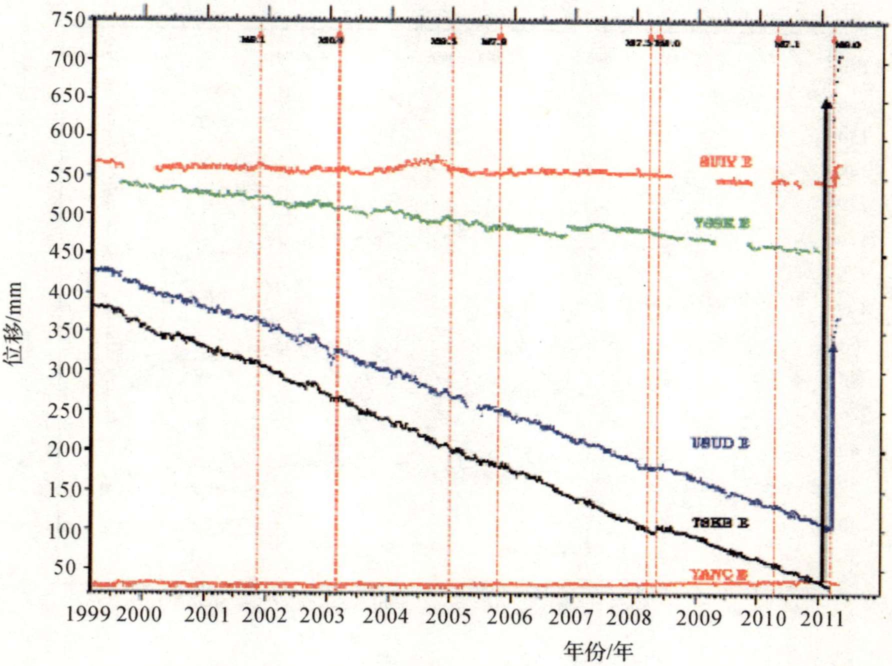

图 8-7　GPS 连续观测站 YANC,SUIY,TSKB,USUD 和 YSSK 等 E 分量位移时间序列，箭头为同震位移

位于太平洋上的 GUAM 站 E 分量(东西向)向西位移年速率超过 40mm/a，表明太平洋板块向西俯冲运动非常强烈，是东日本大地震发生的主要原因。图 8-7 和图 8-8 显示，由于太平洋板块的向西俯冲运动，东日本大地震前，从日本、韩国到我国东北的 SUIY 等 GPS 观测站，以向西位移为主。TSKB 和 USUD 站 E 分量向西运动的年速率约达到或接近 30mm/a，而这 2 站的向北运动速率则小得多，同震位移也小得多。图 8-7 至图 8-9 显示，在我国汶川大地震前不久，图中几乎所有站的 E 和 N 位移分量开始出现异常。图 8-7 和图 8-8 中除了 YANC 站，N 分量(南北向)水平位移先快速向北位移，而后离震中较远的站缓慢向南位移；E

分量水平位移异常，以向西位移为主，CHUN 和 HLAR 站先快速向西然后缓慢向东运动。除 TSKB 和 USUD 站小幅度的 N 分量位移外，同震位移均与震前异常位移方向相反。

SUIY 站是中国大陆，也是亚洲大陆，离东日本大地震震中距离最近的 GPS 连续观测站，距离为 1 202 km。震前，此站 E 分量的异常幅度为 15 mm 左右。对比汶川大地震，在此距离上 GPS 观测到地壳运动前兆是一点也不奇怪的。由于我国东北仅 3 个 GPS 连续观测站，震前在数据分析中，顾及 SUIY 和 CHUN 等少数站的异常变化无疑欠妥。但通过汶川等地震的总结，加上对日本和韩国的 IGS 站震前位移异常和同震位移综合分析，可以断定，不仅震前 SUIY 和 CHUN 等站位移异常确实存在，且是前兆地壳运动。在日常的资料分析中一般不包括日本和韩国 IGS 站。

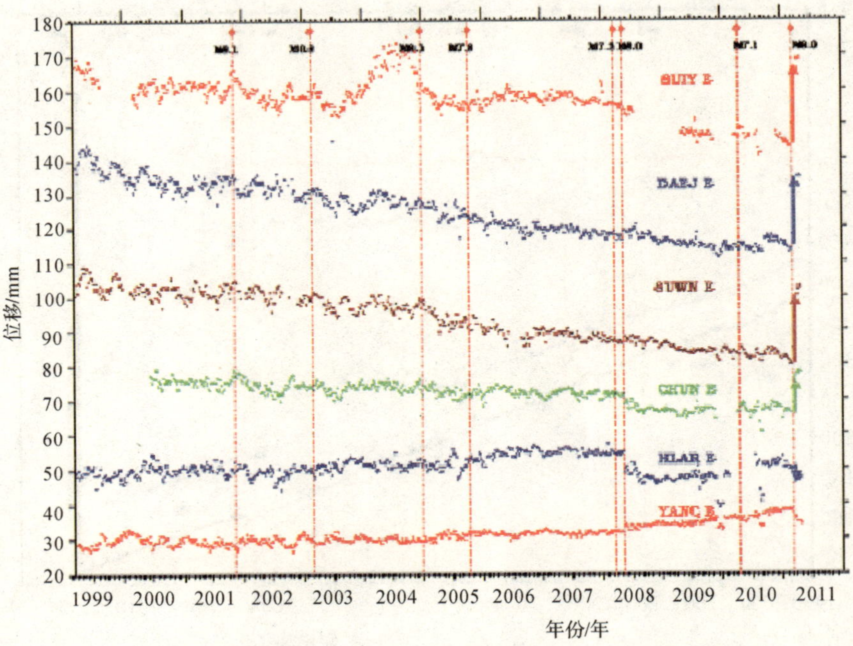

图 8-8　GPS 连续观测站 YANC，SUIY，DAEJ，SUWN，HLAR 和 CHUN 等 E 分量位移时间序列，箭头为同震位移

东日本大震前，曾注意到中国大陆东部一些 GPS 站有小幅度的较长趋势变化。这些趋势变化站中最典型的是 YANC(宁夏盐池)站，离东日本大地震震中 3 043.2 km。此站 E 分量在汶川地震前变化非常稳定汶川震后出现幅度虽仅有 8 mm，但很却明显的变化(图 8-8 或 8-10)，同震位移明显。YANC 站 N 分量则一直保持稳定(见图 8-9)。由于区域框架的核心站位于中国大陆东部稳定部分，位于此部分的 GPS 站的异常幅度自然较小。

图 8-10 和图 8-11 为中国大陆西北的 XNIN，DLHA，XIAA，DXIN，URUM，WUSH，TASH 和中亚的 KIT3，SELE 和 POL2 等站 E 分量位移时间序列。图中，除 YANC 站出现异

常较早外，2010 年 4 月 14 日玉树 7.1 级大地震后，这些站同步出现显著异常，均以向东挤压位移为主，URUM 和 WUSH 站 E 分量位移异常幅度达 10～15 mm；东日本地震临震前出现同步转折或反向位移；同震位移明显；震后同步快速回复到异常前的水平。图中这些异常变化同东日本大地震的关系非常明显。同汶川地震一样，XIAA 站也未见同震水平位移[1]。

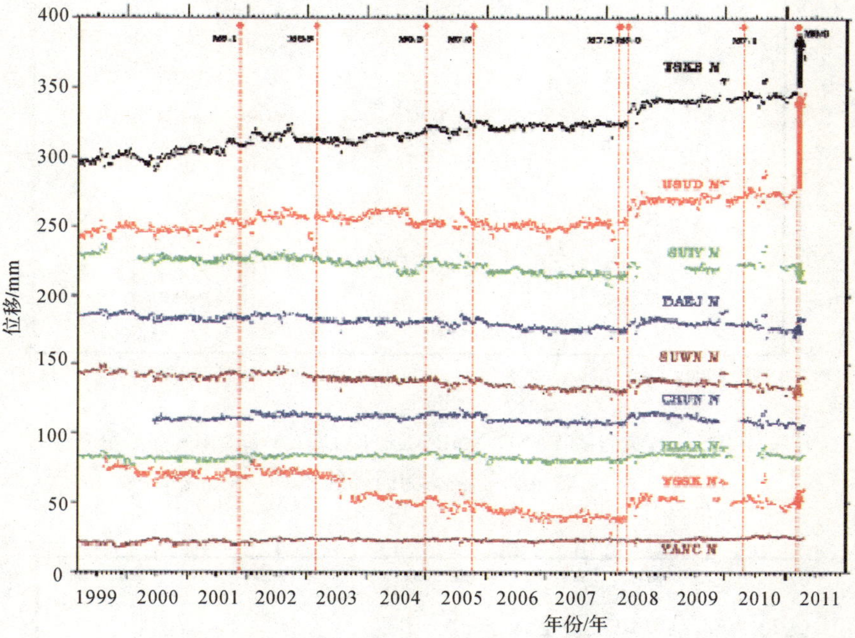

图 8－9　GPS 连续观测站 YANC、SUIY、TSKB、USUD、YSSK、DAEJ、SUWN、HLAR 和 CHUN 等 N 分量位移时间序列，箭头为同震位移

尽管震前可清楚地分辨出中国大陆一些 GPS 连续观测站水平位移异常，但东北 GPS 连续观测站少，中国大陆东部地区站的变化幅度小，中国大陆西北部和中亚 GPS 观测站 E 分量位移的异常无先例与经验，根据这些资料不仅难以判别中国大陆震情趋势，更不可能判别中国大陆境外的震情趋势。

东日本 9.0 级大地震震中的同震垂直位移明显小于同震水平位移。表 8－4 中除 TSKB 站外，同震下沉量均小于 10 mm，USUD 站上升仅 12.9 mm。由于同震位移量小，且垂直位移存在年周期等变化[10]，同震垂直位移的弹性回跳特点不明显。震前一年多 TSKB 站垂直位移年周期变化消失，这有可能是一种前兆现象(见图 8－12)。同东日本大地震相比，未在远离震中的 GPS 连续观测站观测到汶川地震的同震垂直位移。

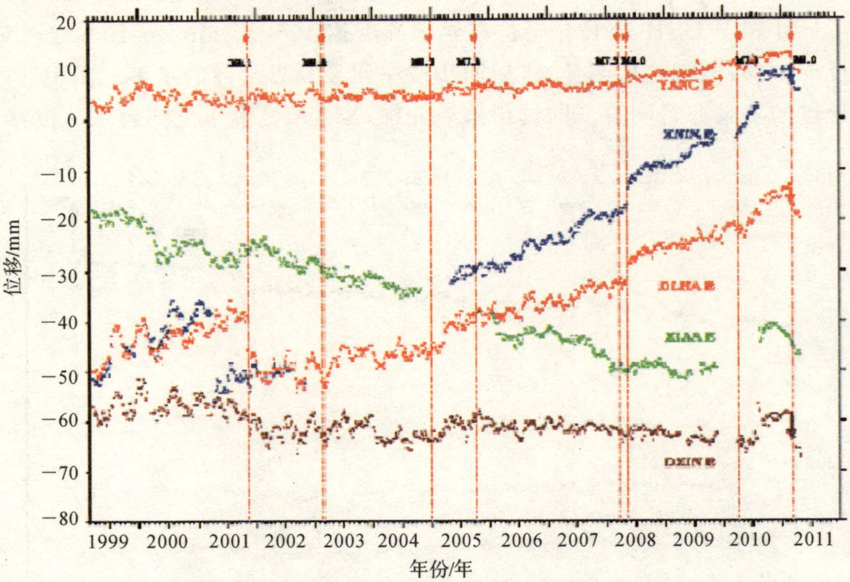

图 8-10　GPS 连续观测站 YANC，XNIN，DLHA，XIAA 和 DXIN 等 E 分量位移时间序列，箭头为同震位移

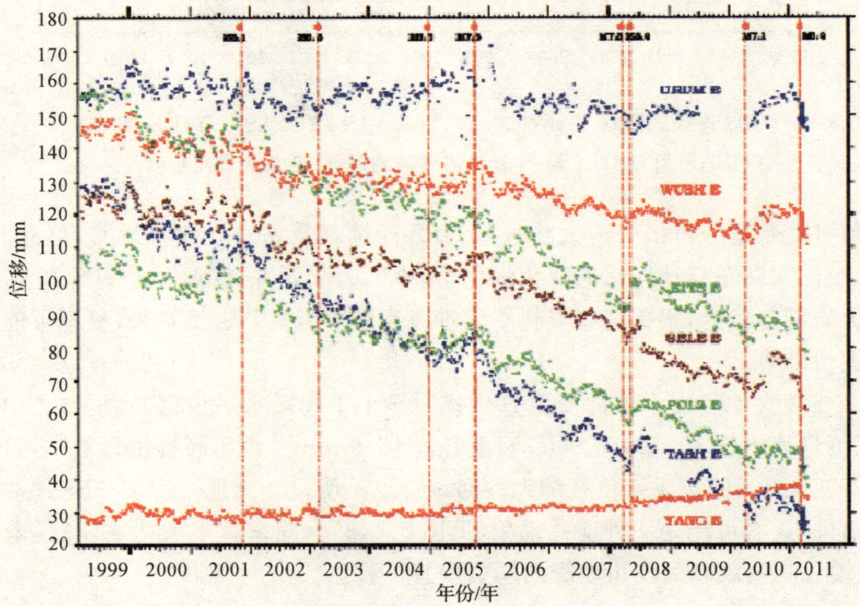

图 8-11　GPS 连续观测站 YANC，URUM，TASH，WUSH，KIT3，SELE 和 POL2 等 E 分量位移时间序列，箭头为同震位移

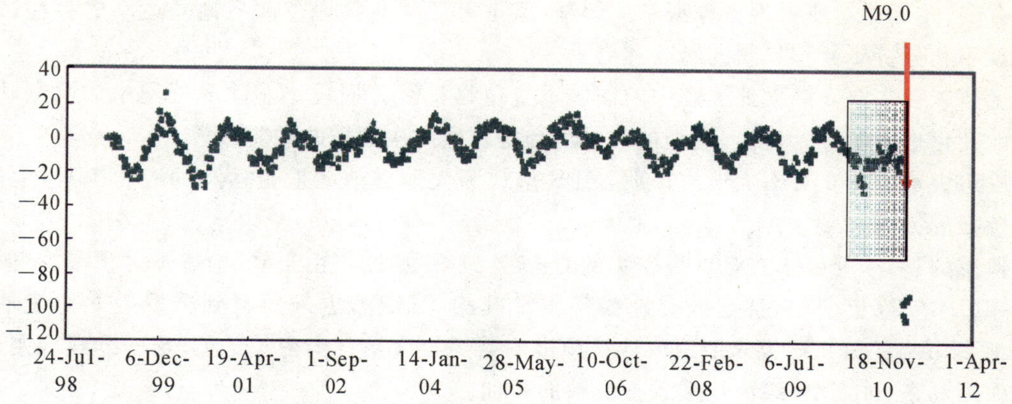

图 8-12　东日本震前一年多 TSKB 站垂直位移年周期变化消失

根据以上对 GPS 连续站的观测结果的分析，可以推断，尽管东日本大地震未发生在日本的 GPS 观测网内，但也应观测到此次大地震的地壳运动前兆。

8.2.3　讨论与结论

2011 年 3 月 11 日东日本 9.0 级大地震是近些年最临近中国大陆发生的巨大地震，震中更临近全球最密集的 GPS 连续观测网。虽然无法获得日本 GPS 观测网的资料，但本节试图利用大范围内为数不多的 GPS 连续观测站，分析此次大地震前后的地壳运动，探索是否存在前兆地壳运动。

GPS 观测站的位移清楚显示，同一块体上 GPS 站的位移有相当好的一致性，反映大地震前后板块或块体间的相互作用。

2008 年 5 月 12 日汶川大地震前不久，从日本、韩国到中国大陆的东北，GPS 连续观测站的 E 分量水平位移出现明显异常，以向西位移为主；N 分量异常，先快速向北位移，后缓慢向南位移。中国大陆东部 GPS 连续观测站也有异常显示，由于区域框架的核心站位于中国大陆东部稳定部分，位于此部分的 GPS 站的异常幅度自然较小。

2010 年 4 月 14 日玉树大地震后，中国大陆的西北部至中亚，GPS 连续观测站的 E 分量水平位移出现罕见的异常，以向东位移为主，东日本大地震临震前位移转折甚至反向，同震位移明显，震后快速回复到异常前的水平。尽管中国大陆的西北部至中亚 GPS 连续观测站离东日本大地震距离遥远，但 E 分量水平位移异常过程与此地震关系非常明显。

继汶川地震后，GPS 观测再次显示，东日本大地震同震水平位移也是震前水平位移的弹性回跳，是地震孕育过程中大范围弹性应变能量积累，而随地震发生，能量瞬间释放的表现。根据 GPS 连续观测站水平位移时间序列震前的水平位移异常和同震水平位移，可以肯定 GPS 在非常大的范围内观测到了东日本 9.0 级大地震前兆地壳运动。显然，日本大地震的前兆地壳运动的范围比汶川大地震更广。尽管本节得到的东日本大地震前的 GPS 观测资料在时空上均有限，还无法对所得现象作科学的解释，但足以证明此次地震前兆地壳运动的存在，为今后的观测和分析研究积累新的经验和启示。

远离东日本 9.0 级大地震震中的同震垂直位移量级普遍较小。除靠近震中的个别站外，震前的变化也不明显。显然，地壳的水平运动是发生此次地震的主要因素。

汶川大地震和东日本大地震证明，GPS 是观测大地震前兆地壳运动的有力工具，地震是可以预报的。

遗憾的是，尽管日本有全球最密集的 GPS 连续观测站，但由于受“地震不可预测论”影响，近些年日本实际上削弱，甚至放弃地震预报及其相关研究，更未预料到会发生 9.0 级地震，GPS 观测资料的分析研究未能适应地震预报的需要。这是日本密集的 GPS 连续观测网未能发挥作用和东日本 9.0 级大地震预报失败的教训。

本节利用中国地壳运动观测网络数据中心的 GPS 数据处理结果作了进一步的处理与分析。

参考文献

[1] 顾国华，王武星. GPS 测得的汶川大地震同震位移[J]. 地震，2009，29(1)：92—99.

[2] 顾国华，王武星，孟国杰，等. GPS 测得的汶川大地震前后的地壳运动. 武汉大学学报：信息科学版，2009，34(11)：336 - 1339.

[3] 顾国华，王武星，徐岳仁，等. 区域网 GPS 观测得到的汶川大地震前的地壳水平运动[J]. 地震学报，2009，31(6)：597 - 605.

[4] 顾国华，孟国杰，方颖. 汶川大地震前后 GPS 观测的精密单历元解得到的震区地壳运动[J]. 地震学报. 2011，33(3)：319 - 326.

[5] Li Jianyong, MengGuojie, Wang Min , et al. Investigation of Ionospheric TEC Changes Related to the 2008 Wenchuan Earthquake Based on Statistic Analysis and Signal Detection[J]. Earthq Sci, 2009，22：545 - 553.

[6] 顾国华，孟国杰，王武星. GPS 观测到的汶川大地震前的异常地壳运动[J]，2011.

[7] 顾国华，王武星. 区域网 GPS 观测得到的汶川大地震前后的地壳垂直运动. 2011，地震，待发表.

[8] 顾国华，申旭辉，王敏，等. 中国大陆地壳水平运动基本特征[J]. 地震学报，2001，23(4)：362 - 369.

[9] 顾国华. 基准站 GPS 连续观测得到的垂直位移时间序列. 地震地质. 2005，27(2)：332 - 340.

[10] 顾国华. GNSS(GPS)观测研究地壳运动的新进展[J]. 国际地震动态，2007，7：9 - 15.

[11] 顾国华，王武星. GPS 测得的汶川大地震同震位移[J]. 地震，2009，29(1)：92 - 99.

[12] 顾国华，王武星，徐岳仁，等. 区域网 GPS 观测得到的汶川大地震前的地壳水平运动

[J].地震学报,2009,31(6):597－605.

[13]　Rolf Dach, Urs Hugentobler, Pierre Fridez, et al. User manual of the Bernese GPS Software Version 5.0. AIUB Astronomical Institute, University of Bern,2007.

[14]　Yehuda Bock, Linette Prawirodirdjo Cecil H, Ida M. Green Timothy I. Melbourne 2004, Detection of arbitrarily large dynamic ground motions with a dense high－rate GPS network Geophysical Rrsearch Letters.

第9章　简易地电(土地电)观测

1. 简易地电观测

简易地电观测即所谓的土地电观测，在海城、唐山、松潘大地震的观测与预报中起到了重要的作用，土是有别于洋，洋是指专业测站的进口仪器，而现在测站的仪器大多已能自己生产，因此，土地电应正名为简易地电。简易地电观测有以下几大优点：

第一，观测仪器简单，一般只需百米电线、一块微安电流表，目前如提高观测水平，增加一部电脑，一个测站亦所费无几，易于大面积推广。

第二，观测站多敷设在中学内，由中学物理老师代测，不须增加人员编制，每月可给予适当补助，既可保证观测质量，教测(学)相长，亦可提高其教学水平。

第三，很快可以形成观测实力，比如唐山市地震办 1968 年成立，杨友辰主任在短短几年就建立了 40 余观测站，这是专业观测站所望尘莫及的。这是群测群防的主力军。目前各县乡乡都有中学，就河南而论乡乡相距不超过 10km，我国西北、西南各省乡乡相距约 20km，如果乡乡都有观测站，这是群测群防的绝对优势，是专业测站无法办到的。

第四，由于测站相距较近，在地震观测中较易于确定震中。

第五，现在是信息大发展的时期，电脑、手机大量普及，群测站虽数量大，以省、自治区来考虑，亦较易于实现观测、资料的传输整理自动化。

从海城、唐山、松潘大地震的观测资料看，简易地电观测亦反应有短期异常、临震异常两个阶段，只有松潘地震发现简易地电观测站有早期异常反应，有茂汶、彭县岷江齿轮厂、马尔康、成都 36 中、宝兴、芦山等 6 站，测站距震中最近为茂汶测站为120 km，最远为芦山测站为 300 km，其余为彭县岷江齿轮厂 180 km、马尔康 200 km、成都 36 中 200 km、宝兴 290 km。异常时间一般接近 2 年，最低为宝兴约 1 年 3 个月，如图 9－1 所示。

简易地电观测短期异常持续时间一般为 1～2.5 月，如松潘地震小河中学测站、平武九〇三厂测站、彭县岷江齿轮厂测站、康定中学测站等 4 站，如图 9－2 所示。

唐山地区简易地电观测站有 51 个站，出现短期异常反应的有 22 个站，其中紧靠震中的唐山市河沿庄和封南县稻地中学两测站短期异常最早发生，从 1976 年 1 月下旬即已开始，持续时间达 6 个月以上，幅度亦最大，在震中附近，还有 8 个测站从 5 月开始出现异常，持续时间达 3 个月。从 6 月以后，出现异常有 12 个测站，持续时间达 2 个月，它们离震中远一些，距震中有 20 km，如图 9－3 所示。

简易地电观测站在短期异常期，有密集分布在震中约 20km 的范围内的现象，如唐山地震，即分布在烈度为 10 度至 11 度区域内，如图 9－4 所示，海城地震亦有此现象，如图 9－5 所示，这可为预报震中提供帮助。

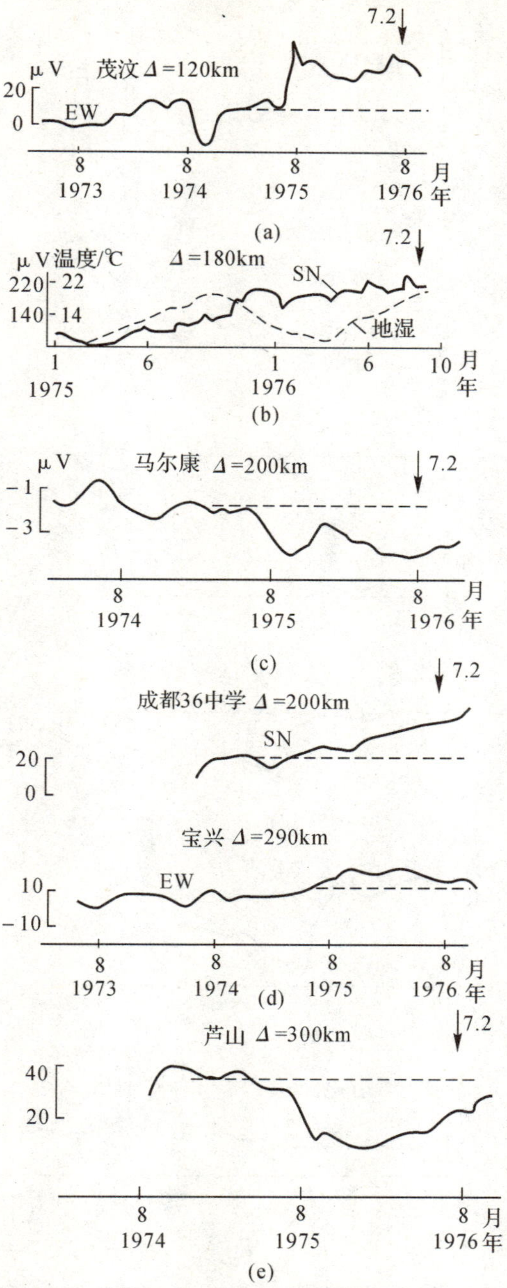

图 9-1 松潘地震前简易地电(土地电)测站早期异常(月均值)曲线图

(a)茂汶测报点"土地电月均值曲线; (b)彭县岷江齿轮厂测报点"土地电"、地湿月均值对比曲线;
(c)马尔康测报点"土地电"月均值曲线; (d)成都 36 中,宝兴测报点"土地电"月均值曲线;
(e)芦山测报点"土地电"月均值曲线

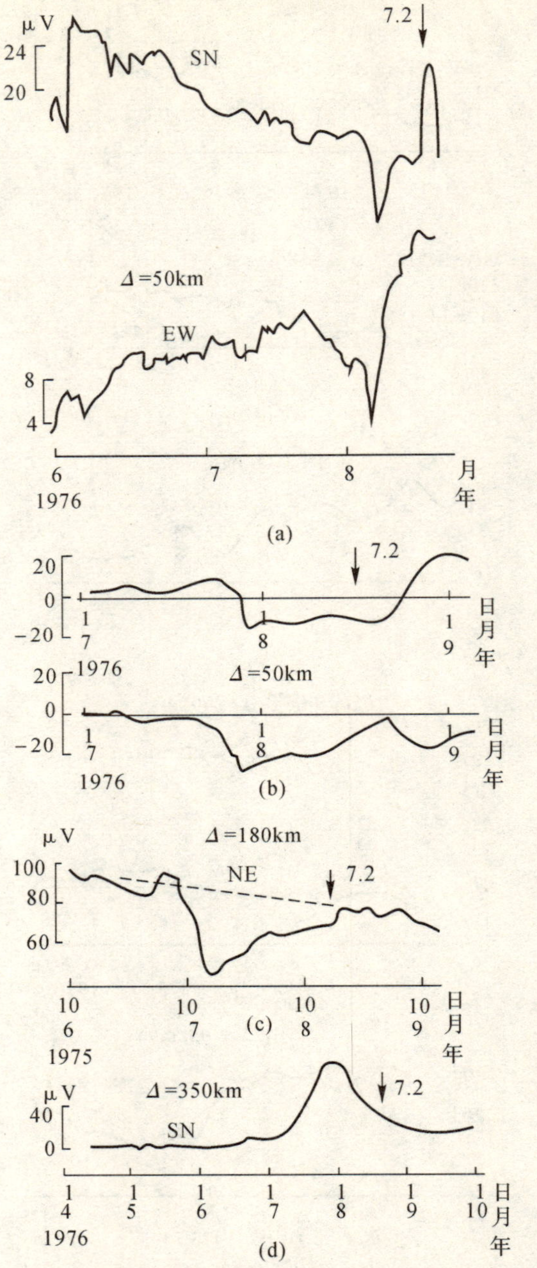

图 9－2　松潘地震前前间易地电（土地电）测站短期异常（日均值）曲线图

(a)松潘小河中学“土地电”日均值曲线；(b)平武九 O 三厂“土地电”日均曲线；

(c)彭县岷江齿轮厂测探点“土地电”日均值曲线；(d)康定中学南北向“土地电”日均值曲线

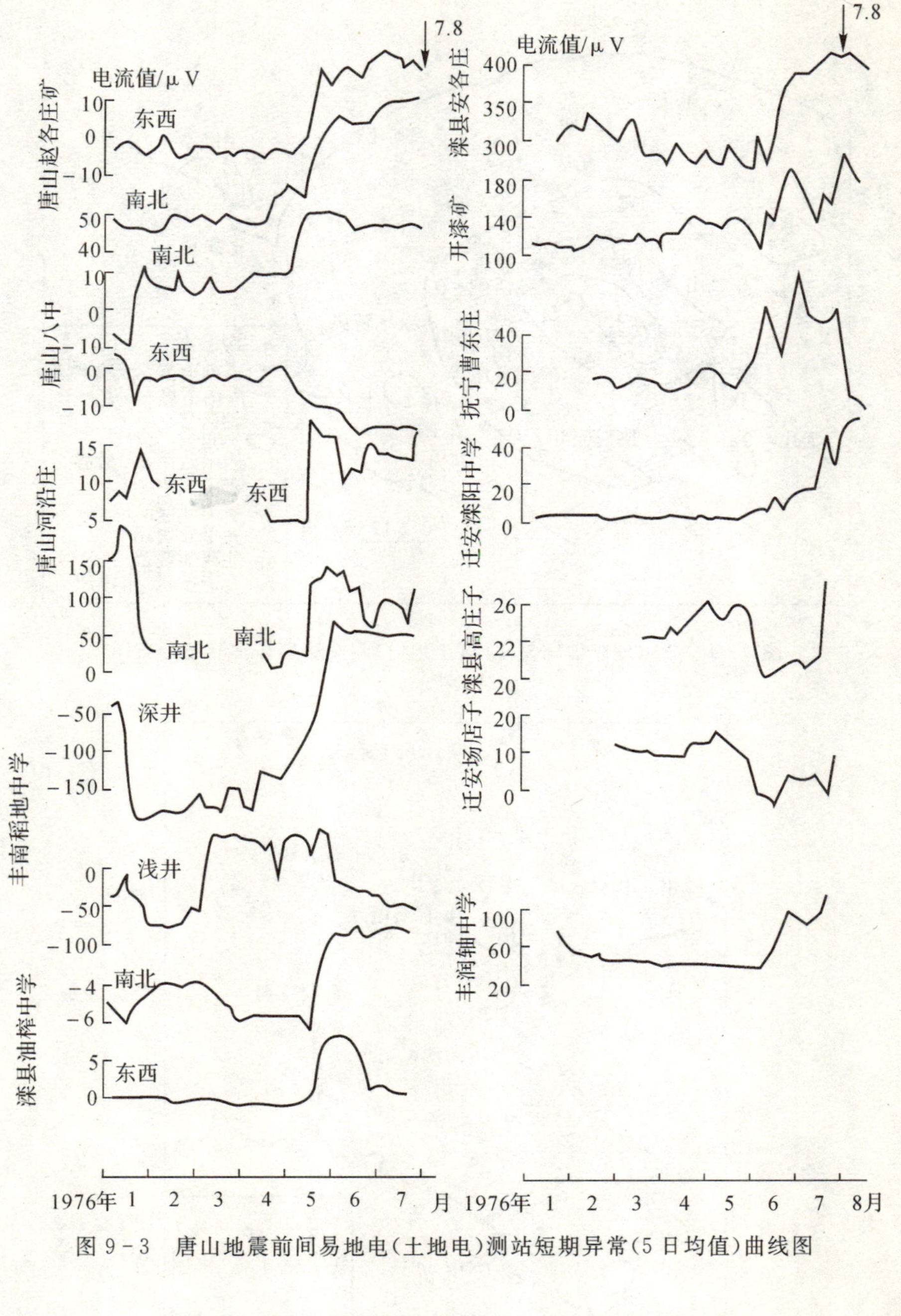

图 9-3　唐山地震前间易地电(土地电)测站短期异常(5 日均值)曲线图

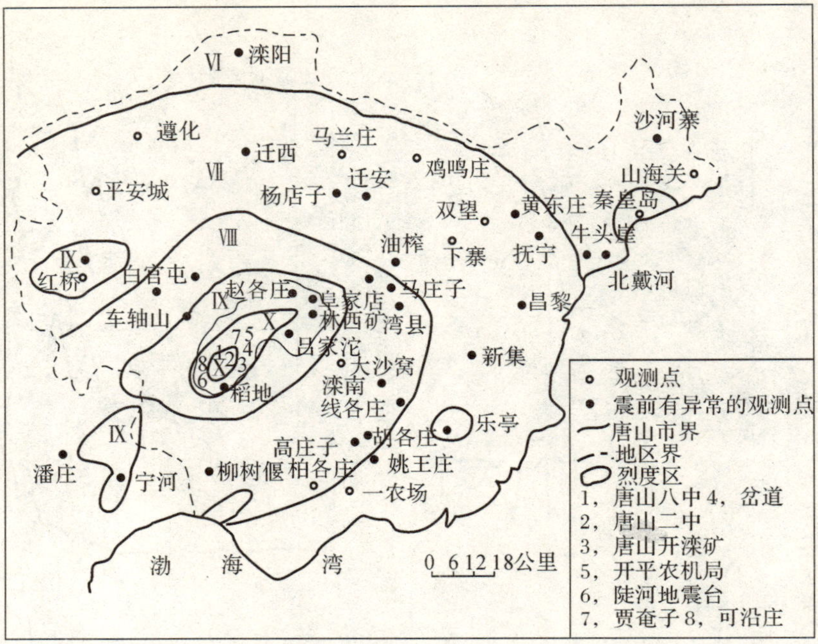

图 9-4　唐山地震前间易地电(土地电)测站短期异常测站分布图

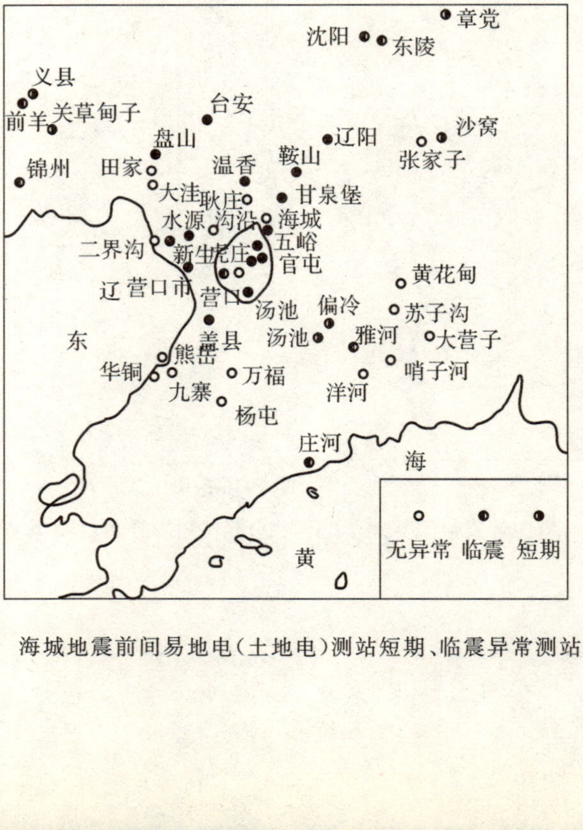

图 9-5　海城地震前间易地电(土地电)测站短期、临震异常测站分布图

2. 简易地电观测临震异常

在唐山大地震中，在 51 个测站中，有 15 个测站在震前 3～5 天内电流值出现大于正常变化的 2～10 倍，如图 9－6 所示的 10 个测站，即唐山吕家坨矿、唐山赵各庄矿、唐山缸窑、唐山河沿庄、抚宁曹东庄、昌黎新集中学、滦南胡各庄中学、抚宁牛头崖、丰润白宫屯中学、乐亭二中、丰南柳树鄘中学，其中以河沿庄为最大，达到 200 μA。

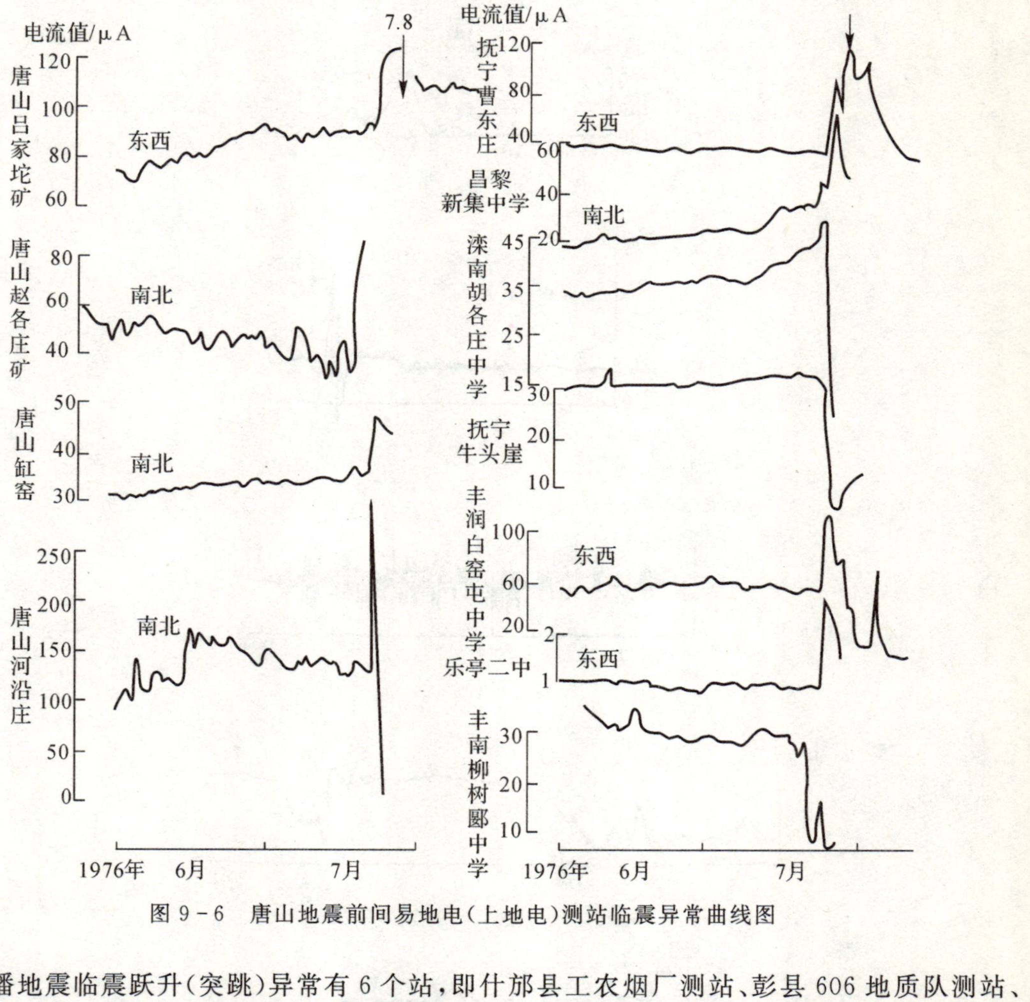

图 9－6　唐山地震前间易地电(上地电)测站临震异常曲线图

松潘地震临震跃升(突跳)异常有 6 个站，即什邡县工农烟厂测站、彭县 606 地质队测站、灌县地区是师范学校测站、四川抗菌素工业研究所测站、成都锦江电机厂测站、眉山 505 厂测站。彭县 606 地质队测站为最大，达到 150 μA，如图 9－7 所示。

海城地震临震异常有 25 个站，有 11 个站集中分布在震中附近 30km 的海城、营口两县，尤以紧挨震中的虎庄、官屯、冶金 102 队和冶金机械厂 4 个观测站(距震中约 20 km)的突跳次数最多，幅度最大。这是预报发震时间的重要依据。如图 9－8 所示，冶金 102 队简易地电日均值图。

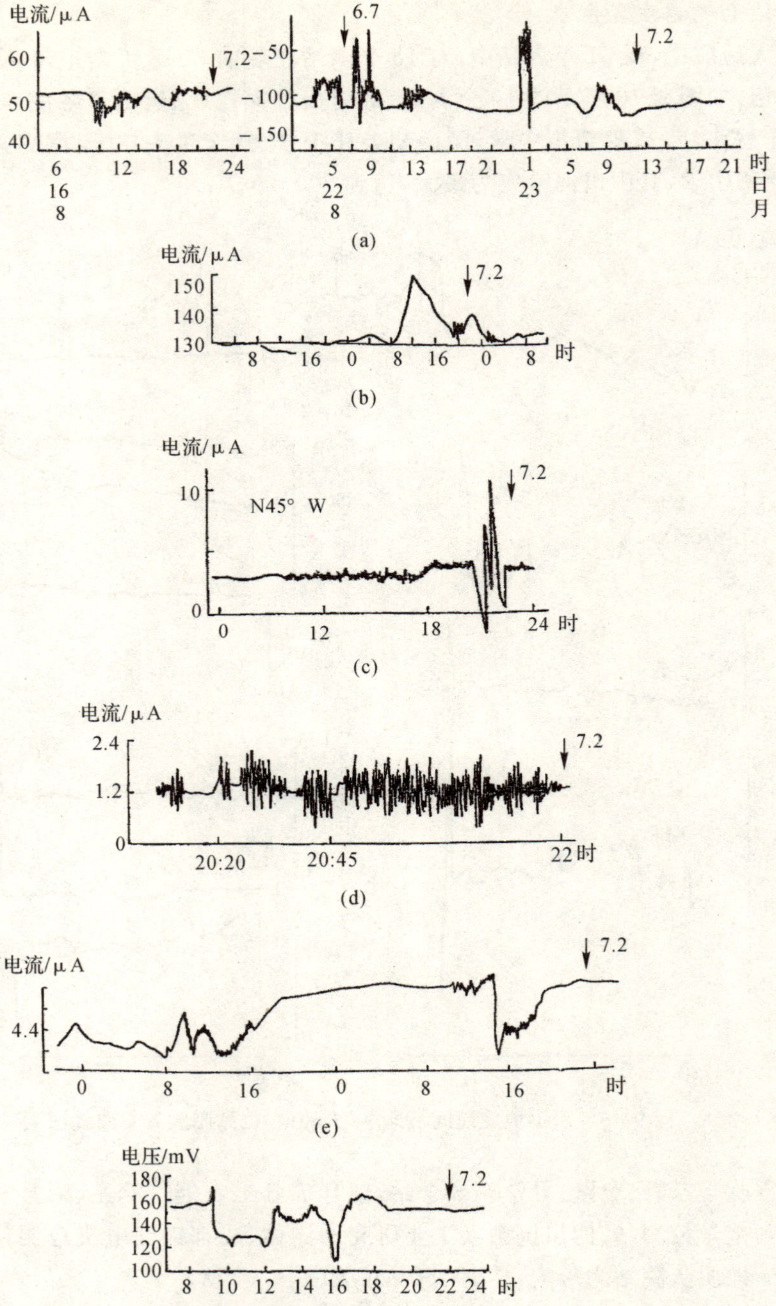

图 9－7　松潘地震前间易地电（土地电）测站临震异常曲线图

(a)什邡县工农烟厂测探点垂直“土地电”临震异学曲线；（b)彭县 606 地质队测报点“土地点”临震异常曲线；(c)灌县地区师范学校测终点“土地电”临震异常曲线；（d)四川抗菌素工业研究所测报点“土地点”临震异常曲线；(e)成都榆江电机厂测报点“土地电”临震异常曲线

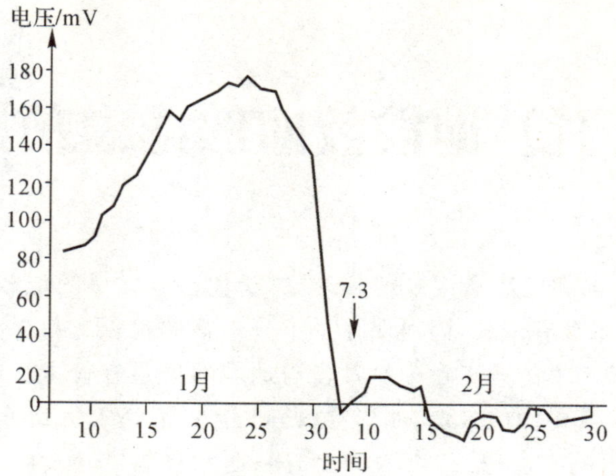

图 9-8　海城地震前冶金 102 队间易地电(土地电)测站日均值异常变化曲线图

简易地电观测是在 1966 年邢台地震后，周恩来总理提出的我国地震预报应走专群结合、群测群防的道路后，我国地震工作者的一项伟大创造，上述海城、唐山、松潘简易地电观测资料看，在短期异常、临震异常都有规律可循，异常非常明显，由于群测站相距较近，并围绕震中，结合专业测站，是预报地震三要素：发震时间、震级及震中位置的可靠而可信赖的条件。为了认真贯彻 2009 年 5 月 1 日起施行的《中华人民共和国防震减灾法》，由周恩来总理所倡导的专群结合、群测群防的我国地震预报事业，应认真总结唐山、汶川大地震失败的教训，恢复群测处，发动群众，推广简单易行的观测设备，诸如简易地电，其他还有地下水、氡含量、地倾斜、地磁等多种简易观测手段，迅速恢复专群结合的观测网络，地震是可以预报的！

参考文献

[1]　朱凤鸣，吴戈，等. 1975 年海城地震 [M]. 北京：地震出版社，1982.

[2]　辽宁省地震局. 1975 年海城 7.3 级地震成功预报回顾图集 [M]. 北京：地震出版社，2005.

[3]　四川省地震局. 1976 年松潘地震 [M]. 北京：地震出版社，1979.

[4]　国家地震局编辑组. 1976 年唐山地震 [M]. 北京：地震出版社，1982.

第 10 章　日食-地震效应的地震预报模型展望

我国早在 3 000 年前即已注意记录地震现象，汉代已有详尽的记载，如张衡候风地动仪，历代形成传统，各代史志都有记载，因而保存了十分丰富的地震史料，为世界各国所罕见。在《地震探源与地震预报》一书的第 1 章中对日食与地震的关系有较详尽的叙述，共举出国内外著名的 8 级强震 14 例，其中国内 8 例：如华县（1556 年 1 月 26 日）、天水（1654 年 7 月 21 日）、淡城（1668 年 7 月 25 日）、三河（1679 年 9 月 2 日）、西藏察隅（1950 年 8 月 15 日）、台湾（1972 年 1 月 25 日）、唐山（1976 年 7 月 28 日）、汶川（2008 年 5 月 12 日）；国外 6 例：如旧金山（1906 年 4 月 18 日）、阿拉斯加（1906 年 8 月 17 日）、厄瓜多尔（1906 年 1 月 31 日）、日本关东（1923 年 1 月 8 日）、勘察加半岛（1923 年 2 月 3 日）、苏门答腊（2005 年 12 月 26 日）如强震群（5 次强震）1 例。记录最早的地震为我国明嘉靖三十五年（1556 年）8 级大震，最晚为 2008 年汶川 8 级大震。每次大震前都有 2～4 次日食主食带通过震中，且相似的日食有相似的地震，如 1915 年与 1957 年太平洋斐济岛地震，震中接近，震源深度均为 600 km，如 1918 年与 1957 年我国吉林、黑龙江交界的地震，震中相距 100 km，震源深度一为 570 km、一为 593 km，又如 1923 年与 1973 年四川炉霍地震，震中经纬度仅差 0.1 度，震源琛度亦均为 30 余 km，这充分说明地震是由日食引起的，由《地震探源与地震预报》一书中动量定理的微分形式，可以对每一年日食对地球表面由于失去光辐射压力而形成的地壳外胀力进行详细计算。

日食时，地球在月影区失去光辐射压力。光照在物体上，会对物体施加压力（辐射压力）。依照麦克斯韦（James Clerk Maxwell）的提示，入射光给予物体的动量 p 为

$$p=u/c \tag{10-1}$$

如光全部被反射，则入射光给予物体的动量 p 将为式（10-1）的两倍，即：

$$p=2u/c \tag{10-2}$$

太阳光照在地球表面有 43% 返回太空，则太阳光给予地球表面动量 p 为

$$p=1.43u/c \tag{10-3}$$

一次中纬度日食地面月影区面积约 1 亿 km^2，在月影区损失能量为 10^{20} J，比全球每年地震能量大 3 个量级。在中午食甚时，即在中午时太阳全被月球遮住时，辐射损失最大，一般持续时间约3 ～ 7 min，按 3 min 计算，则 $1m^2$ 损失能量为

$$u=4.186\times S\times T\times A$$

式中，S 为太阳常数 $=1.98$ 卡 /（分 · cm^2）；T 为时间；A 为面积，m^2。

$$u=4.186\times 1.96\times 3\times 100\times 100=2.4\times 10^5\ \text{J}$$

即，1 cm^2 损失能量 2.4×10 J，或 1 mm^2 损失能量 2.4×10^{-1} J。

另外，月球是以平均 1.01 km/s 速度绕地球运转，地球也在不停地自转，在纬度 φ 处自转速率是 $0.46\cos\varphi$ km/s，小于月球速度，因此每次日食时月影自西向东扫过地球，各不同纬度月影速度是不同的，以纬度 30° 为例，月影速度为

$$1.01-0.46\cos30°=0.702\ \text{km/s}$$

以赤道为例，月影速度为

$$1.01-0.46\cos30°=0.55\ \text{km/s}$$

均大于音速在空气中的传播速度 331.36 m/s，日食期间月影运动量以超音速运动，由于运动速度快，在月影区的冲量要有很大的变化，由动量定理的微分形式，即

$$F\mathrm{d}t=\mathrm{d}p \tag{10-4}$$

食甚时月影区地球表面失去动量 $p=1.43u/c$ 为

$$1\ \text{m}^2\quad p=1.43\times2.4\times10^5/3\times10^8=1.1\times10^{-3}\ \text{kg}\cdot\text{m/s}$$

$$1\ \text{cm}^2\quad p=1.43\times2.4\times10/3\times10^8=1.1\times10^{-7}\ \text{kg}\cdot\text{m/s}$$

$$1\ \text{mm}^2\quad p=1.43\times2.4\times10^{-1}/3\times10^8=1.1\times10^{-9}\ \text{kg}\cdot\text{m/s}$$

根据式(10-4)第二定律，日食给予地球面的平均力等于给予地球表面动量的平均变化力：

$$1\ \text{m}^2\quad F=p/t=1.1\times10^{-3}/0.001\ 4=0.78\ \text{N}$$

$$1\ \text{cm}^2\quad F=p/t=1.1\times10^{-7}/0.000\ 014=7.8\times10^{-3}\ \text{N 即 }78\ \text{N/m}^2$$

$$1\ \text{mm}^2\quad F=p/t=1.1\times10^{-9}/0.000\ 001\ 4=7.8\times10^{-4}\text{N 即 }780\ \text{N/m}^2$$

其变化是非常大的。由太阳光谱分析，其最大能量集中在可见光中心区，太阳可见光中心区波长为 5 550 Å(1Å$=10^{-10}$m)，即 5.5×10^{-7}m，而由上计算式可知 10^{-6}m 大于太阳可见光光谱波长，因此 10^{-6}m^2，$F=7.8\times10^{-7}$N 即 780 000 N/m²，约 7.8 个大气压，日食的全过程一般为 2.5h，最长可达 3.5h，按 2.5h 计，全过程约为每平方米 195 个大气压。这一局部地壳向外胀力是不容忽视的，因此，日食是引发地震的主要能源，兹称之为日食效应。

由于对每一年日食对地球表面失去光辐射压力而形成的地壳外胀力可进行详细计算，因此利用工程上所习用的有限单元法，可建立地壳及上地幔模型，以计算地壳及上地幔各部分所受应力，如与各年主要地震相符合，则这将是一条地震计算可行之路。

有限单元法分平面问题与空间问题，我们拟建立的地壳及上地幔模型为空间问题，用有限单元法求解弹性力学空间问题时，简要地说，是把连续的空间弹性体变换成为一个离散的空间结构物。作为这个结构的单元，最简单是采用四面体，如图 10-1 所示，这些四面体单元只在顶点处以空间铰互相连接，成为空间绞接点(枢接节点)。在节点位移或其某一分量可以不计之处，就在节点上安置一个空间绞座(枢支座)或相应的链杆支座。单元所受的荷载按静力等效的原则移置到节点上，这样就得出计算简图。计算方法是结构力学的位移法，基本未知量是节点的位移。建立位移与应力关系(应力矩阵)，由节点平衡方程(劲度矩阵)求出位移，由位移求出节点应力。

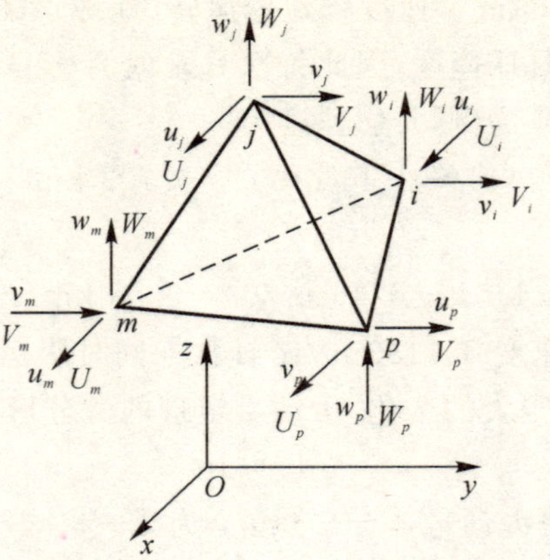

图 10-1

地球从太空拍得的图片是一个球体，从赤道到地球中心为 6 378 km，然而确切地说，地球是一个不规则的椭球体，从两极到地球中心的距离为 6 356.8 km，比赤道到球心的距离短 21.4 km。地球经过长期演变，在结构上具有了圈层特征，地表以上有大气圈、水圈、生物圈；地表以下分为地壳、地幔、地核。

地球有一个坚硬的固体岩石外壳，目前人类打出的最深钻井仅 12 km，地球内部情况主要借助地震波在地球内部传播情况得到了解。地震波的纵波（P 波）可以通过固态及液态物质，而横波（S 波）只能通过固态物质。从地震波的观测分析，波速在有些深度处不是缓慢过渡，而是存在跳跃，最主要的不连续面有莫霍面，古登堡面，地球内部可划分为三个重要圈层即地壳、地幔（地幔上部与地幔下部）和地核（外核与内核），如图 10-2 和图 10-3 所示。

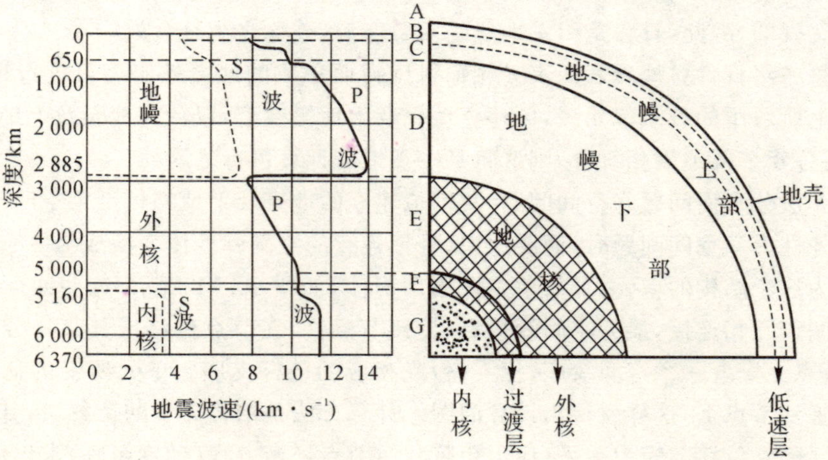

图 10-2 地震波波速在地内的变化（引自陶世龙等《地球科学概论》）

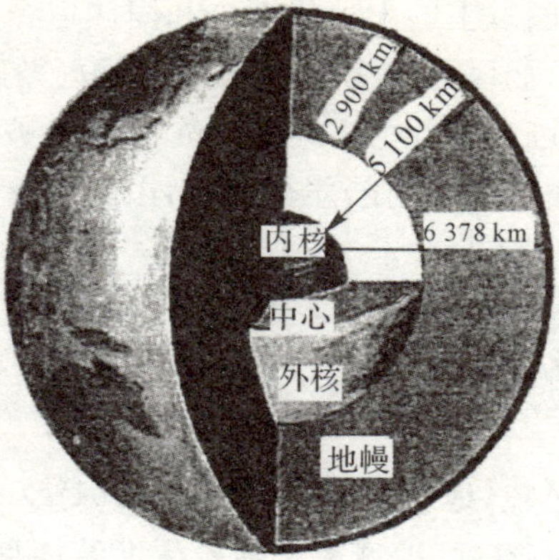

图 10-3 地球的内部圈层

地壳在地表与莫霍面之间，地壳厚度变化很大，大洋地壳平均约 6 km，大陆地壳较厚，平均 35 km。整个地壳的平均厚度为 16 km，地壳中有一个次级界面叫做康拉德面，把地壳分为上下两层，上层平均厚 10 km，主要成分为硅和铝，称硅铝层。硅铝层并不连续，只有大陆才有，大洋底缺失；下层基本连续分布，主要成分是硅、镁、铝，称硅镁层，如图 10-4 所示。

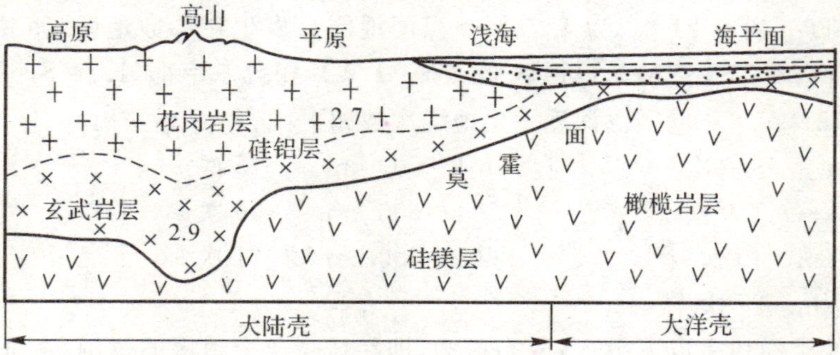

图 10-4

从地球陆地地形看，亚欧大陆亚洲有喜马拉亚山脉、亚布洛诺夫山脉，欧洲有阿尔卑斯山脉，北美有科迪勒拉山系，南美有安迪斯山系等，以喜马拉亚山珠穆朗玛峰(8 844 m)最高，约为地球半径的 6 378 km 的 1.38‰。海洋中以太平洋多海沟最为突出，其中马里亚纳海沟、日本海沟、千岛群岛海沟、阿留伸海沟、菲律宾海沟、爪哇海沟、汤加海沟、秘鲁智利海沟，其中以马里亚纳海沟深(11 034 m)为最深。约为地球半径 6 378 km 的 1.72‰。印度洋、大西洋多为海盆。

地幔介于莫霍面与左登堡面之间，厚约 2 900 km，占地球总体积的 83.4%，地幔范围广大，其组成物质复杂多变，总的来说是固态。在地下 60～250 km 之间，温度增高，岩石虽未熔化但已呈熔融状态，塑性和活动性增强，为其上的固体岩石的活动和各种地壳运动创造了条件，所以这里称作软流圈，软流圈以上的上地幔部分和固体地壳合称为岩石圈。

在岩石圈内还分布有断层，如国外著名的美国圣安德列斯断层(1906 年美国旧金山发生的 7.8 级大地震沿圣安德列斯断层产生了长 450 km 的地表破裂，近南北向)，欧洲土耳其安纳托利亚断层带(近东西向)，国内横断山断层带(龙门山断层及其附近的鲜水河断层等)，2008 年 5 月 12 日，该断层发生了汶川大地震。

地核位于左登堡面以下直到地心，厚约 3 473 km，占地球总体积 16.3%，地核的物质成分主要是铁和镍。人们一般推测地核还可再分为外核与内核，外核物质为液态，内核物质为固态。

地球的质量约为 60 万亿亿吨，地球的平均密度为 5.51 g/cm^3，而地壳上部岩石平均密度为 2.65 g/cm^3，远小于地球平均密度，地球密度随着深度的加深而增大，并且在地下若干深度处密度是跳跃式变化。

从 1900—2005 年 7 级以上地震资料分析，共发生 7 级以上(包括 7 级)地震 1 832 次，平均每年 17.3 次。其中有震源深度资料的有 1176 次。震源深度最深的为 1962 年 3 月 7 日马里亚纳群岛北(19.2°N，145.1°E)的 685 km，震源最浅的为 1999 年 10 月 16 日巴斯托附近(34.59°N，116.27°W)，震源深度为 0，1968 年 8 月 10 日马左鲁群岛北(1.38°N，126.24°E)震源深为 1 km。震源深度为 0～100 km 发生 7 级以上地震 859 次，占全部 1176 次地震的 73%，震源深度在 601km 以上的有 21 次，为 1.78%。深层地震只发生在少数地区，如裴济(22°S，180°W)，阿根庭北部(28.5°S，63°W)，巴西西部(8°S，71°W)，秘鲁东南部(13.5°S，67°W)及鄂霍次克海(52.3°N，151°E)。不同震源深度发生地震次数如下：

0～100 km	859 次	401～500 km	15 次
101～200 km	159 次	501～600 km	46 次
201～300 km	49 次	601～700 km	21 次
301～400 km	27 次		

地震主要发生在地表以下 700 km 范围内，即在地壳及上地幔的范围、在进行地壳及地幔上部(A，B，C)应力模拟计算时。由于地壳及地幔上部(A，B，C)的几何形状、边界条件和介质参数复杂，因此采用有限元计算地壳应力的关键就是建立一个合理的地壳有限元模型，必须能够反映地壳及上地幔的主要特征：

(1)几何模型构建及网格离散。包括不同板块、大陆、大洋、断层等地质单元的模拟，既能反映主要特征，亦不能使模型过于复杂。网格划分疏密合理，对于断层、高地震区适当加密，其他区域可以稀疏一些，同时网格划分也要考虑计算能力。

(2)物理参数确定。地球物理参数复杂，不仅在横向存在很大差异，在深度方向也存在不同，因此要根据资料、试验、勘探等手段确定不同区域和不同深度的介质参数。

(3)边界条件施加。地壳和上地幔边界条件包括不同地质单元之间的关系、上地幔与下地幔之间的关系，要研究确定这些边界关系的简化和建立方法。

(4)荷载。地壳和地幔上部(A，B，C)上作用的载荷众多，研究那些主要的荷载作用因素、量值计算方法以及其作用方式，主要包括自重、温度、日食外涨力、构造应力等。

(5)应力分布与地震的关系。根据应力计算结果，研究应力分布与地震之间的关系，建立应力数值、应力集中程度等与地震发生、地震强度之间的关系。同时尽量降低计算误差对地震预测的影响。

考虑到地壳及地幔上部(A，B，C)构造、介质、边界、载荷的复杂性，因此应采用由粗到精的计算方案，首先建立一个较粗的有限元模型计算，然后在粗模型计算结果的基础上，对高应力区加密，进行精细分析。如有条件进行计算，可计算出近期如 1926—1979 年的应力及应力分布(平面与横断面)，与各年已发生地震相对照，如计算与实况大体相符，则进行第二期计算，并可作出全球地震趋势展望。因此，地震不仅可以由临震精确预报，亦可由地壳及地幔上部(A，B，C)应力模拟计算作出地震中、长期地震展望。

参考文献

[1]　华东水利学院. 弹性力学问题的有限单元法[M]. 北京：水利电力出版社，1974.

[2]　沙润. 地球科学精要 [M]. 北京：高等教育出版社，2003.

[3]　时振梁，赵荣国，王淑贞，等. 世界地震目录(1900—1980，M>6) [M]. 北京：地图出版社，1986.

[4]　周昌玉，贺小华. 有限元分析的基本方法及工程应用 [M]. 北京：化学工业出版社，2006.